概周期时标理论及若干应用研究

李 冰 李永昆 孟晓芳 著

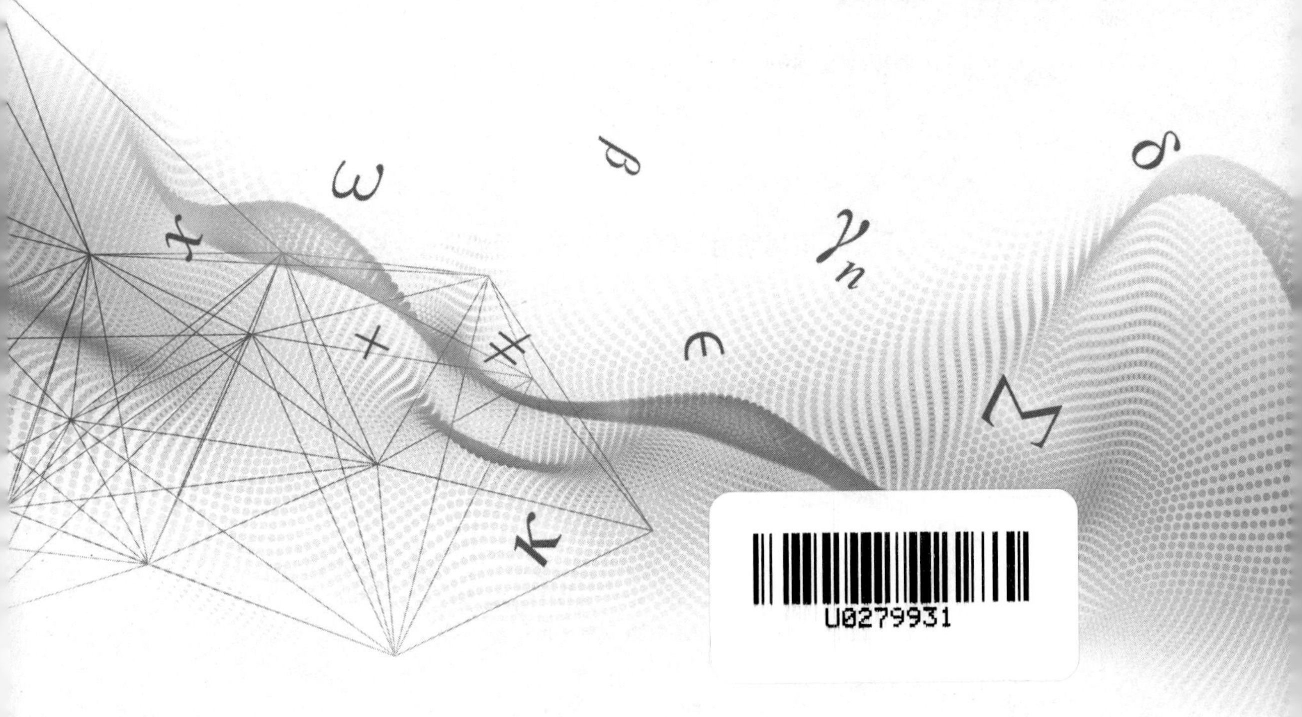

重庆大学出版社

内容提要

本书详细阐述了近年来作者在概周期时标和时标上的概周期函数与概自守函数理论及应用方面的最新研究成果,主要包括概周期时标和时标上的概周期函数、概自守函数的定义及基本性质,概周期时标上的动力方程的一些基本理论以及对时标上的生态系统、神经网络系统的概周期解和概自守解的存在性问题方面的应用.

本书可作为理工科大学数学系、应用数学系和其他相关专业的大学生、研究生、教师以及有关的科学工作者的参考书.

图书在版编目(CIP)数据

概周期时标理论及若干应用研究 / 李冰, 李永昆, 孟晓芳著. -- 重庆 : 重庆大学出版社, 2019.5

ISBN 978-7-5689-1415-4

Ⅰ.①概… Ⅱ.①李… ②李… ③孟… Ⅲ.①周期函数—研究 Ⅳ.①O174.23

中国版本图书馆 CIP 数据核字(2019)第 053150 号

概周期时标理论及若干应用研究

李 冰 李永昆 孟晓芳 著

策划编辑:范 琪

责任编辑:姜 凤 版式设计:范 琪

责任校对:谢 芳 责任印制:张 策

*

重庆大学出版社出版发行

出版人:易树平

社址:重庆市沙坪坝区大学城西路 21 号

邮编:401331

电话:(023)88617190 88617185(中小学)

传真:(023)88617186 88617166

网址:http://www.cqup.com.cn

邮箱:fxk@cqup.com.cn (营销中心)

全国新华书店经销

重庆市正前方彩色印刷有限公司印刷

*

开本:787mm×1092mm 1/16 印张:9 字数:226 千

2019 年 5 月第 1 版 2019 年 5 月第 1 次印刷

ISBN 978-7-5689-1415-4 定价:58.00 元

前　言

丹麦数学家哈那德·玻尔(Harald Bohr)在1924—1926年研究傅里叶级数时提出了概周期函数理论. 自这一理论被提出以来,得到了广泛的重视. 在20世纪50—70年代,国内外对概周期微分方程的研究非常重视,概周期微分方程的理论也有了较大的突破. A. M. Fink在1974年出版的专著*Almost Periodic Differential Equations*可以说是该领域的一部经典之作,它对概周期进行了概括性的总结.

近年来,经典的泛函微分方程和差分方程在用数学术语描述现实生活系统和现象的行为中起到重要作用,但在描述、解决和更好地理解物理科学、生命科学和社会科学这些领域的问题时却不尽人意,这些领域的重大发展给予现存的数学框架很大压力。传统的数学模型主要有两种:一种是微分方程领域,即连续动态模型,其变量都被假设成以连续的方式变动;另一种是差分方程领域,即离散动态模型,其变量都假设成以离散的方式变动. 1988年,Stefan Hilger在他的博士论文中率先提出了时标及时标上的微积分理论,并初步建立了时标上动态方程的基本理论. 这一理论的主要目的在于"统一与推广",即统一和推广现有的微积分和差分以及相应的常微分方程和差分方程的理论. 21世纪以来,这一理论受到广泛关注并得到迅速发展. 一方面它统一和推广了经典的微分和差分理论,另一方面时标上动态方程的研究也应用在真实现象和过程的数学模型中,如昆虫繁殖种群变化过程、鱼类养殖捕捞数量变化过程以及神经网络信息传递过程等数学模型,而且可以达到更好的模拟效果. 总之,时标上的动态方程理论能很好地将连续系统和离散系统统一起来,并且在时标上研究动态方程更能接近实际. 本书所做的工作是把已经具有完善理论的各种概周期型函数定义于时标上,接着就可以建立时标上概周期型函数的微积分理论. 有了时标上的概周期型函数理论,就可以把现在研究的微分方程和差分方程的概周期型解的问题归结为时标上微分方程的概周期型解的问题. 因此,本书具有一定的理论意义和应用价值.

神经网络的研究历史可追溯至20世纪40年代. 它是一门交叉学科,涉及数学、物理学、生物学、生理学和电子等多门学科,这些学科相互结合、相互渗透并相互推动. 神经网络是当前科学理论研究的主要"热点"之一,对目前和未来的科技发展至关重要. 近年来,神经网络在不同的领域都有着广泛的应用,如关联记忆、图像处理、信号与模式识别等,其中概周期和伪概周期解等动力学性质得到广泛关注和研究. 随着科学技术的发展,连续时间上的神经网络已经不能满足人们的需要,人们开始探索离散时间上神经网络的动力学行为,时标概念的引入是把连续时间和离散时间上的各种分析统一到一种理论上,开辟了神经网络研究的新领域,也为研究连续和离散系统奠定了理论基础.

尽管如此,我们深感遗憾的是,目前在国内还没有这方面的中文专著出版. 为填补这一不足,我们尝试撰写此书,希望本书的出版能给从事相关领域研究与应用的科研工作者提供帮助,为进一步地研究提供指南. 同时,本书的出版还能吸引更多的学者,壮大该领域的研究队伍,进一步丰富该领域的理论和研究方法.

本书在以习近平新时代中国特色社会主义思想指导下,落实了"新工科"建设新要求,较详细地介绍了时标上的概周期理论有关概念.首先,提出了概周期时标的一种新定义,以及时标上的概周期函数的3种新定义(定义5.2、定义5.3及定义5.4),并且研究了它们的基本性质.通过对国内外大量文献资料进行精心筛选与组织,比较系统地介绍了近年来国内外学者关于时标上的概周期理论研究的优秀成果,较详细地介绍了时标上的概周期理论在神经网络以及种群模型方面的一些应用.其次,在概周期时标的理论基础上,本书给出了概周期函数、概自守函数、伪概周期函数以及四元数值概周期函数的定义,系统地研究了它们的性质以及这些函数应用到具体的动力方程中的动力学行为.最后,提出了量子时标上概自守函数的两种新定义,在此基础上研究了该类概自守函数的一些基本性质,并引入了一个变换,给出了量子时标上概自守函数的等价定义.根据变换的思想,进一步给出了更一般的时标上概自守函数的定义,统一了概周期时标和量子时标上定义的概自守函数.本书的研究为今后的研究奠定了一定的理论基础.

著　者

2018年6月

目　录

第1章 绪 论

1.1 研究背景

众所周知,许多重要的动力系统都是通过微分方程或差分方程来描述的,差分方程也出现在微分方程的离散化研究中. 近年来,随着差分方程理论研究的深入,其重要性已经引起了人们更广泛的关注. 通常人们习惯于将动力系统分为连续和离散两种类型,但实际上二者之间有非常类似的共性和紧密的联系. 差分方程理论中的许多结果在微分方程理论中都能找到与之相应的类似结果,尽管如此,差分方程理论与微分方程理论相比,在内容上更为丰富. 在过去,研究者们为了研究的方便,经常假设所研究的动力学过程要么是连续的,要么是离散的,因此要么用微分方程,要么用差分方程去研究. 这一假设要求所研究的动力学过程是纯连续的或者是纯离散的. 但是,在现实生活中,许多过程不是纯连续性的,也不是纯离散性的,而是既具有连续性特点,也具有离散性特点. 特别的,许多经济现象和生态过程就是连续-离散混合的过程. 如文献[1]中就描述了在不同季节昆虫的活动期和休眠期以及繁殖过程中昆虫数量和种群密度的变化过程. 这一过程是连续-离散混合的动力学过程. 而无论是微分方程还是差分方程都不能完全准确地描述连续-离散混合的动力学过程. 为了给出一种既能描述连续性动力学过程和离散性动力学过程,又能描述连续-离散的混合动力学过程的数学方法,Stefan Hilger 在文献[2]中提出了时标理论. 一个时标$\mathbb{T}$就是实数集$\mathbb{R}$的一个非空闭子集,其拓扑是由$\mathbb{R}$遗传的拓扑. 两个最常见的时标的例子就是$\mathbb{T}=\mathbb{R}$和$\mathbb{T}=\mathbb{Z}$. 时标理论丰富,拓展并统一了微分方程理论和差分方程理论的研究,使得时标上的动力学方程涵盖并统一了经典的微分方程和差分方程,搭建了连续分析和离散分析的桥梁(见文献[3-6]). 可以说时标理论是为了统一连续分析和离散分析而引入的新的分析理论,它不仅起到了统一的作用,而且起到了推广的作用. 时标理论提出后,许多研究者对其做了先驱工作,包括时标上的微积分理论的建立等,丰富和完善了时标理论(见文献[7-13]). 尤其是时标上的微积分理论在研究现实生活中的某些数学模型以及物理学、化工技术、种群动力学、生物学、经济学、神经网络和社会科学的研究中发挥着巨大的作用. 时标理论的提出,使得研究时标上的动力系统成为可能. 随着时标理论的不断发展和完善,时标上的动力系统的研究激发了许多学者的浓厚兴趣和广泛关注,是一个非常活跃的研究领域(见文献[14-33]).

目前,时标上动力方程的各种定性性态的研究已成为非线性微分方程国际上的热点问题之一,面临着许多亟待解决的重要问题. 例如,自从 Harald Bohr 在 1924—1926 年建立了概周期函数的理论以来,经过很多研究者的努力,Bohr 理论有了进一步的发展,概周期微分方程的研究受到普遍重视,其中成果可以参考 A. M. Fink 于 1974 年出版的专著[34]以及国内学者何崇佑的专著[35]. 此后,概周期序列和概周期差分方程的理论也类比着概周期函数及概周期微分方程的理论建立了起来. 概自守的概念是 1955 年由 S. Bochner[37,38] 在微分几何内容中提出的,此后,这一概念在各个方向上得到了推广(见文献[39,40]). 伪概周期的概念是 1992 年由张传义教授在文献[41]中首先提出的,这是一个更大的函数类,由于伪概周期函数更广泛,具有更好的性质,这一类函数的提出,引起了许多数学工作者的兴趣,很快便形成一个新的研究领域. 并且,在文献[42]中,张传义教授对概周期函数、伪概周期函数理论及应用进行了系统的总结,全面地阐述了概周期函数、伪概周期函数理论及它与其他领域之间的联系,如与群论、微分方程等. 但是,如果要在时标上定义概周期函数、概自守函数以及伪概周期函数,需要求时标具有某种运算封闭性. 目前,概周期时标及时标上的概周期、概自守以及伪概周期动力方程的研究是最近才刚刚开始的(见文献[43-45]). 所以,研究概周期时标和其上定义的概周期函数、概自守函数、伪概周期函数及概周期、概自守、伪概周期动力方程的理论及应用问题具有重要的理论及实际意义.

此外,神经网络是一个大规模非线性模拟系统,其特点是神经元之间局部连接,其电路便于实现大规模集成电路,能高速并行处理,提高运算速度,具有双值输出等优点. 神经网络是由大量简单的基本元件-神经元相互连接而成的非线性动态系统. 每个神经元的结构和功能比较简单,而大量神经元组合而成的系统所产生的行为却非常复杂. 神经网络的应用非常广泛,它在信号处理、模式识别、联想记忆、组合优化和智能机器人控制等方面具有独到的优势,且其新的应用领域正被不断发现. 因此,对神经网络动态行为的研究在神经网络理论研究中占有重要的地位. 神经网络对应的数学模型就是微分、差分方程系统. 对应于不同的应用,就是要研究这些微分、差分方程系统的不同动力学性质. 由于神经网络日益显示的应用的广泛性和重要性,近年来许多学者纷纷加入这一研究领域,在神经网络的各种稳定性和周期解的存在性及稳定性等方面已获得了大量的研究成果. 但关于神经网络的概周期解、伪概周期解、概自守解的结果相对较少. 特别是关于具有连接项时滞、中立型时滞等的神经网络系统就更少. 同时,微分和差分方程系统描述的神经网络系统在网络的实现和应用中都是很重要的,同样地,连续时间和离散时间的种群动力学模型也是相当重要的,由于有了时标理论我们不必分别去研究它们,因此在时标上研究神经网络系统以及种群学模型的动力学是一项具有重要意义的工作.

四元数这一数学概念是由爱尔兰数学家哈密顿(Hamilton)于 1843 年在"*Quaternionic Analysis*"一书中提出的,此后越来越多的学者们开始致力于四元数值微分方程的研究并得到了大量的研究结果. 但目前的研究主要是关于连续的四元数值动力方程,而对离散的四元数值动态方程的研究几乎没有. 因此,Georgiev 和 Morais 在文献[191]中引入了时标上的 Hilger 四元数,并进一步给出了时标上四元数指数函数的定义. 接着又有学者给出了任意时标上四元数值线性动力方程的理论,为时标上的四元数值动力方程提供了理论基础. 因此,在时标上研究四元数值动力方程也将成为目前研究的热点问题。

1.2 主要研究内容

本书的研究重点是在提出概周期时标、时标上的概周期函数、时标上的概自守函数以及时标上的伪概周期函数这些新概念的基础上,研究它们的基本性质. 作为概周期时标理论结果的应用,本书分别研究了时标上具有实际应用背景的几类动力系统的概周期解、概自守解、伪概周期解的存在性和指数稳定性,并得到了一系列新的结果.

本书各章节的主要内容包括：

第1章为绪论，主要介绍了概周期时标的研究背景、研究内容以及本书的创新点.

第2章为时标相关知识，主要介绍了与概周期时标理论研究密切相关的一些时标基础知识.

第3章为概周期时标和时标上的概周期函数，通过对文献[57]中给出的概周期时标作了一些评注和修正，提出了概周期时标和时标上的概周期函数的一些新定义，并给出了这些新概周期时标和时标上的概周期函数的一些基本性质.

第4章为时标上的概自守函数及应用，主要讨论了在新的概周期时标及概自守函数的定义的基础上，证明出一个结论：若时标上线性非齐次动力方程所对应的齐次方程容许指数二分，则该非齐次方程存在概自守解. 且应用该结论，证明了时标上一类具时变时滞的分流抑制细胞神经网络的概自守解的存在性和全局指数稳定性，并给出数值例子来证明所得结论的可行性和有效性. 此外，本章的结果对微分方程($\mathbb{T}=\mathbb{R}$)和差分方程($\mathbb{T}=\mathbb{Z}$)两种情形都是新的.

第5章为时标上 Nicholson's blowflies 模型的概周期解的存在性及指数稳定性的研究介绍. 首先提出一个新的概周期时标的定义和时标上概周期函数的3种新的定义，给出并证明了它们的一些基本性质. 然后证明了保证具有修补结构和多时变时滞的 Nicholson's blowflies 模型的正概周期解的存在性和指数稳定性的一些充分条件. 本章的结果即使当时标$\mathbb{T}=\mathbb{R}$或$\mathbb{T}=\mathbb{Z}$时，即对用微分方程或差分方程来描述的 Nicholson's blowflies 模型也是新的，并改进文献[102]中的相应结果. 最后给出数值例子来证明所得结论的有效性. 同时，数值例子也显示：在一个简单的条件下，连续时间的 Nicholson's blowflies 模型和离散时间的 Nicholson's blowflies 模型具有相同的动力学行为.

第6章为时标上具连接项时滞的中立型竞争神经网络的概周期解，在第3章和第5章提出的概周期时标和时标上概周期函数的基础上，将第5章中关于 Delta 动力方程的结果，推广到关于 Nabla 动力方程的情形中，并利用 Banach 不动点定理和时标上的微积分理论，建立了时标上具混合时变时滞和连接项时滞的中立型竞争神经网络的概周期解存在性和唯一性，并证明了所得概周期解是全局指数稳定的. 最后给出数值例子来证明前面所得理论的有效性. 同样，本章的结果对微分方程($\mathbb{T}=\mathbb{R}$)和差分方程($\mathbb{T}=\mathbb{Z}$)两种情形都是新的.

第7章为时标上具连接项时滞的中立型细胞神经网络的伪概周期解，在第5章提出的概周期时标和时标上概周期函数的基础上，建立了时标上伪概周期的基本定义和性质以及时标上线性动力方程的伪概周期解的存在唯一性. 类似地可推广到关于 Delta 动力方程的情形中，利用 Banach 不动点定理和时标上的微积分理论，建立了一类时标上的由 Nabla 动力方程描述的具连接项时滞的中立型细胞神经网络的伪概周期解存在性和唯一性，并证明了所得伪概周期解是全局指数稳定的. 最后给出数值例子来证明前面所得理论的有效性以及对微分方程($\mathbb{T}=\mathbb{R}$)和差分方程($\mathbb{T}=\mathbb{Z}$)两种情形的结论都是新的.

第8章为时标上半线性一阶四元数值动力方程的概周期解，在第5章提出的概周期时标和时标上概周期函数的基础上，研究了时标上半线性一阶四元数值动力方程的概周期解. 利用 Banach 不动点定理和时标上的微积分理论，证明了半线性一阶四元数值动力方程的概周期解存在性的一些充分条件. 最后给出两个数值例子来证明前面所得理论的有效性.

第9章为量子时标上概自守函数及应用. 首先，提出量子时标上概自守函数的两种新的定义. 其次，研究量子时标上概自守函数的一些基本性质. 再次，引入一个变换，并给出量子时标上概自守函数的一个等价定义,根据变换的思想,给出了更一般的时标上概自守函数的定义,统一了概周期时标上和量子时标上的概自守函数. 最后,作为结果的一个应用,建立了量子时标上半线性动力方程的概自守解的存在性.

1.3 主要创新点

全书的创新点可归纳为以下几个方面:

本书基于提出的新的概周期时标这一基础,提出了几种新的概周期函数和概自守函数的定义,研究了它们的一些基本性质,并证明了若时标上概周期或概自守线性非齐次动力方程所对应的齐次方程容许指数二分,则该非齐次动力方程存在概周期或概自守解.

本书在提出的新的概周期时标和时标上的概自守函数定义的基础上,建立了时标上一类具时变时滞的分流抑制细胞神经网络的概自守解的存在性和全局指数稳定性. 在提出的新的概周期时标和时标上的概周期函数定义的基础上,建立了一类 Nicholson's blowflies 模型的正概周期解的存在性和指数稳定性.

本书在提出的新的概周期时标和时标上的概周期函数定义的基础上,建立了我们提出的一类时标上的由 Nabla 动力方程描述的具混合时变时滞和连接项时滞的中立型竞争神经网络的概周期解的存在性,并证明了所得概周期解是全局指数稳定的. 在此基础上,给出了伪概周期的基本定义和性质,提出了一类时标上的由 Nabla 动力方程描述的具连接项时滞的中立型细胞神经网络的伪概周期解的存在性,并证明了所得伪概周期解是全局指数稳定的.

本书在提出的新的概周期时标和时标上的概周期函数定义的基础上,以及时标上的 Hilger 四元数的理论,通过不同的条件给出了时标上半线性一阶四元数值动力方程概周期解的存在性. 类似的,此方法可以用来进一步研究时标上四元数值神经网络的动力学行为.

本书首次给出了量子时标上概自守函数的两种概念. 引入一个变换,基于量子时标上定义的函数与广义整数集上定义的函数之间的转换,给出了量子时标上概自守函数的一个等价定义. 根据变换的思想,还给出了更一般的时标上概自守函数的概念,并且可以统一概周期时标上和量子时标上的概自守函数. 为量子时标上的概周期函数研究奠定了理论基础.

第 2 章　时标相关知识

本章介绍与研究密切相关的一些基础知识，主要包括 Delta 导数的定义和相关引理、Nabla 导数的定义和相关引理以及 Banach 压缩映射原理.

2.1　Delta 导数

时标$\mathbb{T}$是实数集$\mathbb{R}$的一个非空闭子集，它遗传了$\mathbb{R}$上的拓扑和序结构.

定义 2.1[5]　令$\mathbb{T}$是一个时标. 前跃算子 $\sigma:\mathbb{T}\to\mathbb{T}$定义为

$$\sigma(t)=\inf\{s\in\mathbb{T},s>t\},t\in\mathbb{T}.$$

后跃算子 $\rho:\mathbb{T}\to\mathbb{T}$定义为

$$\rho(t)=\sup\{s\in\mathbb{T},s<t\},t\in\mathbb{T}.$$

在这个定义中，规定 $\inf\varnothing=\sup\mathbb{T}$且 $\sup\varnothing=\inf\mathbb{T}$，其中$\varnothing$表示空集. 若 $\sigma(t)>t$，称 t 是右离散的；若 $\rho(t)<t$，称 t 是左离散的. 既是右离散又是左离散的点称为孤立点. 若 $t<\sup\mathbb{T}$且 $\sigma(t)=t$，称 t 是右稠密的；若 $t>\inf\mathbb{T}$且 $\rho(t)=t$，称 t 是左稠密的. 既是右稠密又是左稠密的点称为稠密点. 粗细度函数 $\mu:\mathbb{T}\to[0,\infty)$定义为

$$\mu(t)=\sigma(t)-t,\quad t\in\mathbb{T}.$$

若$\mathbb{T}$有一个左离散的最大值 m，则$\mathbb{T}^k=\mathbb{T}-\{m\}$，否则$\mathbb{T}^k=\mathbb{T}$.

定义 2.2[5]　若$f:\mathbb{T}\to\mathbb{R}$且 $t\in\mathbb{T}^k$. 定义$f(t)$的 Delta 导数（若存在）为$f^\Delta(t)$，若满足对任意 $\varepsilon>0$，存在 t 的邻域 U，使得

$$|[f(\sigma(t))-f(s)]-f^\Delta(t)[\sigma(t)-s]|\leqslant\varepsilon|\sigma(t)-s|$$

对所有 $s\in U$ 成立.

引理 2.1[5]　若$f:\mathbb{T}\to\mathbb{R}$且 $t\in\mathbb{T}^k$. 则

(i)若f在 t 点可微，则f在 t 点连续.

(ii)若f在 t 点连续且 t 是右离散的，则f在 t 点可微，且

$$f^\Delta(t)=\frac{f(\sigma(t))-f(t)}{\mu(t)}.$$

(iii)若 t 是右稠密的，则f在 t 点可微当且仅当极限$\lim\limits_{s\to t}\dfrac{f(t)-f(s)}{t-s}$存在. 即

$$f^\Delta(t)=\lim_{s\to t}\frac{f(t)-f(s)}{t-s}.$$

(iv)若f在 t 点可微，则$f(\sigma(t))=f(t)+\mu(t)f^\Delta(t)$.

引理 2.2[5]　若$f,g:\mathbb{T}\to\mathbb{R}$在 $t\in\mathbb{T}^k$ 处可微. 则

(i)和$f+g:\mathbb{T}\to\mathbb{R}$在 t 点可微且

$$(f+g)^{\Delta}(t)=f^{\Delta}(t)+g^{\Delta}(t).$$

(ii)对任意常数α,$\alpha f:\mathbb{T}\to\mathbb{R}$,在$t$点可微且

$$(\alpha f)^{\Delta}(t)=\alpha f^{\Delta}(t).$$

(iii)积$fg:\mathbb{T}\to\mathbb{R}$在$t$点可微且

$$(fg)^{\Delta}(t)=f^{\Delta}(t)g(t)+f(\sigma(t))g^{\Delta}(t)=f(t)g^{\Delta}(t)+f^{\Delta}(t)g(\sigma(t)).$$

(iv)若$f(t)f(\sigma(t))\neq 0$,则$\frac{1}{f}$在t点可微且

$$\left(\frac{1}{f}\right)^{\Delta}(t)=-\frac{f^{\Delta}(t)}{f(t)f(\sigma(t))}.$$

(v)若$g(t)g(\sigma(t))\neq 0$,则$\frac{f}{g}$在t点可微且

$$\left(\frac{f}{g}\right)^{\Delta}(t)=\frac{f^{\Delta}(t)g(t)-f(t)g^{\Delta}(t)}{g(t)g(\sigma(t))}.$$

定义 2.3[5] 若函数$f:\mathbb{T}\to\mathbb{R}$在$\mathbb{T}$中的右稠点的右极限存在且左稠点的左极限存在,则称其为正则的.

定义 2.4[5] 若函数$f:\mathbb{T}\to\mathbb{R}$在$\mathbb{T}$中的右稠点处连续且在左稠点的左极限存在,则称其为右稠连续的.所有右稠连续的函数$f:\mathbb{T}\to\mathbb{R}$的集合记为

$$C_{rd}=C_{rd}(\mathbb{T})=C_{rd}(\mathbb{T},\mathbb{R}).$$

定义 2.5[5] 设函数$f:\mathbb{T}\to\mathbb{R}$,如果存在一个函数$F:\mathbb{T}\to\mathbb{R}$,使得对所有的$t\in\mathbb{T}^k$,都有$F^{\Delta}(t)=f(t)$,那么就称$F(t)$是$f(t)$的一个原函数.定义$f(t)$从$r$到$s$的Cauchy积分或定积分为

$$\int_r^s f(t)\Delta t=F(s)-F(r).$$

引理 2.3[5] 若$f\in C_{rd}$且$t\in\mathbb{T}^k$,则

$$\int_t^{\sigma(t)} f(\tau)\Delta\tau=\mu(t)f(t).$$

引理 2.4[5] 若$a,b,c\in\mathbb{T}$,$\alpha\in\mathbb{R}$且$f,g\in C_{rd}$,则

(i) $\int_a^b[f(t)+g(t)]\Delta t=\int_a^b f(t)\Delta t+\int_a^b g(t)\Delta t$;

(ii) $\int_a^b(\alpha f)(t)\Delta t=\alpha\int_a^b f(t)\Delta t$;

(iii) $\int_a^b f(t)\Delta t=-\int_b^a f(t)\Delta t$;

(iv) $\int_a^b f(t)\Delta t=\int_a^c f(t)\Delta t+\int_c^b f(t)\Delta t$;

(v) $\int_a^b f(\sigma(t))g^{\Delta}(t)\Delta t=(fg)(b)-(fg)(a)-\int_a^b f^{\Delta}(t)g(t)\Delta t$;

(vi) $\int_a^b f(t)g^{\Delta}(t)\Delta t=(fg)(b)-(fg)(a)-\int_a^b f^{\Delta}(t)g(\sigma(t))\Delta t$;

(vii) $\int_a^a f(t)\Delta t=0$;

(viii) 若$|f(t)|\leqslant g(t)$在$[a,b)$上,则$\left|\int_a^b f(t)\Delta t\right|\leqslant\int_a^b g(t)\Delta t$;

(ix) 对任意的 $a \leqslant t < b$,若 $f(t) \geqslant 0$,则 $\int_a^b f(t)\Delta t \geqslant 0$.

引理 2.5[5]　令 $a \in \mathbb{T}^k, b \in \mathbb{T}$ 且假设 $f: \mathbb{T} \times \mathbb{T}^k \to \mathbb{R}$ 在 (t,t) 处连续,其中 $t \in \mathbb{T}^k, t > a$. 并且假设 $f^{\Delta}(t, \cdot)$ 在 $[a, \sigma(t)]$ 上是右稠连续的. 若对任意 $\varepsilon > 0$,存在 t 的邻域 U,不依赖于 $\tau \in [a, \sigma(t)]$,使得

$$|[f(\sigma(t), \tau) - f(s, \tau)] - f^{\Delta}(t, \tau)[\sigma(t) - s]| \leqslant \varepsilon |\sigma(t) - s|$$

对所有 $s \in U$ 成立,其中 f^{Δ} 表示 f 的 Delta 导数且与第一变元有关. 则

(i) $g(t) := \int_a^t f(t, \tau)\Delta\tau, g^{\Delta}(t) = \int_a^t f^{\Delta}(t, \tau)\Delta\tau + f(\sigma(t), t)$;

(ii) $h(t) := \int_t^b f(t, \tau)\Delta\tau, h^{\Delta}(t) = \int_t^b f^{\Delta}(t, \tau)\Delta\tau - f(\sigma(t), t)$.

定义 2.6[5]　函数 $r: \mathbb{T} \to \mathbb{R}$ 称为回归的,若 $1 + \mu(t)r(t) \neq 0$ 对所有 $t \in \mathbb{T}^k$ 成立. 所有回归且右稠连续的函数 $r: \mathbb{T} \to \mathbb{R}$ 的集合记为

$$\mathcal{R} = \mathcal{R}(\mathbb{T}) = \mathcal{R}(\mathbb{T}, \mathbb{R}).$$

定义 2.7[5]　我们定义 $\mathcal{R}^+$ 为正回归,

$$\mathcal{R}^+ = \mathcal{R}^+(\mathbb{T}, \mathbb{R}) = \{r \in \mathcal{R}: 1 + \mu(t)r(t) > 0, \forall t \in \mathbb{T}\}.$$

定义 2.8[5]　设 $p, q \in \mathcal{R}$,对所有 $t \in \mathbb{T}^k$,我们定义"圈加"和"圈减"运算为

$$p \oplus q := p + q + \mu pq, \ominus p := -\frac{p}{1 + \mu p}, \ p \ominus q := p \oplus (\ominus q).$$

定义 2.9[5]　若 $p \in \mathcal{R}$,对任意的 $s, t \in \mathbb{T}$,则定义广义指数函数为

$$e_p(t, s) = \exp\left\{\int_s^t \xi_{\mu(\tau)}(p(\tau))\Delta\tau\right\},$$

其中柱变换 $\xi_h(z)$ 为

$$\xi_h(z) = \begin{cases} \dfrac{\log(1 + hz)}{h}, & h \neq 0, \\ z, & h = 0. \end{cases}$$

引理 2.6[5]　若 $p, q \in \mathcal{R}$,且 $s, t, r \in \mathbb{T}$,则

(i) $e_0(t, s) = 1, e_p(t, t) = 1$;

(ii) $e_p(\sigma(t), s) = (1 + \mu(t)p(t))e_p(t, s)$;

(iii) $e_p(t, s) = \dfrac{1}{e_p(s, t)} = e_{\ominus p}(s, t)$;

(iv) $e_p(t, s)e_p(s, r) = e_p(t, r)$;

(v) $e_p(t, s)e_q(t, s) = e_{p \oplus q}(t, s)$;

(vi) $\dfrac{e_p(t, s)}{e_q(t, s)} = e_{p \ominus q}(t, s)$;

(vii) $\left(\dfrac{1}{e_p(t, s)}\right)^{\Delta} = \dfrac{-p(t)}{e_p^{\sigma}(t, s)}$.

引理 2.7[5]　若 $p \in \mathcal{R}$ 且 $a, b, c \in \mathbb{T}$,则

$$[e_p(c, \cdot)]^{\Delta} = -p[e_p(c, \cdot)]^{\sigma}, \int_a^b p(t)e_p(c, \sigma(t))\Delta t = e_p(c, a) - e_p(c, b).$$

引理 2.8[5]　若 $p(t) \geqslant 0$;其中 $t \geqslant s$,则 $e_p(t, s) > 1$.

引理 2.9[5] 假设 $p \in \mathcal{R}^+$,则

(i) $e_p(t,s) > 0, \forall t,s \in \mathbb{T}$;

(ii) $\forall t,s \in \mathbb{T}$,若 $p(t) \leqslant q(t)$,则 $e_p(t,s) \leqslant e_q(t,s), \forall t \geqslant s$.

引理 2.10[5] 假设 $a \in \mathcal{R}$ 且 $t_0 \in \mathbb{T}$,若在 $\mathbb{T}^k$ 上 $a \in \mathcal{R}^+$,则 $e_a(t,t_0) > 0$,对所有 $t \in \mathbb{T}$ 都成立.

引理 2.11[5]**(常数变易公式)** 设 $p \in \mathcal{R}, f \in C_{rd}$,对任意的 $t_0 \in \mathbb{T}, x_0 \in \mathbb{R}$. 初值问题

$$x^{\Delta} = p(t)x + f(t), x(t_0) = x_0,$$

的唯一解可表示为

$$x(t) = e_p(t,t_0)x_0 + \int_{t_0}^{t} e_p(t,\sigma(\tau))f(\tau)\Delta\tau.$$

引理 2.12[5] 设 $f(t)$ 是一个右稠密连续函数,而 $c(t)$ 是一个正的右稠密连续函数且满足 $-c(t) \in \mathcal{R}^+$. 令

$$g(t) = \int_{t_0}^{t} e_{-c}(t,\sigma(s))f(s)\Delta s,$$

其中,$t_0 \in \mathbb{T}$,则

$$g^{\Delta}(t) = f(t) - \int_{t_0}^{t} c(t)e_{-c}(t,\sigma(s))f(s)\Delta s.$$

本文中,$\mathbb{E}^n$ 表示 $\mathbb{R}^n$ 或 $\mathbb{C}^n$,D 表示 $\mathbb{E}^n$ 中的开集或 $D = \mathbb{E}^n$,S 表示 D 中的任意紧子集.

定义 2.10[34] $\mathbb{R}$ 的子集 S 称为相对稠的,若存在正数 L,使对所有 $a \in \mathbb{R}$,有 $[a,a+L] \cap S \neq \varnothing$. 数 L 称为包含长度. 集合 $A \subset S(\subset \mathbb{R})$ 在 S 中称为相对稠的,若存在正数 l,使对所有 $a \in S$,有 $[a,a+l] \cap A \cap S \neq \varnothing$. 数 l 称为包含长度.

定义 2.11[46] 时标 $\mathbb{T}$ 称为概周期时标,若

$$\Pi := \{\tau \in \mathbb{R}: t \pm \tau \in \mathbb{T}, \forall t \in \mathbb{T}\} \neq \{0\}.$$

下面是定义 2.11 的一个等价形式:

定义 2.12 时标 $\mathbb{T}$ 称为概周期时标,若

$$\Pi := \{\tau \in \mathbb{R}: \mathbb{T}_{\pm\tau} = \mathbb{T}\} \neq \{0\},$$

其中,$\mathbb{T}_{\pm\tau} = \mathbb{T} \cap \{\mathbb{T} \mp \tau\} = \mathbb{T} \cap \{t \mp \tau : \forall t \in \mathbb{T}\}$.

以下定义由文献[46]中的定义 3.10 稍作修改而得.

定义 2.13 设 $\mathbb{T}$ 为概周期时标,称函数 $f \in C(\mathbb{T} \times D, \mathbb{E}^n)$ 是 t 的概周期函数且关于 $x \in D$ 是一致的,若对任意的 $\varepsilon > 0$ 和 D 的任意紧子集 S,f 的 ε 数集

$$E\{\varepsilon, f, S\} = \{\tau \in \Pi: |f(t+\tau,x) - f(t,x)| < \varepsilon, \forall (t,x) \in \mathbb{T} \times S\}$$

是相对稠的,即对任意给定 $\varepsilon > 0$ 和 D 的任意紧子集 S,存在常数 $l(\varepsilon,S) > 0$,使得任意长度为 $l(\varepsilon,S)$ 的区间内总有 $\tau(\varepsilon,S) \in E\{\varepsilon,f,S\}$ 满足

$$|f(t+\tau,x) - f(t,x)| < \varepsilon, \forall (t,x) \in \mathbb{T} \times S. \tag{2.1.1}$$

τ 称为 f 的 ε 移位数.

注 2.1 定义 2.13 要求不等式(2.1.1)对所有 $(t,x) \in \mathbb{T} \times S$ 都成立,这个条件过于严苛.

定义 2.14[47] 设 $x \in \mathbb{R}^n$,$A(t)$ 为 $\mathbb{T}$ 上的 $n \times n$ 右稠连续矩阵函数,称线性系统

$$x^{\Delta}(t) = A(t)x(t), t \in \mathbb{T} \tag{2.1.2}$$

在 $\mathbb{T}$ 上容许指数二分,若存在正常数 k,α,投影 P 和式(2.1.2)的基解矩阵 $X(t)$,满足

$$|X(t)PX^{-1}(\sigma(s))| \leqslant ke_{\ominus\alpha}(t,\sigma(s)),s,t\in\mathbb{T},t\geqslant\sigma(s),$$
$$|X(t)(I-P)X^{-1}(\sigma(s))| \leqslant ke_{\ominus\alpha}(\sigma(s),t),s,t\in\mathbb{T},t\leqslant\sigma(s),$$

其中$|\cdot|$为$\mathbb{T}$上的矩阵范数,即若$A=(a_{ij})_{n\times n}$,可取$|A|=\left(\sum_{i=1}^{n}\sum_{j=1}^{n}|a_{ij}|^2\right)^{\frac{1}{2}}$.

接下来,考虑以下向量动力方程

$$x^{\Delta}(t)=\mathbf{A}x(t),t\in\mathbb{T}, \tag{2.1.3}$$

其中$\mathbf{A}$为$n\times n$的实常数矩阵.

引理2.13[5]　假设λ_0,ξ分别为$n\times n$的实常数矩阵$\mathbf{A}$的一个特征值和特征向量,则$x(t)=e_{\lambda_0}(t,t_0)\xi$是式(2.1.3)在$\mathbb{T}$上的一个解.

注2.2　引理2.16要求实常数矩阵$\mathbf{A}$有n个线性无关的特征向量,但并不是每个$n\times n$的实常数矩阵都有n个线性无关的特征向量,因此给出以下时标上的Puzter算法.

引理2.14[5]　设$\mathbf{A}\in\mathcal{R}$为一个$n\times n$的实常数矩阵.假若$t_0\in\mathbb{T}$.如果$\lambda_1,\lambda_2,\cdots,\lambda_n$是$\mathbf{A}$的特征值,那么

$$e_A(t,t_0)=\sum_{i=0}^{n-1}r_{i+1}(t)P_i,$$

其中$r(t):=(r_1(t),r_2(t),\cdots,r_n(t))^{\mathrm{T}}$是下列初值问题的解.

$$r^{\Delta}(t)=\begin{pmatrix}\lambda_1 & 0 & 0 & \cdots & 0\\ 1 & \lambda_2 & 0 & \ddots & \vdots\\ 0 & 1 & \lambda_3 & \ddots & \vdots\\ \vdots & \ddots & \ddots & \ddots & 0\\ 0 & \cdots & 0 & 1 & \lambda_n\end{pmatrix}r(t),\quad r(t_0)=\begin{pmatrix}1\\0\\0\\\vdots\\0\end{pmatrix},$$

矩阵$P_0,P_1,\cdots,P_{n-1}$递归定义如下:

$$\begin{cases}P_0=I,\\ P_{k+1}=(\mathbf{A}-\lambda_{k+1}I)P_k,\quad 0\leqslant k\leqslant n-1.\end{cases}$$

2.2　Nabla导数

设$\mathbb{T}$为时标,定义后跃粗细度函数$\nu:\mathbb{T}_k\to[0,\infty)$如下:

$$\nu(t):=t-\rho(t),f^{\rho}(t):=f(\rho(t)).$$

若$\mathbb{T}$有一个右离散的最小值m,则$\mathbb{T}_k=\mathbb{T}-\{m\}$,否则$\mathbb{T}_k=\mathbb{T}$.

定义2.15[6]　设函数$f:\mathbb{T}\to\mathbb{R}$且$t\in\mathbb{T}_k$.定义$f^{\nabla}(t)$(若存在)为满足以下条件的数:对任意$\varepsilon>0$,存在$t$的邻域$U$(即对$\delta>0,U=(t-\delta,t+\delta)\cap\mathbb{T}$),使得

$$|f(\rho(t))-f(s)-f^{\nabla}(t)(\rho(t)-s)|\leqslant\varepsilon|\rho(t)-s|$$

对所有$s\in U$成立,称$f^{\nabla}(t)$为f在t处的Nabla导数.

引理2.15[6]　若$f:\mathbb{T}\to\mathbb{R}$且$t\in\mathbb{T}_k$.则有:

(i)若f在t点Nabla可微,则f在t点连续;

(ii)若f在t点连续且t是左离散的,则f在t点Nabla可微,且

$$f^{\nabla}(t)=\frac{f(t)-f(\rho(t))}{\nu(t)}.$$

(iii)若 t 是左稠密的,则 f 在 t 点 Nabla 可微,当且仅当极限 $\lim\limits_{s\to t}\dfrac{f(t)-f(s)}{t-s}$ 存在. 即

$$f^{\nabla}(t)=\lim_{s\to t}\frac{f(t)-f(s)}{t-s}.$$

(iv)若 f 在 t 点 Nabla 可微,则 $f(\rho(t))=f(t)-\nu(t)f^{\nabla}(t)$.

引理 2.16[6] 若 $f,g:\mathbb{T}\to\mathbb{R}$ 在 $t\in\mathbb{T}_k$ 处 Nabla 可微. 则

(i)和 $f+g:\mathbb{T}\to\mathbb{R}$ 在 t 点 Nabla 可微且

$$(f+g)^{\nabla}(t)=f^{\nabla}(t)+g^{\nabla}(t).$$

(ii)对任意常数 α,$\alpha f:\mathbb{T}\to\mathbb{R}$ 在 t 点 Nabla 可微且

$$(\alpha f)^{\nabla}(t)=\alpha f^{\nabla}(t).$$

(iii)积 $fg:\mathbb{T}\to\mathbb{R}$ 在 t 点 Nabla 可微且

$$(fg)^{\nabla}(t)=f^{\nabla}(t)g(t)+f(\rho(t))g^{\nabla}(t)=f(t)g^{\nabla}(t)+f^{\nabla}(t)g(\rho(t)).$$

(iv)若 $f(t)f(\rho(t))\neq 0$,则 $\dfrac{1}{f}$ 在 t 点 Nabla 可微且

$$\left(\frac{1}{f}\right)^{\nabla}(t)=-\frac{f^{\nabla}(t)}{f(t)f(\rho(t))}.$$

(v)若 $g(t)g(\rho(t))\neq 0$,则 $\dfrac{f}{g}$ 在 t 点 Nabla 可微且

$$\left(\frac{f}{g}\right)^{\nabla}(t)=\frac{f^{\nabla}(t)g(t)-f(t)g^{\nabla}(t)}{g(t)g(\rho(t))}.$$

定义 2.16[6] 若函数 $f:\mathbb{T}\to\mathbb{R}$ 在 $\mathbb{T}$ 中的左稠点处连续且在右稠点的右极限存在,则称其为左稠连续的. 所有左稠连续的函数 $f:\mathbb{T}\to\mathbb{R}$ 的集合记为

$$C_{ld}=C_{ld}(\mathbb{T})=C_{ld}(\mathbb{T},\mathbb{R}).$$

定义 2.17[6] 设函数 $f:\mathbb{T}\to\mathbb{R}$,如果存在一个函数 $F:\mathbb{T}\to\mathbb{R}$,使得对所有的 $t\in\mathbb{T}_k$,都有 $F^{\nabla}(t)=f(t)$,那么就称 $F(t)$ 是 $f(t)$ 的一个原函数. 定义 $f(t)$ 从 a 到 b 的 Cauchy 积分或定积分为

$$\int_a^b f(t)\,\nabla t=F(b)-F(a).$$

引理 2.17[6] 若 $f\in C_{ld}$ 且 $t\in\mathbb{T}_k$,则

$$\int_{\rho(t)}^{t} f(\tau)\,\nabla\tau=\nu(t)f(t).$$

引理 2.18[6] 若 $a,b,c\in\mathbb{T}$,$\alpha\in\mathbb{R}$ 且 $f,g\in C_{ld}$,则

(i) $\int_a^b[f(t)+g(t)]\,\nabla t=\int_a^b f(t)\,\nabla t+\int_a^b g(t)\,\nabla t$;

(ii) $\int_a^b(\alpha f)(t)\,\nabla t=\alpha\int_a^b f(t)\,\nabla t$;

(iii) $\int_a^b f(t)\,\nabla t=-\int_b^a f(t)\,\nabla t$;

(iv) $\int_a^b f(t)\,\nabla t=\int_a^c f(t)\,\nabla t+\int_c^b f(t)\,\nabla t$;

(v) $\int_a^b f(\rho(t))g^{\nabla}(t)\nabla t = (fg)(b) - (fg)(a) - \int_a^b f^{\nabla}(t)g(t)\nabla t$;

(vi) $\int_a^b f(t)g^{\nabla}(t)\nabla t = (fg)(b) - (fg)(a) - \int_a^b f^{\nabla}(t)g(\rho(t))\nabla t$;

(vii) $\int_a^a f(t)\nabla t = 0$.

定义 2.18[6]　函数 $p:\mathbb{T}\to\mathbb{R}$ 称为 ν-回归的，若 $1-\nu(t)p(t)\neq 0$ 对所有 $t\in\mathbb{T}_k$ 成立. 所有 ν-回归且左稠连续的函数 $p:\mathbb{T}\to\mathbb{R}$ 的集合记为

$$\mathcal{R}_\nu = \mathcal{R}_\nu(\mathbb{T}) = \mathcal{R}_\nu(\mathbb{T},\mathbb{R}).$$

定义 2.19[6]　定义 $\mathcal{R}_\nu^+$ 为正回归，则

$$\mathcal{R}_\nu^+ = \mathcal{R}_\nu^+(\mathbb{T},\mathbb{R}) = \{p\in\mathcal{R}_\nu : 1-\nu(t)p(t)>0, \forall t\in\mathbb{T}\}.$$

定义 2.20[6]　设 $p,q\in\mathcal{R}_\nu$，对所有 $t\in\mathbb{T}_k$，定义"圈加"和"圈减"运算为

$$p\oplus_\nu q := p+q-\nu pq, \ominus_\nu p := -\frac{p}{1-\nu p}.$$

定义 2.21[6]　若 $p\in\mathcal{R}_\nu$，则定义 Nabla 指数函数为

$$\hat{e}_p(t,s) = \exp\left\{\int_s^t \hat{\xi}_{\nu(\tau)}(p(\tau))\nabla\tau\right\},\quad t,s\in\mathbb{T}$$

其中 ν-柱变换为

$$\hat{\xi}_h(z) = \begin{cases} -\dfrac{\log(1-hz)}{h}, & h\neq 0, \\ z, & h=0. \end{cases}$$

引理 2.19[6]　若 $p,q\in\mathcal{R}_\nu$，且 $s,t,r\in\mathbb{T}$，则

(i) $\hat{e}_0(t,s)=1$,　$\hat{e}_p(t,t)=1$;

(ii) $\hat{e}_p(\rho(t),s) = (1-\nu(t)p(t))\hat{e}_p(t,s)$;

(iii) $\hat{e}_p(t,s) = \dfrac{1}{\hat{e}_p(s,t)} = \hat{e}_{\ominus_\nu p}(s,t)$;

(iv) $\hat{e}_p(t,s)\hat{e}_p(s,r) = \hat{e}_p(t,r)$;

(v) $\hat{e}_p(t,s)\hat{e}_q(t,s) = \hat{e}_{p\oplus_\nu q}(t,s)$;

(vi) $\dfrac{\hat{e}_p(t,s)}{\hat{e}_q(t,s)} = \hat{e}_{p\ominus_\nu q}(t,s)$;

(vii) $(\hat{e}_p(t,s))^{\Delta} = p(t)\hat{e}_p(t,s)$.

引理 2.20[6]　假设 $p\in\mathcal{R}_\nu$ 且 $t_0\in\mathbb{T}$，若 $1-\nu(t)p(t)>0$ 对 $t\in\mathbb{T}_k$ 成立，则 $\hat{e}_p(t,t_0)>0$ 对所有 $t\in\mathbb{T}$ 都成立.

引理 2.21[6]　设 $f(t)$ 是一个左稠密连续函数，而 $c(t)$ 是一个正的左稠密连续函数且满足 $c(t)\in\mathcal{R}_\nu^+$. 令

$$g(t) = \int_{t_0}^t \hat{e}_{-c}(t,\rho(s))f(s)\nabla s,$$

其中 $t_0\in\mathbb{T}$，则

$$g^{\nabla}(t) = f(t) - c(t)\int_{t_0}^t \hat{e}_{-c}(t,\rho(s))f(s)\nabla s.$$

关于时标的更多知识，可参见文献[5,6].

定义 2.22[49] 设 $A(t)$ 为$\mathbb{T}$上的 $n\times n$ 矩阵值函数,称线性系统

$$x^{\nabla}(t)=A(t)x(t),\quad t\in\mathbb{T} \tag{2.2.1}$$

在$\mathbb{T}$上容许指数二分,若存在正常数 K,α,投影 P 和式(2.2.1)的基解矩阵 $X(t)$,满足

$$\|X(t)PX^{-1}(\rho(s))\|_0\leqslant K\hat{e}_{\ominus_\nu\alpha}(t,\rho(s)),\quad s,t\in\mathbb{T},t\geqslant\rho(s),$$

$$\|X(t)(I-P)X^{-1}(\rho(s))\|_0\leqslant K\hat{e}_{\ominus_\nu\alpha}(\rho(s),t),\quad s,t\in\mathbb{T},t\leqslant\rho(s),$$

其中$\|\cdot\|_0$ 为$\mathbb{T}$上的矩阵范数,即若 $A=(a_{ij})_{n\times n}$,可取$\|A\|_0=\left(\sum\limits_{i=1}^{n}\sum\limits_{j=1}^{n}|a_{ij}|^2\right)^{\frac{1}{2}}$.

在本书中,使用以下不动点定理来证明解的存在性.

引理 2.22[48](Banach **压缩映射原理**) 假设 D 是 Banach 空间 E 的非空闭子集,$T:D\to D$ 是压缩算子,即对任意的 $x,y\in D$ 有

$$|Tx-Ty|\leqslant\theta|x-y|,\quad \theta\in[0,1).$$

则存在唯一的 $x^*\in D$,使得 $Tx^*=x^*$,即 T 在 D 内存在唯一的不动点 x^*.

第 3 章　概周期时标和时标上的概周期函数

3.1　引　言

Harald Bohr 于 1924—1926 年创立了概周期函数理论[50]. 概周期概念是对周期概念的推广,它在诸多领域如谐波分析、物理学和动力系统中都起着重要作用. 另一方面,Stefan Hilger 在文献[2]中创立的时标理论将连续和离散分析统一起来,最近得到了大量关注. 时标上的动力方程理论统一并拓展了经典的微分和差分方程理论.

为了研究时标上的概周期动力方程,文献[46]提出了概周期时标的概念,在此基础上,人们相继定义了时标上的概周期函数[46]、伪概周期函数[45]、概自守函数[43]、加权伪概自守函数[44]和加权分段伪概自守函数[51],同时也做了一些相关工作(见文献[52-56]). 尽管文献[46]给出的概周期时标的概念能将连续和离散有效地统一起来,但由于它只包含粗细度函数 $\mu(t)$ 是连续(或分段连续)的时标$\mathbb{T}$,因此,具有非常强的局限性,从而将许多有趣的时标排除在外. 因此,提出新的概周期时标的概念,从理论和应用上都是一个具有挑战性也是非常重要的问题.

最近,文献[57]给出了一种新的概周期时标,并在此基础上重新定义了概周期函数. 这种概周期时标的定义存在一定的混淆. 为了将这些混淆移除,本章的主要目的是给出概周期时标和时标上的概周期函数的一种新概念及其基本性质. 在此基础上,人们可以进一步研究伪概周期函数、伪概自守函数、加权伪概周期函数、加权伪概自守函数和时标上动力方程的这些函数类解的存在性问题. 特别地,人们可以研究时标上的人口模型、神经网络等的概周期解的存在性.

设 τ 为一个实数,令

$$\mathbb{T} := \bigcup_{i=-\infty}^{+\infty} [\alpha_i, \beta_i], \mathbb{T}^\tau := \mathbb{T} + \tau = \{t + \tau : \forall t \in \mathbb{T}\} := \bigcup_{i=-\infty}^{+\infty} [\alpha_i^\tau, \beta_i^\tau].$$

文献[57]的作者定义时标$\mathbb{T}$和$\mathbb{T}^\tau$之间的距离为

$$d(\mathbb{T}, \mathbb{T}^\tau) = \max\{\sup_{i\in\mathbb{Z}} |\alpha_i - \alpha_i^\tau|, \sup_{i\in\mathbb{Z}} |\beta_i - \beta_i^\tau|\}, \tag{3.1.1}$$

然后,他们给出了以下两个定义.

定义 3.1[57]　时标$\mathbb{T}$称为概周期时标,若对任意给定 $\varepsilon>0$,存在常数 $l(\varepsilon)>0$,使得每个长度为 $l(\varepsilon)$ 的区间内总有 $\tau(\varepsilon)$,满足

$$d(\mathbb{T}, \mathbb{T}^\tau) < \varepsilon$$

即对任意 $\varepsilon>0$,以下集

$$E(\mathbb{T}, \varepsilon) = \{\tau \in \mathbb{R}, d(\mathbb{T}, \mathbb{T}^\tau) < \varepsilon\}$$

是相对稠的.

定义 3.2[57] 设$\mathbb{T}$为概周期时标,称函数$f\in C(\mathbb{T}\times D,\mathbb{E}^n)$是$t$的概周期函数且关于$x\in D$是一致的,若对任意的$\varepsilon>0$和$D$的任意紧子集$S$,$f$的$\varepsilon$移位数集

$$E\{\varepsilon,f,S\}=\{\tau:|f(t+\tau,x)-f(t,x)|<\varepsilon,\forall(t,x)\in(\mathbb{T}\cap\mathbb{T}^{-\tau})\times S\}$$

是相对稠的,即对任意$\varepsilon>0$和D的每个紧子集S,存在常数$l(\varepsilon,S)>0$,使得每个长度为$l(\varepsilon,S)$的区间内总有$\tau(\varepsilon,S)\in E\{\varepsilon,f,S\}$,满足

$$|f(t+\tau,x)-f(t,x)|<\varepsilon,\quad\forall(t,x)\in(\mathbb{T}\cap\mathbb{T}^{-\tau})\times S.$$

τ称为f的ε移位数,$l(\varepsilon,S)$为$E\{\varepsilon,f,S\}$的包含长度.

我们认为:

(i)定义3.2是非常含糊的,因为人们不知道如何计算式(3.1.1).例如,$\alpha_i^\tau,\beta_i^\tau$是什么?因为若$\alpha_i$和$\alpha_i^\tau$中的$i$相同,则

$$\alpha_i^\tau=\alpha_i+\tau,\quad\beta_i^\tau=\beta_i+\tau,$$

由式(3.1.1),有

$$d(\mathbb{T},\mathbb{T}^\tau)=\tau.$$

此种情况下,由定义3.1,集

$$E(\mathbb{T},\varepsilon)=\{\tau\in\mathbb{R},d(\mathbb{T},\mathbb{T}^\tau)<\varepsilon\}$$

不是相对稠的.若α_i和α_i^τ中的i不相同,那么这两个i之间的关系是什么?

(ii)定义3.2不是良定义,因为$\mathbb{T}\cap\mathbb{T}^{-\tau}$可能是空集.例如,如果取$\mathbb{T}=\mathbb{Z}$,$\tau=r$,$r\in(0,1)$,则$\mathbb{T}\cap\mathbb{T}^{-\tau}=\varnothing$.但$E(\mathbb{T},\varepsilon)=\{\tau\in\mathbb{R},d(\mathbb{T},\mathbb{T}^\tau)<\varepsilon\}$是相对稠的,因为对任意$\varepsilon>0$,存在$\tau=k+r(\varepsilon)\in E(\mathbb{T},\varepsilon)$,其中$k\in\mathbb{Z}$,$r(\varepsilon)\in(0,1)$,且$r(\varepsilon)<\varepsilon$.

3.2 概周期时标

为了移除定义3.1的含糊性且排除定义3.2中$\mathbb{T}\cap\mathbb{T}^{-\tau}$可能为空集的情形,给出以下定义.

定义 3.3 设$\mathbb{T}_1$和$\mathbb{T}_2$为两个时标,定义

$$\mathrm{dist}(\mathbb{T}_1,\mathbb{T}_2)=\max\{\sup_{t\in\mathbb{T}_1}\{\mathrm{dist}(t,\mathbb{T}_2)\},\sup_{t\in\mathbb{T}_2}\{\mathrm{dist}(t,\mathbb{T}_1)\}\},$$

其中$\mathrm{dist}(t,\mathbb{T}_2)=\inf_{s\in\mathbb{T}_2}\{|t-s|\}$,$\mathrm{dist}(t,\mathbb{T}_1)=\inf_{s\in\mathbb{T}_1}\{|t-s|\}$.

设$\tau\in\mathbb{R}$,$\mathbb{T}$为时标,定义

$$\mathrm{dist}(\mathbb{T},\mathbb{T}_\tau)=\max\{\sup_{t\in\mathbb{T}}\{\mathrm{dist}(t,\mathbb{T}_\tau)\},\sup_{t\in\mathbb{T}_\tau}\{\mathrm{dist}(t,\mathbb{T})\}\},$$

其中$\mathbb{T}_\tau:=\mathbb{T}\cap\{\mathbb{T}-\tau\}=\mathbb{T}\cap\{t-\tau:\forall t\in\mathbb{T}\}$,$\mathrm{dist}(t,\mathbb{T}_\tau)=\inf_{s\in\mathbb{T}_\tau}\{|t-s|\}$,$\mathrm{dist}(t,\mathbb{T})=\inf_{s\in\mathbb{T}}\{|t-s|\}$.

由于时标为$\mathbb{R}$的闭子集,由定义3.3可得以下引理.

引理 3.1 设$\mathbb{T}_1$和$\mathbb{T}_2$为两个时标,则$\mathrm{dist}(\mathbb{T}_1,\mathbb{T}_2)=0$当且仅当$\mathbb{T}_1=\mathbb{T}_2$.

定义 3.4 时标$\mathbb{T}$称为概周期时标,若对任意$\varepsilon>0$,存在常数$l(\varepsilon)>0$,使得每个长度为$l(\varepsilon)$的区间内总有$\tau(\varepsilon)\in\mathbb{R}$,满足$\mathbb{T}_\tau\neq\varnothing$且

$$\mathrm{dist}(\mathbb{T},\mathbb{T}_\tau)<\varepsilon,$$

即对任意$\varepsilon>0$,集合

$$\Pi(\mathbb{T},\varepsilon)=\{\tau\in\mathbb{R},\mathrm{dist}(\mathbb{T},\mathbb{T}_\tau)<\varepsilon\}$$

是相对稠的. τ 称为$\mathbb{T}$的 ε 移位数,$l(\varepsilon)$称为 $\Pi(\mathbb{T},\varepsilon)$的包含长度.

很明显,若$\mathbb{T}$为概周期时标,则 $\inf \mathbb{T}=-\infty$, $\sup \mathbb{T}=+\infty$. 若$\mathbb{T}$为周期时标(见文献[58]),则 $\mathrm{dist}(\mathbb{T},\mathbb{T}_\tau)=0$,即$\mathbb{T}=\mathbb{T}_\tau$.

引理 3.2　设$\mathbb{T}$为概周期时标,则

(i)若$\tau\in\Pi(\mathbb{T},\varepsilon)$,则 $t+\tau\in\mathbb{T}$对所有 $t\in\mathbb{T}_\tau$ 成立;

(ii)若 $\varepsilon_1<\varepsilon_2$,则 $\Pi(\mathbb{T},\varepsilon_1)\subset\Pi(\mathbb{T},\varepsilon_2)$;

(iii)若$\tau\in\Pi(\mathbb{T},\varepsilon)$,则 $-\tau\in\Pi(\mathbb{T},\varepsilon)$且 $\mathrm{dist}(\mathbb{T}_\tau,\mathbb{T})=\mathrm{dist}(\mathbb{T}_{-\tau},\mathbb{T})$;

(iv)若$\tau_1,\tau_2\in\Pi(\mathbb{T},\varepsilon)$,则$\tau_1+\tau_2\in\Pi(\mathbb{T},2\varepsilon)$.

证明:(i),(ii)和(iii)是平凡的,只需证明(iv).

若$\tau_1,\tau_2\in\Pi(\mathbb{T},\varepsilon)$,则

$$\mathrm{dist}(\mathbb{T}_{\tau_1+\tau_2},\mathbb{T})\leqslant\mathrm{dist}(\mathbb{T}_{\tau_1},\mathbb{T})+\mathrm{dist}(\mathbb{T}_{\tau_2},\mathbb{T})<2\varepsilon,$$

即$\tau_1+\tau_2\in\Pi(\mathbb{T},2\varepsilon)$. 证毕.

引理 3.3　设$\mathbb{T}$为概周期时标,则存在序列$\{\tau_n\}\subset\Pi(\mathbb{T},\varepsilon)$,使得当 $n\to\infty$ 时,$\mathrm{dist}(\mathbb{T},\mathbb{T}_{\tau_n})\to 0$,因此 $\overline{\bigcup_{n=0}^{\infty}\mathbb{T}_{\tau_n}}=\mathbb{T}$.

证明:对 $n=1,2,\cdots$,取$\tau_n\in\Pi\left(\mathbb{T},\dfrac{\varepsilon}{n}\right)$,则

$$\mathrm{dist}(\mathbb{T},\mathbb{T}_{\tau_n})<\frac{\varepsilon}{n},n=1,2,\cdots.$$

证毕.

为了方便起见,引入一些记号. 设 $\alpha=\{\alpha_n\}$, $\beta=\{\beta_n\}$为两个序列,则 $\beta\subset\alpha$ 表示 β 是 α 的一个子序列;$\alpha+\beta=\{\alpha_n+\beta_n\}$, $-\alpha=\{-\alpha_n\}$;α 与 β 分别为 α'与 β'的公共子序列是指对给定的函数 $n(k)$, $\alpha_n=\alpha'_{n(k)}$且 $\beta_n=\beta'_{n(k)}$.

定理 3.1　设$\mathbb{T}$为概周期时标,则对任意给定序列 $\alpha'\subset\Pi(\mathbb{T},\varepsilon)$,存在子序列 $\beta\subset\alpha'$,使得$\mathbb{T}_{\beta_n}$收敛于某个时标$\mathbb{T}^*$,即对任意给定的 $\varepsilon>0$,存在 $N>0$,使得当 $n>N$ 时,$\mathrm{dist}(\mathbb{T}_{\beta_n},\mathbb{T}^*)<\varepsilon$,且$\mathbb{T}^*$也是概周期时标.

证明:对任意 $\varepsilon>0$,设 $l=l\left(\dfrac{\varepsilon}{4}\right)$为 $\Pi\left(\mathbb{T},\dfrac{\varepsilon}{4}\right)$的一个包含长度. 对任意给定的序列 $\alpha'=\{\alpha'_n\}$,记 $\alpha'_n=\tau'_n+\gamma'_n$,其中$\tau'_n\in\Pi\left(\mathbb{T},\dfrac{\varepsilon}{4}\right)$, $\gamma'_n\in\Pi$, $0\leqslant\gamma'_n\leqslant l$, $n=1,2,\cdots$. 因此存在子序列 $\gamma=\{\gamma_n\}\subset\gamma'=\{\gamma'_n\}$,使得当 $n\to\infty$, $0\leqslant s\leqslant l$ 时,$\gamma_n\to s$.

又由定义 3.4 可得,存在 $\delta(\varepsilon)>0$,使得若 $t_1,t_2\in\Pi(\mathbb{T},\varepsilon)$,且 $|t_1-t_2|<\delta$,则

$$\mathrm{dist}(\mathbb{T}_{t_1},\mathbb{T}_{t_2})<\frac{\varepsilon}{2}.$$

因为γ 为收敛序列,所以存在 $N=N(\delta)$,使得当 $p,m\geqslant N$ 时,有 $|\gamma_p-\gamma_m|<\delta$. 选取 $\alpha\subset\alpha'$, $\tau\subset\tau'=\{\tau'_n\}$,使得 α,τ 与 γ 构成公共子序列,则对任意整数 $p,m\geqslant N$,有

$$\mathrm{dist}(\mathbb{T}_{\tau_p-\tau_m},\mathbb{T})\leqslant\mathrm{dist}(\mathbb{T}_{\tau_p-\tau_m},\mathbb{T}_{\tau_m})+\mathrm{dist}(\mathbb{T}_{\tau_m},\mathbb{T})<\frac{\varepsilon}{4}+\frac{\varepsilon}{4}=\frac{\varepsilon}{2},$$

即

$$(\alpha_p-\alpha_m)-(\gamma_p-\gamma_m)=(\tau_p-\tau_m)\in\Pi\left(\mathbb{T},\frac{\varepsilon}{2}\right).$$

因此,可得

$$\begin{aligned}\text{dist}(\mathbb{T}_{\alpha_p},\mathbb{T}_{\alpha_m})&=\text{dist}(\mathbb{T}_{\alpha_p-\alpha_m},\mathbb{T})\\&\leqslant\text{dist}(\mathbb{T}_{\alpha_p-\alpha_m},\mathbb{T}_{\gamma_p-\gamma_m})+\text{dist}(\mathbb{T}_{\gamma_p-\gamma_m},\mathbb{T})\\&<\frac{\varepsilon}{2}+\frac{\varepsilon}{2}=\varepsilon.\end{aligned}$$

故,可选取序列 $\alpha^{(k)}=\{\alpha_n^{(k)}\},k=1,2,\cdots$ 和 $\alpha^{(k+1)}\subset\alpha^{(k)}\subset\alpha$ 使得对任意整数 m,p,下式成立

$$\text{dist}(\mathbb{T}_{\alpha_p^{(k)}},\mathbb{T}_{\alpha_m^{(k)}})<\frac{1}{k},k=1,2,\cdots.$$

在所有序列 $\alpha^{(k)},k=1,2,\cdots$ 中选取其主对角线元素构成的序列 $\beta=\{\beta_n\},\beta_n=\alpha_n^{(n)}$,使得对任意正数 $p,m,p<m$ 且 $\{T_{\beta_n}\}\subset\{T_{\alpha_n}\}$,下式成立

$$\text{dist}(\mathbb{T}_{\beta_p},\mathbb{T}_{\beta_m})<\frac{1}{p}.$$

所以 $\{\mathbb{T}_{\beta_n}\}$ 收敛于某个时标 $\mathbb{T}^*$,其中 $\beta=\{\beta_n\}\subset\alpha$ 为 $\mathbb{R}$ 的一个闭子集,即当 $n\to\infty$ 时,$\text{dist}(\mathbb{T}_{\beta_n},\mathbb{T}^*)\to0$.

最后,对任意 $\varepsilon>0$,取 $\tau\in\Pi(\mathbb{T},\varepsilon)$,则下式成立

$$\text{dist}(\mathbb{T}_{\beta_n+\tau},\mathbb{T}_{\beta_n})<\varepsilon.$$

令 $n\to\infty$,有

$$\text{dist}(\mathbb{T}_\tau^*,\mathbb{T}^*)<\varepsilon.$$

即 $\Pi(\mathbb{T}^*,\varepsilon)$ 是相对稠的. 因此,$\mathbb{T}^*$ 是概周期时标. 证毕.

定理 3.2 设 $\mathbb{T}$ 为时标,若对任意序列 $\alpha'\subset\Pi(\mathbb{T},\varepsilon)$,存在 $\alpha\subset\alpha'$ 使得 $\mathbb{T}_{\alpha_n}\neq\varnothing$ 且 $\{\mathbb{T}_{\alpha_n}\}$ 收敛于某个时标 $\mathbb{T}^*$,则 $\mathbb{T}$ 也是概周期时标.

证明:反证法. 若结论不成立,则存在 $\varepsilon_0>0$,使得对无论多大的 $l>0$ 都可以找到一个长度为 l 的区间,在该区间内不含有 $\mathbb{T}$ 的 ε_0 移位数,即该区间内的任意一点都不属于 $\Pi(\mathbb{T},\varepsilon_0)$.

任取数 $\alpha_1'\in\Pi(\mathbb{T},\varepsilon_0)$,可以找到一个区间 (a_1,b_1) 满足 $b_1-a_1>2|\alpha_1'|$,其中 $a_1,b_1\in\Pi(\mathbb{T},\varepsilon_0)$,使得该区间内不含有 $\mathbb{T}$ 的 ε_0 移位数. 接下来,取 $\alpha_2'=\frac{1}{2}(a_1+b_1)$,显然,$\alpha_2'-\alpha_1'\in(a_1,b_1)$,所以 $\alpha_2'-\alpha_1'\notin\Pi(\mathbb{T},\varepsilon_0)$. 再取区间 (a_2,b_2) 满足 $b_2-a_2>2(|\alpha_1'|+|\alpha_2'|)$,其中 $a_2,b_2\in\Pi(\mathbb{T},\varepsilon_0)$,使得在该区间内不含有 $\mathbb{T}$ 的 ε_0 移位数. 接下来,继续取 $\alpha_3'=\frac{1}{2}(a_2+b_2)$,显然,$\alpha_3'-\alpha_2',\alpha_3'-\alpha_1'\notin\Pi(\mathbb{T},\varepsilon_0)$. 如此继续该过程,可以找到 $\alpha_4',\alpha_5',\cdots$,使得 $\alpha_i'-\alpha_j'\notin\Pi(\mathbb{T},\varepsilon_0),i>j$. 因此,对任意 $i\neq j,i,j=1,2,\cdots$,不妨设 $i>j$,则有

$$\text{dist}(\mathbb{T}_{\alpha_i'},\mathbb{T}_{\alpha_j'})=\text{dist}(\mathbb{T}_{\alpha_i'-\alpha_j'},\mathbb{T})\geqslant\varepsilon_0.$$

因此 $\{\mathbb{T}_{\alpha_n'}\}$ 不含有收敛的子序列,与假设矛盾,所以 $\mathbb{T}$ 为概周期时标. 证毕.

定理 3.3 设 $\mathbb{T}$ 为概周期时标,则对任意 $\varepsilon>0$,存在常数 $l(\varepsilon)>0$ 使得每个长度为 $l(\varepsilon)$ 的区间内总有 $\tau(\varepsilon)\in\Pi(\mathbb{T},\varepsilon)$ 满足

$$|\sigma(t+\tau)-\sigma(t)-\tau|<\varepsilon,\forall t\in\mathbb{T}_\tau. \tag{3.2.1}$$

证明:对任意 $\tau\in\Pi(\mathbb{T},\varepsilon)$ 和 $t\in\mathbb{T}_\tau$,若 t 是右稠的,则存在 $t_n\in\mathbb{T}$ 使得

$$\lim_{n\to\infty}t_n=t \text{ 且 } t_n>t.$$

若存在 $\{t_n\}$ 的子序列 $\{t_{n_k}\}$,使得 $\{t_{n_k}\}\subset\mathbb{T}_\tau$,则 $\{t_{n_k}+\tau\}\subset\mathbb{T}$,且 $\lim\limits_{k\to\infty}(t_{n_k}+\tau)=t+\tau$,即 $t+\tau$ 也

是右稠的. 此时有 $\sigma(t)=t,\sigma(t+\tau)=t+\tau$. 若 $\{t_n\}$ 没有包含在 $\mathbb{T}_\tau$ 中的子序列,因为 $\operatorname{dist}(\mathbb{T},\mathbb{T}_\tau)<\varepsilon$,所以存在子序列 $\{s_n\}\subset\mathbb{T}_\tau$ 使得

$$|s_n-t_n|<\varepsilon \text{ 且 } \lim_{n\to\infty}s_n=t.$$

因此 $\{s_n+\tau\}\subset\mathbb{T}$,且 $\lim\limits_{n\to\infty}(s_n+\tau)=t+\tau$,即 $t+\tau$ 为右稠的. 这种情况下有 $\sigma(t)=t$, $\sigma(t+\tau)=t+\tau$. 结论显然成立.

另一方面,若 t 是右离散的,则存在 $s(>t)\in\mathbb{T}$ 使得 $\sigma(t)=s$. 若 $s+\tau\in\mathbb{T}$,则 $\sigma(t+\tau)\leqslant s+\tau$,且

$$\sigma(t+\tau)-\sigma(t)-\tau\leqslant s+\tau-s-\tau=0. \tag{3.2.2}$$

若 $s+\tau\notin\mathbb{T}$,则因为 $\operatorname{dist}(\mathbb{T},\mathbb{T}_\tau)<\varepsilon$,所以存在 $s^*(>s)\in\mathbb{T}_\tau$ 使得 $s^*+\tau\in\mathbb{T}$,且 $|s-s^*|<\varepsilon$. 因此 $\sigma(t+\tau)\leqslant s^*+\tau$. 故

$$\sigma(t+\tau)-\sigma(t)-\tau\leqslant s^*+\tau-s-\tau=s^*-s. \tag{3.2.3}$$

由前跃算子的定义有 $\sigma(t+\tau)\geqslant t+\tau$,故 $\sigma(t+\tau)-\tau\geqslant t$. 同样由前跃算子的定义,有

$$\sigma(t)\leqslant\sigma(t+\tau)-\tau. \tag{3.2.4}$$

由式(3.2.2)、式(3.2.3)、式(3.2.4)可推得不等式(3.2.1)成立. 因为 $\Pi(\mathbb{T},\varepsilon)$ 是相对稠的,所以定理的结论成立. 证毕.

由定理2和粗细度函数 $\mu(t)$ 及 $\Pi(\mathbb{T},\varepsilon)$ 的定义,可得以下推论:

推论 3.1 设 $\mathbb{T}$ 为概周期时标,则对任意 $\varepsilon>0$,有

$$E\{\mu,\varepsilon\}=\{\tau:|\mu(t+\tau)-\mu(t)|<\varepsilon,\forall t\in\mathbb{T}_\tau\} \tag{3.2.5}$$

是相对稠的.

3.3 时标上的概周期函数

设 $\mathbb{T}$ 为概周期时标,给出 $\mathbb{T}$ 上的一致概周期函数的定义.

定义 3.5 设 $\mathbb{T}$ 为概周期时标,称 $f\in C(\mathbb{T}\times D,\mathbb{E}^n)$ 是 t 的概周期函数且关于 $x\in D$ 是一致的,若对任意 $\varepsilon>0$ 和 D 的任意紧子集 S, f 的 ε 移位数集

$$E\{\varepsilon,f,S\}=\{\tau\in\Pi(\mathbb{T},\varepsilon):|f(t+\tau,x)-f(t,x)|<\varepsilon,\forall(t,x)\in\mathbb{T}_\tau\times S\}$$

是相对稠的,即对任意给定 $\varepsilon>0$ 和 D 的每个紧子集 S,存在常数 $l(\varepsilon,S)>0$,使得每个长度为 $l(\varepsilon,S)$ 的区间内总有 $\tau(\varepsilon,S)\in E\{\varepsilon,f,S\}\subset\Pi(\mathbb{T},\varepsilon)$,满足

$$|f(t+\tau,x)-f(t,x)|<\varepsilon,\forall(t,x)\in\mathbb{T}_\tau\times S.$$

τ 称为 f 的 ε 移位数, $l(\varepsilon,S)$ 称为 $E\{\varepsilon,f,S\}$ 的包含长度.

下面记 $\widetilde{\mathbb{T}}=\bigcap\limits_{\tau\in\widetilde{\Pi}}\mathbb{T}_\tau$,其中 $\widetilde{\Pi}=\{\tau\in\mathbb{R}:\mathbb{T}_\tau\neq\varnothing\}$.

定理 3.4 设 $f\in C(\mathbb{T}\times D,\mathbb{E}^n)$ 是 t 的概周期函数且关于 $x\in D$ 是一致的,若 $\widetilde{\mathbb{T}}\neq\varnothing$,则 f 在 $\widetilde{\mathbb{T}}\times S$ 上一致连续且有界.

证明:对给定 $0<\varepsilon\leqslant1$ 和紧子集 $S\subset D$,存在常数 $l(\varepsilon,S)$,使得在每个长度为 $l(\varepsilon,S)$ 的区间内总有 $\tau(\varepsilon)\in E\{\varepsilon,f,S\}$,对所有 $(t,x)\in\widetilde{\mathbb{T}}\times S$ 满足

$$|f(t+\tau,x)-f(t,x)|<\varepsilon\leqslant1 \tag{3.3.1}$$

因为 $f\in C(\mathbb{T}\times D,\mathbb{E}^n)$,则对任意 $(t,x)\in([0,l(\varepsilon,S)]\cap\mathbb{T})\times S$,存在 $M>0$ 使得 $|f(t,x)|<M$.

所以对任意给定 $t\in\widetilde{\mathbb{T}}$,取 $\tau\in E\{\varepsilon,f,S\}\cap[-t,-t+l(\varepsilon,S)]$,则 $t+\tau\in[0,l(\varepsilon,S)]\cap\mathbb{T}$,故对 $x\in S$,有

$$|f(t+\tau,x)|<M \text{ 且 } |f(t+\tau,x)-f(t,x)|<1 \tag{3.3.2}$$

对所有 $(t,x)\in\widetilde{\mathbb{T}}\times S$,有

$$|f(t,x)|<|f(t+\tau,x)|+\varepsilon\leqslant M+1.$$

另外,对任意 $\varepsilon>0$,令 $l_1=l_1\left(\frac{\varepsilon}{3},S\right)$ 为 $E\left\{\frac{\varepsilon}{3},f,S\right\}$ 的一个包含长度,能找到一个合适的点 $t_0>0$ 使得 $f(t,x)$ 在 $([-t_0,t_0+l_1]\cap\mathbb{T})\times S$ 上一致连续. 因此存在正常数 $\delta=\delta\left(\frac{\varepsilon}{3},S\right)<t_0$,使得对任意 $t_1,t_2\in[-t_0,t_0+l_1]\cap\mathbb{T}$ 和 $|t_1-t_2|<\delta$,有

$$|f(t_1,x)-f(t_2,x)|<\frac{\varepsilon}{3},\ \forall x\in S.$$

选取任意 $v,t\in\widetilde{\mathbb{T}}$ 满足 $|t-v|<\delta$. 取

$$\tau\in E\left\{\frac{\varepsilon}{3},f,S\right\}\cap[-t-t_0,-t+t_0+l_1],$$

则 $t+\tau,v+\tau\in[-t,t_0+l_1]\cap\mathbb{T}$. 因此

$$|f(t+\tau,x)-f(v+\tau,x)|<\frac{\varepsilon}{3},\ \forall x\in S.$$

所以,对 $(t,x)\in\widetilde{\mathbb{T}}\times S$,有

$$|f(t,x)-f(v,x)|\leqslant|f(t,x)-f(t+\tau,x)|+|f(t+\tau,x)-f(v+\tau,x)|+ |f(v+\tau,x)-f(v,x)|<\varepsilon.$$

所以 f 在 $\widetilde{\mathbb{T}}\times S$ 上一致连续. 证毕.

注 3.1 由定理 3.4 可以得出定义 3.14 意义下的概周期函数在 $\mathbb{T}$ 上未必有界,所以文献[57]中的定理 42 应假设 f 是有界函数,且在文献[57]的定理 42 的证明中,应假设 D 为由概周期时标 $\mathbb{T}$ 上的所有有界概周期函数构成的空间.

为方便起见,介绍平移算子 T,$T_\alpha f(t,x)=g(t,x)$ 表示 $g(t,x)=\lim\limits_{n\to\infty}f(t+\alpha_n,x)$,且只有当等号右边的极限存在时该等式才成立. 该极限的收敛方式如逐点收敛、一致收敛等会在用到的地方具体给出.

定理 3.5 设 $f\in C(\mathbb{T}\times D,\mathbb{E}^n)$ 是 t 的概周期函数且关于 $x\in D$ 是一致的,则对任意序列 $\alpha'\subset\Pi(\mathbb{T},\varepsilon)$,存在子序列 $\beta\subset\alpha'$ 和函数 $g\in C(\widetilde{\mathbb{T}}\times D,\mathbb{E}^n)$ 使得 $T_\beta f(t,x)=g(t,x)$ 在 $\widetilde{\mathbb{T}}\times S$ 上一致成立. 若 $\tilde{g}(t,x)=g(t,x)$ 在 $\widetilde{\mathbb{T}}\times D$ 上成立,则 $\tilde{g}(t,x)$ 是 t 的概周期函数且关于 $x\in D$ 是一致的,其中 $\tilde{g}\in C(\mathbb{T}\times D,\mathbb{E}^n)$.

证明:对任意 $\varepsilon>0$,$S\subset D$,设 $l=l\left(\frac{\varepsilon}{4},S\right)$ 为 $E\left\{\frac{\varepsilon}{4},f,S\right\}$ 的一个包含长度. 对任意给定序列 $\alpha'=\{\alpha'_n\}\subset\Pi(\mathbb{T},\varepsilon)$,记 $\alpha'_n=\tau'_n+\gamma'_n$,其中 $\tau'_n\in E\left\{\frac{\varepsilon}{4},f,S\right\}$,$\gamma'_n\in\Pi(\mathbb{T},2\varepsilon)$,$0\leqslant\gamma'_n\leqslant l$,$n=1$,

$2,\cdots$(事实上,对任意长度为 l 的区间,存在 $\tau_n'\in E\left\{\frac{\varepsilon}{4},f,S\right\}$). 因此,可以选择一个恰当的长度为 l 的区间满足 $0\leqslant\alpha_n'-\tau_n'\leqslant l$. 由 $\Pi(\mathbb{T},\varepsilon)$ 的定义,易得 $\gamma_n'=\alpha_n'-\tau_n'\in\Pi(\mathbb{T},2\varepsilon)$. 因此,存在子序列 $\gamma=\{\gamma_n\}\subset\gamma'=\{\gamma_n'\}$ 使得当 $n\to\infty$,$0\leqslant s\leqslant l$ 时,$\gamma_n\to s$.

并且,由定理 3.4 可推得 $f(t,x)$ 在 $\widetilde{\mathbb{T}}\times D$ 上一致连续. 因此,存在 $\delta(\varepsilon,S)>0$ 使得对任意 $t_1,t_2\in\widetilde{\mathbb{T}}$ 满足 $|t_1-t_2|<\delta$ 和 $x\in S$,有

$$|f(t_1,x)-f(t_2,x)|<\frac{\varepsilon}{2}.$$

因为 γ 为收敛序列,所以存在 $N=N(\delta)$,使得当 $p,m\geqslant N$ 时,有 $|\gamma_p-\gamma_m|<\delta$ 成立. 取 $\alpha\subset\alpha'$,$\tau\subset\tau'=\{\tau_n'\}$ 使得 α,τ 与 γ 构成公共子序列,则对任意整数 $p,m\geqslant N$ 和 $t\in\widetilde{\mathbb{T}}$,有

$$\begin{aligned}&|f(t+(\tau_p-\tau_m),x)-f(t,x)|\\&\leqslant|f(t+(\tau_p-\tau_m),x)-f(t+\tau_p,x)|+|f(t+\tau_p,x)-f(t,x)|\\&<\frac{\varepsilon}{4}+\frac{\varepsilon}{4}=\frac{\varepsilon}{2},\end{aligned}$$

即

$$(\alpha_p-\alpha_m)-(\gamma_p-\gamma_m)=\tau_p-\tau_m\in E\left\{\frac{\varepsilon}{2},f,S\right\}.$$

因此可得

$$\begin{aligned}&|f(t+\alpha_p,x)-f(t+\alpha_m,x)|\\&\leqslant\sup_{(t,x)\in\widetilde{\mathbb{T}}\times S}|f(t+\alpha_p,x)-f(t+\alpha_m,x)|\\&=\sup_{(t,x)\in\widetilde{\mathbb{T}}\times S}|f(t+\alpha_p-\alpha_m,x)-f(t,x)|\\&\leqslant\sup_{(t,x)\in\widetilde{\mathbb{T}}\times S}|f(t+\alpha_p-\alpha_m,x)-f(t+\gamma_p-\gamma_m,x)|+\\&\quad\sup_{(t,x)\in\widetilde{\mathbb{T}}\times S}|f(t+\gamma_p-\gamma_m,x)-f(t,x)|\\&<\frac{\varepsilon}{2}+\frac{\varepsilon}{2}=\varepsilon.\end{aligned}$$

所以,可取序列 $\alpha^{(k)}=\{\alpha_n^{(k)}\},k=1,2,\cdots$ 且 $\alpha^{(k+1)}\subset\alpha^{(k)}\subset\alpha$ 使得对任意整数 m,p 和所有 $(t,x)\in\widetilde{\mathbb{T}}\times S$,有下式成立

$$|f(t+\alpha_p^{(k)},x)-f(t+\alpha_m^{(k)},x)|<\frac{1}{k},k=1,2,\cdots.$$

在所有序列 $\alpha^{(k)},k=1,2,\cdots$ 中选取其对角线元素构成的序列 $\beta=\{\beta_n\},\beta_n=\alpha_n^{(n)}$,则对满足 $p<m$ 的任意整数 p,m 和所有 $(t,x)\in\widetilde{\mathbb{T}}\times S$,有 $\{f(t+\beta_n,x)\}\subset\{f(t+\alpha_n,x)\}$,且下式成立

$$|f(t+\beta_p,x)-f(t+\beta_m,x)|<\frac{1}{p}.$$

因此 $\{f(t+\beta_n,x)\}$ 在 $\widetilde{\mathbb{T}}\times S$ 上一致收敛,即 $T_\beta f(t,x)=g(t,x)$ 在 $\widetilde{\mathbb{T}}\times S$ 上一致成立,其中 $\beta=$

$\{\beta_n\}\subset\alpha$.

接下来,证明 $g(t,x)$ 在 $\widetilde{\mathbb{T}}\times D$ 上连续. 若该结论不成立,则必定存在 $(t_0,x_0)\in\widetilde{\mathbb{T}}\times D$ 使得 $g(t,x)$ 在该点不连续,即存在 $\varepsilon_0>0$ 和序列 $\{\delta_m\},\{t_m\},\{x_m\}$,其中 $\delta_m>0$,且当 $m\to+\infty$ 时有 $\delta_m\to0$,满足 $|t_0-t_m|+|x_0-x_m|<\delta_m$,且

$$|g(t_0,x_0)-g(t_m,x_m)|\geqslant\varepsilon_0. \tag{3.3.3}$$

令 $X=\{x_m\}\cup\{x_0\}$,很明显 X 为 D 的一个紧子集,因此存在正整数 $N=N(\varepsilon_0,X)$,当 $n>N$ 时,对 m 一致,有

$$|f(t_m+\beta_n,x_m)-g(t_m,x_m)|<\frac{\varepsilon_0}{3},\ \forall m\in\mathbb{Z}^+, \tag{3.3.4}$$

$$|f(t_0+\beta_n,x)-g(t_0,x_0)|<\frac{\varepsilon_0}{3}. \tag{3.3.5}$$

由 $f(t,x)$ 在 $\widetilde{\mathbb{T}}\times X$ 上的一致连续性及当 m 充分大时,有 δ_m 可任意小. 因此,只要 m 足够大,就有

$$|f(t_0+\beta_n,x_0)-f(t_m+\beta_n,x_m)|<\frac{\varepsilon_0}{3}. \tag{3.3.6}$$

由式(3.3.4)至式(3.3.6)可得

$$|g(t_0,x_0)-g(t_m,x_m)|<\varepsilon_0,$$

此与式(3.3.3)矛盾. 因此,$g(t,x)$ 在 $\widetilde{\mathbb{T}}\times D$ 上连续.

最后,对任意紧子集 $S\subset D$ 和给定 $\varepsilon>0$,可取 $\tau\in E\{\varepsilon,f,S\}$,则对所有 $(t,x)\in\widetilde{\mathbb{T}}\times S$,下式成立

$$|f(t+(\beta_n+\tau),x)-f(t+\beta_n,x)|<\varepsilon,$$

令 $n\to+\infty$,则对所有 $(t,x)\in\widetilde{\mathbb{T}}\times S$,有

$$|g(t+\tau,x)-g(t,x)|\leqslant\varepsilon,$$

即 $E\{\varepsilon,g,S\}$ 是相对稠的,因此 $\tilde{g}(t,x)$ 是 t 的概周期函数且关于 $x\in D$ 是一致的. 证毕.

定理 3.6 设 $f(t,x)\in C(\mathbb{T}\times D,\mathbb{E}^n)$,若对任意序列 $\alpha'\subset\Pi(\mathbb{T},\varepsilon)$,存在 $\alpha\subset\alpha'$ 使得 $T_\alpha f(t,x)$ 在 $\widetilde{\mathbb{T}}\times S$ 上一致存在,其中 S 为 D 中任意紧子集,则 $f(t,x)$ 是 t 的概周期函数且关于 $x\in D$ 是一致的.

证明: 反证法. 假设结论不成立,则存在 $\varepsilon_0>0$ 和 $S\subset D$ 使得对无论多么大的 $l>0$,都可以找到长度为 l 的区间,满足在该区间内不含有 $f(t,x)$ 的 ε_0 移位数,即该区间上的任一点都不属于 $E\{\varepsilon_0,f,S\}$.

任取数 $\alpha'_1\in\Pi(\mathbb{T},\varepsilon_0)$,选取区间 (a_1,b_1),满足 $b_1-a_1>2|\alpha'_1|$,其中 $a_1,b_1\in\Pi$,使得该区间内不含有 $f(t,x)$ 的 ε_0 移位数. 接下来,选取 $\alpha'_2=\frac{1}{2}(a_1+b_1)$,于是 $\alpha'_2-\alpha'_1\in(a_1,b_1)$,所以 $\alpha'_2-\alpha'_1\notin E\{\varepsilon_0,f,S\}$. 再取区间 (a_2,b_2) 满足 $b_2-a_2>2(|\alpha'_1|+|\alpha'_2|)$,其中 $a_2,b_2\in\Pi(\mathbb{T},\varepsilon_0)$,使得该区间内不含有 $f(t,x)$ 的 ε_0 移位数. 继续取 $\alpha'_3=\frac{1}{2}(a_2+b_2)$,显然,$\alpha'_3-\alpha'_2,\alpha'_3-\alpha'_1\notin$

$E\{\varepsilon_0,f,S\}$. 如此继续该步骤,可以找到 $\alpha'_4,\alpha'_5,\cdots$,使得 $\alpha'_i-\alpha'_j\notin E\{\varepsilon_0,f,S\},i>j$. 因此,对任意 $i\neq j,i,j=1,2,\cdots$,不妨设 $i>j$,则对 $x\in S$,有

$$\sup_{(t,x)\in\widetilde{\mathbb{T}}\times S}|f(t+\alpha'_i,x)-f(t+\alpha'_j,x)|=\sup_{(t,x)\in\widetilde{\mathbb{T}}\times S}|f(t+(\alpha'_i-\alpha'_j),x)-f(t,x)|\geqslant\varepsilon_0.$$

因此,对 $(t,x)\in\widetilde{\mathbb{T}}\times S$, $\{f(t+\alpha'_n,x)\}$ 不含有一致收敛的子序列,与定理的假设矛盾.

所以 $f(t,x)$ 是 t 的概周期函数且关于 $x\in D$ 是一致的. 证毕.

在定理 3.5、定理 3.6 和注 3.1 的基础上,给出一致概周期函数的另一种定义.

定义 3.6　设 $f(t,x)\in C(\mathbb{T}\times D,\mathbb{E}^n)$,若对任给序列 $\alpha'\subset\Pi(\mathbb{T},\varepsilon)$,存在子序列 $\alpha\subset\alpha'$ 使得 $T_\alpha f(t,x)$ 在 $\widetilde{\mathbb{T}}\times S$ 上一致存在,则称 $f(t,x)$ 是 t 的概周期函数且关于 $x\in D$ 是一致的.

定义 3.7　设 $\mathbb{T}$ 为概周期时标,对任意 $t\in\mathbb{T},\tau\in\Pi(\mathbb{T},\varepsilon)$,定义

$$t\tilde{+}\tau=\begin{cases}t+\tau, t+\tau\in\mathbb{T},\\ t^*+\tau, t+\tau\notin\mathbb{T},\end{cases}$$

其中 $t^*\notin\mathbb{T}_\tau$,满足 $\operatorname{dist}(t,\mathbb{T}_\tau)=|t-t^*|<\varepsilon$,且 $(t-t^*)\operatorname{sign}(\tau)>0$.

在定义 3.7 的基础上,给出时标上的一致概周期函数的定义.

定义 3.8　设 $\mathbb{T}$ 为概周期时标,称 $f(t,x)$ 是 t 的概周期函数且关于 $x\in D$ 是一致的,若对任意的 $\varepsilon>0$ 和 D 的任意紧子集 S,$f(t,x)$ 的 ε 移位数集

$$E\{\varepsilon,f,S\}=\{\tau\in\Pi(\mathbb{T},\varepsilon):|f(t\tilde{+}\tau,x)-f(t,x)|<\varepsilon,\forall(t,x)\in\mathbb{T}\times S\}$$

是相对稠的,即对任意 $\varepsilon>0$ 和 D 的每个紧子集 S,存在常数 $l(\varepsilon,S)>0$,使得每个长度为 $l(\varepsilon,S)$ 的区间内总有 $\tau(\varepsilon,S)\in E\{\varepsilon,f,S\}$,满足

$$|f(t\tilde{+}\tau,x)-f(t,x)|<\varepsilon,\forall(t,x)\in\mathbb{T}\times S.$$

τ 称为 $f(t,x)$ 的 ε 移位数,$l(\varepsilon,S)$ 为 $E\{\varepsilon,f,S\}$ 的包含长度.

在定义 3.8 的意义下,有以下定理.

定理 3.7　设 $f\in C(\mathbb{T}\times D,\mathbb{E}^n)$ 是 t 的概周期函数且关于 $x\in D$ 是一致的,则对任意 $\varepsilon>0$,f 在 $\mathbb{T}\times S$ 上一致连续且有界.

证明:由已知,对给定 $\varepsilon\leqslant1$ 和紧集 $S\subset D$,存在常数 $l(\varepsilon,S)>0$ 使得在任意长度为 $l(\varepsilon,S)$ 的区间内总有 $\tau(\varepsilon)\in E\{\varepsilon,f,S\}$,满足

$$|f(t\tilde{+}\tau,x)-f(t,x)|<\varepsilon\leqslant1,\forall(t,x)\in\mathbb{T}\times S.$$

因为 $f\in C(\mathbb{T}\times D,\mathbb{E}^n)$,则对任意 $(t,x)\in([-1-\bar{\mu},l(\varepsilon,S)+1+\bar{\mu}]\cap\mathbb{T})\times S$,其中 $\mu=\sup_{t\in\mathbb{T}}\mu(t)$,存在常数 $M>0$ 使得 $|f(t,x)|<M$. 对任意给定的 $t\in\mathbb{T}$,取 $\tau\in E\{\varepsilon,f,S\}\cap[-t-1-\bar{\mu},-t+1+\bar{\mu}+l(\varepsilon,S)]$,则 $t\tilde{+}\tau\in[-1-\bar{\mu},l(\varepsilon,S)+1+\bar{\mu}]\cap\mathbb{T}$,因此对所有 $(t,x)\in\mathbb{T}\times S$,有

$$|f(t\tilde{+}\tau,x)|<M \text{ 且 } |f(t\tilde{+}\tau,x)-f(t,x)|<1.$$

因此对所有 $(t,x)\in\mathbb{T}\times S$,有 $|f(t,x)|<M+1$. 即 $f(t,x)$ 在 $\mathbb{T}\times S$ 上有界.

对任意 $\varepsilon>0$,令 $l_1=l_1\left(\dfrac{\varepsilon}{3},S\right)$ 为 $E\left\{\dfrac{\varepsilon}{3},f,S\right\}$ 的一个包含长度,可以找到一个合适的点 $t_0>$

0,使得$f(t,x)$在$([-t_0-1-\bar{\mu},t_0+l_1+1+\bar{\mu}]\cap\mathbb{T})\times S$上一致连续. 因此,存在正常数$\delta=\delta\left(\frac{\varepsilon}{3},S\right)<\min\{\bar{\mu}+1,t_0\}$,对所有$t_1,t_2\in[-t_0-1-\bar{\mu},t_0+l_1+1+\bar{\mu}]\cap\mathbb{T}$和$|t_1-t_2|<\delta$,有

$$|f(t_1,x)-f(t_2,x)|<\frac{\varepsilon}{3},\ \forall x\in S$$

成立.

任意选取$v,t\in\mathbb{T}$,满足$|t-v|<\delta$,取

$$\tau\in E\left\{\frac{\varepsilon}{3},f,S\right\}\cap[-t-t_0-1-\bar{\mu},\ -t+t_0+1+\bar{\mu}+l_1],$$

则$t\ \tilde{+}\ \tau,v\ \tilde{+}\ \tau\in[-t_0-1-\bar{\mu},t_0+l_1+1+\bar{\mu}]\cap\mathbb{T}$,所以

$$|f(t\ \tilde{+}\ \tau,x)-f(v\ \tilde{+}\ \tau,x)|<\frac{\varepsilon}{3},\ \forall x\in S.$$

因此,对所有$(t,x)\in\mathbb{T}\times S$,有

$$|f(t,x)-f(v,x)|\leqslant|f(t,x)-f(t\ \tilde{+}\ \tau,x)|+|f(t\ \tilde{+}\ \tau,x)-f(v\ \tilde{+}\ \tau,x)|+$$
$$|f(v\ \tilde{+}\ \tau,x)-f(v,x)|<\varepsilon.$$

所以$f(t,x)$在$\mathbb{T}\times S$上一致连续. 证毕.

最后,给出概周期时标的几个更一般的定义,在这些概周期时标上可以定义如同定义3.14、定义3.6和定义3.8所定义的一致概周期函数.

定义 3.9　时标$\mathbb{T}$称为概周期时标,若

$$\Pi:=\{\tau\in\mathbb{R}:\mathbb{T}_\tau\neq\varnothing\}$$

是相对稠的,其中$\mathbb{T}_\tau=\mathbb{T}\cap\{\mathbb{T}-\tau\}$,或者$\mathbb{T}_\tau=\mathbb{T}\cap\{\mathbb{T}\pm\tau\}$.

定义 3.10　时标$\mathbb{T}$称为概周期时标,若

$$\Pi:=\{\tau\in\mathbb{R}:\mathbb{T}_\tau=\mathbb{T}\}\cup\{\tau\in\mathbb{T}:\mathbb{T}_\tau\neq\varnothing\}$$

是相对稠的,其中$\mathbb{T}_\tau=\mathbb{T}\cap\{\mathbb{T}-\tau\}$,或者$\mathbb{T}_\tau=\mathbb{T}\cap\{\mathbb{T}\pm\tau\}$.

定义 3.11　时标$\mathbb{T}$称为概周期时标,若集合

$$\Lambda_0:=\{\tau\in\mathbb{R}:\mathbb{T}_\tau\neq\varnothing\}\neq\{0\}$$

且存在集合Λ使得

$$0\in\Lambda\subseteq\Lambda_0\text{ 和 }\Pi(\Lambda)\setminus\{0\}\neq\varnothing$$

其中$\mathbb{T}_\tau=\mathbb{T}\cap\{\mathbb{T}-\tau\}=\mathbb{T}\cap\{t-\tau:t\in\mathbb{T}\}$,$\Pi:=\Pi(\Lambda)=\{\tau\in\Lambda\subseteq\Lambda_0:\sigma+\tau\in\Lambda,\forall\sigma\in\Lambda\}$.

定义 3.12　时标$\mathbb{T}$称为概周期时标,若集合

$$\Lambda_0:=\{\tau\in\mathbb{R}:\mathbb{T}_\tau=\mathbb{T}\}\cup\{\tau\in\mathbb{T}:\mathbb{T}_\tau\neq\varnothing\}\neq\{0\}$$

且存在集合Λ使得

$$0\in\Lambda\subseteq\Lambda_0\text{ 和 }\Pi(\Lambda)\setminus\{0\}\neq\varnothing$$

其中$\mathbb{T}_\tau=\mathbb{T}\cap\{\mathbb{T}-\tau\}=\mathbb{T}\cap\{t-\tau:t\in\mathbb{T}\}$,$\Pi:=\Pi(\Lambda)=\{\tau\in\Lambda\subseteq\Lambda_0:\sigma+\tau\in\Lambda,\forall\sigma\in\Lambda\}$.

注 3.2　显然,在定义3.11和定义3.12中,若$\tau_1,\tau_2\in\Pi$,则$\tau_1+\tau_2\in\Pi$. 定义3.12意义下的概周期时标也是定义3.11意义下的概周期时标.

定义 3.13　时标$\mathbb{T}$称为概周期时标,若存在一个非空集合$\mathfrak{T}\subseteq\mathbb{T}$使得

$$\widetilde{\Pi}:=\widetilde{\Pi}(\mathfrak{T})=\{\tau\in\mathbb{R}:\mathfrak{T}_{\pm\tau}=\mathfrak{T}\}\neq\{0\},$$

其中$\mathfrak{T}_\tau=\mathfrak{T}\cap\{\mathfrak{T}-\tau\}=\mathfrak{T}\cap\{t-\tau:t\in\mathfrak{T}\}$.

注 3.3　显然,在定义 3.13 中,若$\tau_1,\tau_2\in\widetilde{\Pi}$,则$\tau_1\pm\tau_2\in\widetilde{\Pi}$. 若令$\widetilde{\mathbb{T}}=\bigcap\limits_{\tau\in\widetilde{\Pi}}\mathbb{T}_\tau$,则$\widetilde{\mathbb{T}}\supseteq\mathfrak{T}\neq\varnothing$. 若$\mathbb{T}$是定义 2.11 意义下的概周期时标,则$\mathbb{T}$也是定义 3.13 意义下的概周期时标,且反之亦然. 在定义 3.11 中,若取$\Lambda=\widetilde{\Pi}$,则可知若$\mathbb{T}$是定义 3.13 意义下的概周期时标,则$\mathbb{T}$也是定义3.11 意义下的概周期时标.

注 3.4　显然,定义 3.9、定义 3.10、定义 3.11 和定义 3.12 都比定义 2.11 更一般. 在其上讨论概周期问题也更困难. 我们将在第 4 章中讨论定义 3.12 的一种特殊情形,并在第 5 章中讨论定义 3.11 的一种特殊情形.

注 3.5　显然,若$\mathbb{T}$是定义 2.11 和定义 3.4 意义下的概周期时标,则$\mathbb{T}$也是定义 3.9 意义下的概周期时标. 反之,不一定成立. 例如,$\mathbb{T}=\mathbb{Z}\cup\left\{\frac{1}{3},\frac{1}{5}\right\}$是定义 3.9 意义下的概周期时标,但它却不是定义 2.11 和定义 3.4 意义下的概周期时标.

在本章最后,给出了时标上的概周期函数的两个新定义.

定义 3.14　设$\mathbb{T}$为定义 3.9 或者定义 3.10 意义下的概周期时标,称$f\in C(\mathbb{T}\times D,\mathbb{E}^n)$是 t 的概周期函数且关于 $x\in D$ 是一致的,若对任意的 $\varepsilon>0$ 和 D 的任意紧子集 S,f 的 ε 移位数集

$$E\{\varepsilon,f,S\}=\{\tau\in\Pi:|f(t+\tau,x)-f(t,x)|<\varepsilon,\ \forall(t,x)\in\mathbb{T}_\tau\times S\}$$

是相对稠的.

定义 3.15　设$\mathbb{T}$为定义 3.11 或者定义 3.12 意义下的概周期时标,称$f\in C(\mathbb{T}\times D,\mathbb{E}^n)$是 t 的概周期函数且关于 $x\in D$ 是一致的,若对任意的 $\varepsilon>0$ 和 D 的任意紧子集 S,f 的 ε 移位数集

$$E\{\varepsilon,f,S\}=\{\tau\in\Pi(\Lambda):|f(t+\tau,x)-f(t,x)|<\varepsilon,\ \forall(t,x)\in\mathbb{T}_\tau\times S\}$$

在$\mathbb{R}$或 Λ_0 或 Λ 或 $\Pi(\Lambda)$ 中是相对稠的.

3.4　小　结

本章提出了概周期时标和时标上的概周期函数的几个新定义,但仅能证明它们的某些性质. 为了研究动力方程的概周期解,很多问题还有待解决. 例如,需要建立这些新的概周期函数的壳理论及在这些新概周期时标上的线性动力方程的指数二分理论等.

第4章　时标上的概自守函数及应用

4.1　引　言

1988 年,Stefan Hilger 在他的博士论文[2]里首次提出了时标理论,该理论统一了连续和离散两种情形. 时标上的动力学方程理论包含、连接和拓展了微分方程和差分方程的经典理论. 最近几年,起来越多的学者研究了时标上各种动力方程的周期和概周期解的存在性(见文献[32,59-80]). 1955 年,S. Bochner 在微分几何背景下提出了概自守的概念[53],从此以后,该概念被广泛拓展(见文献[39,40]).

注 4.1　概周期函数必是概自守函数,反之未必成立.

为了研究时标上的概周期、伪概周期和概自守动力方程,文献[46]中给出了概周期时标的概念(见定义 2.11). 在此定义的基础上,人们成功定义了概周期函数[46]、伪概周期函数[45]、概自守函数[43,44]、加权分段伪概自守函数[51]. 例如,文献[44]给出了以下时标上的概自守函数的定义.

定义 4.1[44]　设$\mathbb{T}$为概周期时标,$\mathbb{X}$为 Banach 空间,称有界连续函数$f:\mathbb{T}\to\mathbb{X}$为概自守的,若对任意序列$(s'_n)\subset\Pi$,存在子序列$(s_n)\subset(s'_n)$,使得

$$\lim_{n\to\infty}f(t+s_n)=\bar{f}(t)$$

对任意$t\in\mathbb{T}$为良定义,且对任意$t\in\mathbb{T}$,则

$$\lim_{n\to\infty}\bar{f}(t-s_n)=f(t).$$

称有界连续函数$f:\mathbb{T}\times\mathbb{X}\to\mathbb{X}$是$t$的概自守函数且关于$x\in B$是一致的,其中$B$是$\mathbb{X}$的任意有界子集. 若对任意序列$(s'_n)\subset\Pi$,存在子序列$(s_n)\subset(s'_n)$使得关于$x\in B$一致,有

$$\lim_{n\to\infty}f(t+s_n,x)=\bar{f}(t,x)$$

对任意$t\in\mathbb{T}$为良定义,且对任意$t\in\mathbb{T}$,则

$$\lim_{n\to\infty}\bar{f}(t-s_n,x)=f(t,x).$$

如第3章中所提及的,定义 2.11 给出的概周期时标过于严苛,故提出新的概周期时标在理论和应用上都具有挑战性和重要意义. 鉴于此,本章的主要目的是给出新的概周期时标的定义,并在此基础上给出概自守函数的新定义,并研究时标上线性非齐次动力方程及其对应的齐次方程的概自守解的存在性. 作为对本章理论的一个应用,用其证明时标上一类具时变时滞的分流抑制细胞神经网络的概自守解的存在性和全局指数稳定性.

本章结构安排如下：在4.2节首先给出了概周期时标及概自守函数的一种新的定义，然后讨论它们的一些性质，最后提出两个公开问题. 在4.3节中，证明了一个结论以保证若时标上线性非齐次动力方程所对应的齐次方程容许指数二分，则该非齐次方程存在概自守解. 在4.4节，作为对前面所得结论的一个应用，建立了时标上一类具时变时滞的分流抑制细胞神经网络的概自守解的存在性和全局指数稳定性. 在4.5节给出了数值例子来证明4.4节所得结论的可行性和有效性. 在4.6节给出本章小结.

4.2 概周期时标和概自守函数

本节先提出一种新的概周期时标并给出时标上概自守函数的一种新定义，然后讨论它们的一些性质. 我们定义新概周期时标如下：

定义 4.2 时标$\mathbb{T}$称为概周期时标，若集合

$$\Lambda_0 := \{\tau \in \mathbb{R} : \mathbb{T}_{\pm\tau} = \mathbb{T}\} \cup \{\tau \in \mathbb{T} : \mathbb{T}_{\pm\tau} \neq \varnothing\} \neq \{0\} \tag{4.2.1}$$

且存在集合Λ使得

$$0 \in \Lambda \subseteq \Lambda_0, \Pi(\Lambda) \setminus \{0\} \neq \varnothing \text{ 和 } \widetilde{\mathbb{T}} := \mathbb{T}(\Pi) = \bigcap_{\tau \in \Pi} \mathbb{T}_\tau \neq \varnothing,$$

其中$\mathbb{T}_\tau = \mathbb{T} \cap \{\mathbb{T} - \tau\} = \mathbb{T} \cap \{t - \tau : t \in \mathbb{T}\}$，

$$\Pi := \Pi(\Lambda) = \{\tau \in \Lambda \subseteq \Lambda_0 : \sigma \pm \tau \in \Lambda, \forall \sigma \in \Lambda\}. \tag{4.2.2}$$

显然，若$\tau \in \Pi$，则$t \pm \tau \in \mathbb{T}$对所有$t \in \widetilde{\mathbb{T}}$成立，若$\tau_1, \tau_2 \in \Pi$，则$\tau_1 \pm \tau_2 \in \Pi$.

注 4.2 显然，若时标$\mathbb{T}$是定义4.2意义下的概周期时标，则$\inf \mathbb{T} = -\infty$，$\sup \mathbb{T} = +\infty$. 若时标$\mathbb{T}$是定义2.11意义下的概周期时标，则它也是定义3.12和定义4.2意义下的概周期时标. 若时标$\mathbb{T}$是定义4.2意义下的概周期时标，则它也是定义3.12意义下的概周期时标.

时标上的概自守函数的新定义如下：

定义 4.3 设$\mathbb{T}$为定义4.2意义下的概周期时标，$\mathbb{X}$为Banach空间. 称有界右稠连续函数$f:\mathbb{T} \to \mathbb{X}$是概自守的，若对任意序列$(s_n') \subset \Pi$，存在子序列$(s_n) \subset (s_n')$，使得

$$\lim_{n \to \infty} f(t + s_n) = \bar{f}(t)$$

对任意$t \in \widetilde{\mathbb{T}}$为良定义，且

$$\lim_{n \to \infty} \bar{f}(t - s_n) = f(t)$$

对任意$t \in \widetilde{\mathbb{T}}$成立.

记时标$\mathbb{T}$上所有概自守函数的集合为$AA(\mathbb{T}, \mathbb{X})$.

引理 4.1 设$\mathbb{T}$为定义4.2意义下的概周期时标，若$f, f_1, f_2 \in AA(\mathbb{T}, \mathbb{X})$，则有以下结论成立：

(i) $f_1 + f_2 \in AA(\mathbb{T}, \mathbb{X})$；

(ii) 对任意$\alpha \in \mathbb{R}$，$\alpha f \in AA(\mathbb{T}, \mathbb{X})$；

(iii) $f_c(t) \equiv f(c + t) \in AA(\mathbb{T}, \mathbb{X})$对任意固定的$c \in \widetilde{\mathbb{T}}$成立.

证明： (i) 设$f_1, f_2 \in AA(\mathbb{T}, \mathbb{X})$，则对任意序列$(s_n') \subset \Pi$，存在子序列$(s_n) \subset (s_n')$，使得

$$\lim_{n\to\infty} f_1(t+s_n) = \bar{f}_1(t) \quad 和 \quad \lim_{n\to\infty} f_2(t+s_n) = \bar{f}_2(t)$$

对任意 $t\in\widetilde{\mathbb{T}}$为良定义,且

$$\lim_{n\to\infty} \bar{f}_1(t-s_n) = f_1(t) \quad 和 \quad \lim_{n\to\infty} \bar{f}_2(t-s_n) = f_2(t)$$

对任意 $t\in\widetilde{\mathbb{T}}$成立.

由此可得

$$\lim_{n\to\infty}(f_1+f_2)(t+s_n) = \lim_{n\to\infty}(f_1(t+s_n)+f_2(t+s_n)) = \bar{f}_1(t)+\bar{f}_2(t)$$

对任意 $t\in\widetilde{\mathbb{T}}$为良定义,且

$$\lim_{n\to\infty}(\bar{f}_1+\bar{f}_2)(t-s_n) = \lim_{n\to\infty}(\bar{f}_1(t-s_n)+\bar{f}_2(t-s_n)) = f_1(t)+f_2(t)$$

对任意 $t\in\widetilde{\mathbb{T}}$成立.

(ii)因为$f\in AA(\mathbb{T},\mathbb{X})$,则对任意序列$(s_n')\subset\Pi$,存在子序列$(s_n)\subset(s_n')$,使得

$$\lim_{n\to\infty}(\alpha f)(t+s_n) = \lim_{n\to\infty}\alpha f(t+s_n) = \alpha\bar{f}(t) = (\alpha\bar{f})(t)$$

对任意 $t\in\widetilde{\mathbb{T}}$为良定义,且对任意 $t\in\widetilde{\mathbb{T}}$,有

$$\lim_{n\to\infty}(\alpha\bar{f})(t-s_n) = \lim_{n\to\infty}\alpha\bar{f}(t-s_n) = \alpha f(t) = (\alpha f)(t).$$

(iii)由于$f\in AA(\mathbb{T},\mathbb{X})$,$c\in\widetilde{\mathbb{T}}$,则对任意序列$(s_n')\subset\Pi$,存在子序列$(s_n)\subset(s_n')$,使得

$$\lim_{n\to\infty} f_c(t+s_n) = \lim_{n\to\infty} f((c+t)+s_n) = \bar{f}(c+t) = \bar{f}_c(t)$$

对任意 $t\in\widetilde{\mathbb{T}}$为良定义,且对任意 $t\in\widetilde{\mathbb{T}}$,有

$$\lim_{n\to\infty}\bar{f}_c(t-s_n) = \lim_{n\to\infty}\bar{f}((c+t)-s_n) = f(c+t) = f_c(t).$$

证毕.

引理 4.2　设$\mathbb{T}$为定义 4.2 意义下的概周期时标,若函数$f,\phi:\mathbb{T}\to\mathbb{X}$为概自守的,则函数$\phi f:\mathbb{T}\to\mathbb{X}$,$(\phi f)(t)=\phi(t)f(t)$也是概自守的.

证明:因为ϕ和f为概自守的,所以ϕ和f有界,记$K_1=\sup_{t\in\mathbb{T}}\|\phi(t)\|$. 设序列$(s_n')\subset\Pi$,则存在子序列$(s_n'')\subset(s_n')$,使得对任意 $t\in\widetilde{\mathbb{T}}$,$\lim_{n\to\infty}\phi(t+s_n'')=\bar{\phi}(t)$为良定义,且对任意 $t\in\widetilde{\mathbb{T}}$,有$\lim_{n\to\infty}\bar{\phi}(t-s_n'')=\phi(t)$成立. 因为$f$为概自守函数,所以存在子序列$(s_n)\subset(s_n'')$,使得$\lim_{n\to\infty}f(t+s_n)=\bar{f}(t)$对任意 $t\in\widetilde{\mathbb{T}}$为良定义,且$\lim_{n\to\infty}\bar{f}(t-s_n)=f(t)$对任意 $t\in\widetilde{\mathbb{T}}$成立. 于是,当$n$足够大时

$$\begin{aligned}&\|\phi(t+s_n)f(t+s_n)-\bar{\phi}(t)\bar{f}(t)\|\\ \leqslant\ &\|\phi(t+s_n)f(t+s_n)-\phi(t+s_n)\bar{f}(t)\|+\|\phi(t+s_n)\bar{f}(t)-\bar{\phi}(t)\bar{f}(t)\|\end{aligned}$$

$$\leqslant K_1\|f(t+s_n)-\bar{f}(t)\|+K_2\|\phi(t+s_n)-\bar{\phi}(t)\|$$
$$\leqslant(K_1+K_2)\varepsilon,$$

其中 $K_2=\sup_{t\in\mathbb{T}}\|\bar{f}(t)\|<\infty$. 于是,可得

$$\lim_{n\to\infty}\phi(t+s_n)f(t+s_n)=\bar{\phi}(t)\bar{f}(t)$$

对任意 $t\in\widetilde{\mathbb{T}}$成立.

同理可证明

$$\lim_{n\to\infty}\bar{\phi}(t-s_n)\bar{f}(t-s_n)=\phi(t)f(t)$$

对任意 $t\in\widetilde{\mathbb{T}}$成立. 证毕.

引理 4.3　设$\mathbb{T}$为定义4.2意义下的概周期时标,若(f_n)是关于 $t\in\widetilde{\mathbb{T}}$一致收敛的概自守函数列且满足$\lim_{n\to\infty}f_n(t)=f(t)$,则$f(t)$也是概自守函数.

证明:设序列$(s_n')\subset\Pi$,类似于概自守函数的标准情形,采用选取对角线元素的方法. 因为 $f_1\in AA(\mathbb{T},\mathbb{X})$,所以存在子序列$(s_n^{(1)})\subset(s_n')$使得对任意 $t\in\widetilde{\mathbb{T}}$,

$$\lim_{n\to\infty}f_1(t+s_n^{(1)})=\bar{f}_1(t)$$

为良定义,且对任意 $t\in\widetilde{\mathbb{T}}$,有

$$\lim_{n\to\infty}\bar{f}_1(t-s_n^{(1)})=f_1(t).$$

因为$f_2\in AA(\mathbb{T},\mathbb{X})$,所以存在子序列$(s_n^{(2)})\subset(s_n^{(1)})$使得

$$\lim_{n\to\infty}f_2(t+s_n^{(2)})=\bar{f}_2(t)$$

对任意 $t\in\widetilde{\mathbb{T}}$为良定义,且对任意 $t\in\widetilde{\mathbb{T}}$,

$$\lim_{n\to\infty}\bar{f}_2(t-s_n^{(2)})=f_2(t)$$

成立.

继续该步骤,于是构造了一个子序列$(s_n^{(n)})\subset(s_n')$满足

$$\lim_{n\to\infty}f_i(t+s_n^{(n)})=\bar{f}_i(t)\tag{4.2.3}$$

对任意 $t\in\widetilde{\mathbb{T}}$和所有 $i=1,2,\cdots$成立.

考虑

$$\|\bar{f}_i(t)-\bar{f}_j(t)\|\leqslant\|\bar{f}_i(t)-f_i(t+s_n^{(n)})\|+\|f_i(t+s_n^{(n)})-f_j(t+s_n^{(n)})\|+\|f_j(t+s_n^{(n)})-\bar{f}_j(t)\|.\tag{4.2.4}$$

由(f_n)的一致收敛性,对任意 $\varepsilon>0$,存在足够大的 $N=N(\varepsilon)\in\mathbb{N}$,使得当 $i,j>N$ 时,有

$$\|f_i(t+s_n^{(n)})-f_j(t+s_n^{(n)})\|<\varepsilon\tag{4.2.5}$$

对任意 $t\in\widetilde{\mathbb{T}}$和所有 $n\geqslant1$ 成立. 在式(4.2.4)中取 i,j 足够大,由式(4.2.5)和极限(4.2.3),可

得$(\bar{f}_i(t))$为 Cauchy 序列. 因为$\mathbb{X}$为 Banach 空间,所以$(\bar{f}_i(t))$是$\mathbb{X}$上的逐点收敛序列. 令$\bar{f}(t)$为$(\bar{f}_i(t))$的极限,则对每个$i=1,2,\cdots$,有

$$\|f(t+s_n^{(n)})-\bar{f}(t)\| \leqslant \|f(t+s_n^{(n)})-f_i(t+s_n^{(n)})\| + \|f_i(t+s_n^{(n)})-\bar{f}_i(t)\| + \|\bar{f}_i(t)-\bar{f}(t)\|. \tag{4.2.6}$$

因此,当i足够大时,由式(4.2.6)并利用f_i的概自守性及f_i和$\bar{f}_i$的收敛性,可得

$$\lim_{n\to\infty} f(t+s_n^{(n)}) = \bar{f}(t)$$

对任意$t\in\widetilde{\mathbb{T}}$成立.

类似可得

$$\lim_{n\to\infty} \bar{f}(t-s_n^{(n)}) = f(t)$$

对任意$t\in\widetilde{\mathbb{T}}$成立. 证毕.

引理 4.4 设$\mathbb{T}$为定义 4.2 意义下的概周期时标,$\mathbb{X}$,$\mathbb{Y}$为 Banach 空间,若$f:\mathbb{T}\to\mathbb{X}$为概自守函数,$\varphi:\mathbb{X}\to\mathbb{Y}$为连续函数,则$\varphi\circ f:\mathbb{T}\to\mathbb{Y}$为概自守函数.

证明:因为$f\in AA(\mathbb{T},\mathbb{X})$,所以对每个序列$(s_n')\subset\Pi$,存在子序列$(s_n)\subset(s_n')$,使得对任意$t\in\widetilde{\mathbb{T}}$,$\lim\limits_{n\to\infty} f(t+s_n)=\bar{f}(t)$为良定义,且对任意$t\in\widetilde{\mathbb{T}}$,$\lim\limits_{n\to\infty}\bar{f}(t-s_n)=f(t)$成立.

由φ的连续性,可得

$$\lim_{n\to\infty}\varphi(f(t+s_n)) = \varphi(\lim_{n\to\infty} f(t+s_n)) = (\varphi\circ\bar{f})(t).$$

另一方面,对任意$t\in\widetilde{\mathbb{T}}$,有

$$\lim_{n\to\infty}\varphi(\bar{f}(t-s_n)) = \varphi(\lim_{n\to\infty}\bar{f}(t-s_n)) = (\varphi\circ f)(t).$$

所以,$\varphi\circ f\in AA(\mathbb{T},\mathbb{Y})$. 证毕.

定义 4.4 设$\mathbb{T}$为定义 4.2 意义下的概周期时标,$\mathbb{X}$为 Banach 空间. 我们称有界右稠连续函数$f:\mathbb{T}\times\mathbb{X}\to\mathbb{X}$是$t$的概自守函数且对$x\in D$是一致的,其中$D\subset\mathbb{X}$为任意有界集,若对任意序列$(s_n')\subset\Pi$,存在子序列$(s_n)\subset(s_n')$,使得对$x\in D$是一致的,有

$$\lim_{n\to\infty} f(t+s_n,x) = \bar{f}(t,x)$$

对任意$t\in\widetilde{\mathbb{T}}$为良定义,且对任意$t\in\widetilde{\mathbb{T}}$,

$$\lim_{n\to\infty}\bar{f}(t-s_n,x) = f(t,x).$$

记所有此类函数的集合为$AA(\mathbb{T}\times\mathbb{X},\mathbb{X})$.

引理 4.5 设函数$f\in AA(\mathbb{T}\times\mathbb{X},\mathbb{X})$关于$x\in\mathbb{X}$对$t\in\widetilde{\mathbb{T}}$一致满足 Lipschitz 条件,若$\varphi\in AA(\mathbb{T},\mathbb{X})$,则$f(t,\varphi(t))$为概自守函数.

证明:因为$f\in AA(\mathbb{T}\times\mathbb{X},\mathbb{X})$,所以对任意序列$(s_n')\subset\Pi$,存在子序列$(s_n)\subset(s_n')$,使得对$x\in\mathbb{X}$,$t\in\widetilde{\mathbb{T}}$是一致的,有

$$\lim_{n\to\infty} f(t+s_n,x) = \bar{f}(t,x)$$

为良定义,且

$$\lim_{n\to\infty} \bar{f}(t-s_n,x) = f(t,x)$$

成立.

因为 $\varphi\in AA(\mathbb{T},\mathbb{X})$,所以存在子序列$(\tau_n)\subset(s_n)$使得对任意 $t\in\widetilde{\mathbb{T}}$,

$$\lim_{n\to\infty} \varphi(t+\tau_n) = \bar{\varphi}(t)$$

为良定义,且

$$\lim_{n\to\infty} \bar{\varphi}(t-\tau_n) = \varphi(t)$$

对 $t\in\widetilde{\mathbb{T}}$成立.

因为 f 关于 $x\in\mathbb{X}$对 $t\in\widetilde{\mathbb{T}}$一致满足 Lipschitz 条件,所以存在正常数 L,使得

$$\begin{aligned}
&\|f(t+\tau_n,\varphi(t+\tau_n))-\bar{f}(t,\bar{\varphi}(t))\|\\
&\leqslant \|f(t+\tau_n,\varphi(t+\tau_n))-f(t+\tau_n,\bar{\varphi}(t))\| + \|f(t+\tau_n,\bar{\varphi}(t))-\bar{f}(t,\bar{\varphi}(t))\|\\
&\leqslant L\|\varphi(t+\tau_n)-\bar{\varphi}(t)\| + \|f(t+\tau_n,\bar{\varphi}(t))-\bar{f}(t,\bar{\varphi}(t))\| \to 0, n\to\infty
\end{aligned}$$

和

$$\begin{aligned}
&\|\bar{f}(t-\tau_n,\bar{\varphi}(t-\tau_n))-f(t,\varphi(t))\|\\
&\leqslant \|\bar{f}(t-\tau_n,\bar{\varphi}(t-\tau_n))-\bar{f}(t-\tau_n,\varphi(t))\| + \|\bar{f}(t-\tau_n,\varphi(t))-f(t,\varphi(t))\|\\
&\leqslant L\|\bar{\varphi}(t-\tau_n)-\varphi(t)\| + \|\bar{f}(t-\tau_n,\varphi(t))-f(t,\varphi(t))\| \to 0, n\to\infty
\end{aligned}$$

成立.

因此,对任意序列$(s_n')\subset\Pi$,存在子序列$(\tau_n)\subset(s_n')$使得对任意 $t\in\widetilde{\mathbb{T}}$,

$$\lim_{n\to\infty} f(t+\tau_n,\varphi(t+\tau_n)) = \bar{f}(t,\bar{\varphi}(t))$$

为良定义,且

$$\lim_{n\to\infty} \bar{f}(t-\tau_n,\bar{\varphi}(t-\tau_n)) = f(t,\varphi(t))$$

对任意 $t\in\widetilde{\mathbb{T}}$成立.

即 $f(t,\varphi(t))$是概自守的. 证毕.

定义 4.5　设$\mathbb{T}$为定义 4.2 意义下的概周期时标,称粗细度函数 $\mu:\mathbb{T}\to\mathbb{R}^+$为概自守,若对任意序列$(s_n')\subset\Pi$,存在子序列$(s_n)\subset(s_n')$,使得对任意 $t\in\widetilde{\mathbb{T}}$,

$$\lim_{n\to\infty} \mu(t+s_n) = \bar{\mu}(t)$$

为良定义,且

$$\lim_{n\to\infty} \bar{\mu}(t-s_n) = \mu(t)$$

对任意 $t\in\widetilde{\mathbb{T}}$成立.

下面,为了使粗细度函数有更好的性质,给出概周期时标的两个新定义,它是定义 3.4 修改后的版本.

定义 4.6 时标$\mathbb{T}$称为概周期时标,如果对任意 $\varepsilon>0$,存在常数 $l(\varepsilon)>0$,使得每个长度为 $l(\varepsilon)$的区间内总有$\tau(\varepsilon)\in\Lambda_0$,使得

$$\mathrm{dist}(\mathbb{T},\mathbb{T}_\tau)<\varepsilon,$$

即对任意 $\varepsilon>0$,集合

$$\Pi(\mathbb{T},\varepsilon)=\{\tau\in\Lambda_0,\mathrm{dist}(\mathbb{T},\mathbb{T}_\tau)<\varepsilon\}$$

相对稠,其中 $\Lambda_0\neq\{0\}$由式(4.2.1)定义. τ 称为$\mathbb{T}$的 ε-平移数集,$l(\varepsilon)$称为$\Pi(\mathbb{T},\varepsilon)$的包含长度.

定义 4.7 时标$\mathbb{T}$称为概周期时标,如果对任意 $\varepsilon>0$,存在常数 $l(\varepsilon)>0$,使得每个长度为 $l(\varepsilon)$的区间内总有$\tau(\varepsilon)\in\Pi$,使得

$$\mathrm{dist}(\mathbb{T},\mathbb{T}_\tau)<\varepsilon,$$

即对任意 $\varepsilon>0$,集合

$$\Pi(\mathbb{T},\varepsilon)=\{\tau\in\Pi,\mathrm{dist}(\mathbb{T},\mathbb{T}_\tau)<\varepsilon\}$$

相对稠,其中$\Pi\neq\varnothing$由式(4.2.2)定义. τ 称为$\mathbb{T}$的 ε-平移数集,$l(\varepsilon)$称为$\Pi(\mathbb{T},\varepsilon)$的包含长度.

仿引理 3.2 易证:

引理 4.6 设$\mathbb{T}$为定义 4.6 意义下的概周期时标,则

(i)若$\tau\in\Pi(\mathbb{T},\varepsilon)$,则 $t+\tau\in\mathbb{T}$对所有 $t\in\mathbb{T}_\tau$成立;

(ii)若 $\varepsilon_1<\varepsilon_2$,则$\Pi(\mathbb{T},\varepsilon_1)\subset\Pi(\mathbb{T},\varepsilon_2)$;

(iii)若$\tau\in\Pi(\mathbb{T},\varepsilon)$,则 $-\tau\in\Pi(\mathbb{T},\varepsilon)$且 $\mathrm{dist}(\mathbb{T}_\tau,\mathbb{T})=\mathrm{dist}(\mathbb{T}_{-\tau},\mathbb{T})$;

(iv)若τ_1, $\tau_2\in\Pi(\mathbb{T},\varepsilon)$,则$\tau_1+\tau_2\in\Pi(\mathbb{T},2\varepsilon)$.

注4.3 注意 $\Pi\supseteq\Pi(\mathbb{T},\varepsilon)$,易知,若时标$\mathbb{T}$是定义4.7意义下的概周期时标,则它也是定义3.12意义下的概周期时标,且当$\widetilde{\mathbb{T}}=\bigcap\limits_{\tau\in\Pi}\mathbb{T}_\tau\neq\varnothing$时,也是定义4.2意义下的概周期时标.下面在定义 4.6 的意义下所得的结果,在定义 4.7 的意义下也成立.

注 4.4 由引理 4.6 及对任意 $\varepsilon>0$, $\Pi(\mathbb{T},\varepsilon)\subseteq\Lambda_0$ 知,若取 $\Lambda=\bigcup\limits_{\varepsilon>0}\Pi(\mathbb{T},\varepsilon)\subseteq\Lambda_0$,容易得出,若时标$\mathbb{T}$是定义 4.6 意义下的概周期时标,则它也是定义 3.12 意义下的概周期时标,且当$\widetilde{\mathbb{T}}=\bigcap\limits_{\tau\in\Pi}\mathbb{T}_\tau\neq\varnothing$ 时,也是定义 4.2 意义下的概周期时标.

类似定理 3.3 的证明,易证:

定理 4.1 设$\mathbb{T}$是由定义 4.6 定义的概周期时标,那么对任意 $\varepsilon>0$,存在常数 $l(\varepsilon)>0$,使得每个长度为 $l(\varepsilon)$的区间内总有$\tau(\varepsilon)\in\Pi(\mathbb{T},\varepsilon)$满足

$$|\sigma(t+\tau)-\sigma(t)-\tau|<\varepsilon,\ \forall t\in\mathbb{T}_\tau.$$

推论 4.1 设$\mathbb{T}$是由定义 4.6 定义的概周期时标,那么对任意 $\varepsilon>0$,有

$$E\{\mu,\varepsilon\}=\{\tau:|\mu(t+\tau)-\mu(t)|<\varepsilon,\ \forall t\in\mathbb{T}_\tau\}$$

是相对稠的.

由推论4.1和定义4.5,可得

引理4.7　设$\mathbb{T}$是由定义4.6定义的概周期时标,那么$\mathbb{T}$上的粗细度函数μ是概自守的.

公开问题1:设$\mathbb{T}$为满足定义4.2的概周期时标,能否推出粗细度函数μ为定义4.5意义下的概自守函数?

公开问题2:设$\mathbb{T}$的粗细度函数μ为定义4.5意义下的概自守函数,能否推出$\mathbb{T}$为定义4.2意义下的概周期时标?

4.3　线性动力方程的概自守解

考虑以下时标上的线性非齐次动力方程

$$x^{\Delta}(t) = A(t)x(t) + f(t), t \in \mathbb{T} \tag{4.3.1}$$

和与其对应的线性齐次方程

$$x^{\Delta}(t) = A(t)x(t), t \in \mathbb{T}, \tag{4.3.2}$$

其中,$A:\mathbb{T}\to\mathbb{R}^{n\times n}$, $f:\mathbb{T}\to\mathbb{R}^{n}$.

本节将要讨论的概周期时标限制在定义4.6意义下,并设$\widetilde{\mathbb{T}}\neq\varnothing$且$f(t)$,$A(t)$在$\mathbb{T}$上为概自守的.

引理4.8　设$\mathbb{T}$为概周期时标,$A(t)\in\mathcal{R}(\mathbb{T},\mathbb{R}^{n\times n})$在$\mathbb{T}$上为概自守的和非奇异的,集$\{A^{-1}(t)\}_{t\in\mathbb{T}}$和$\{(I+\mu(t)A(t))^{-1}\}_{t\in\mathbb{T}}$在$\mathbb{T}$上有界,则$A^{-1}(t)$和$(I+\mu(t)A(t))^{-1}$在$\mathbb{T}$上也是概自守的. 若$f\in AA(\mathbb{T},\mathbb{R}^{n})$且方程(4.3.2)容许指数二分,则方程(4.3.1)有解$x(t)\in AA(\mathbb{T},\mathbb{R}^{n})$,且$x(t)$可表示为

$$x(t) = \int_{-\infty}^{t} X(t)PX^{-1}(\sigma(s))f(s)\Delta s - \int_{t}^{+\infty} X(t)(I-P)X^{-1}(\sigma(s))f(s)\Delta s \tag{4.3.3}$$

其中$X(t)$为方程(4.3.2)的基解矩阵.

证明:将证明分为几个步骤:

步骤1:证明$A^{-1}(t)$在$\mathbb{T}$上为概自守的.

考虑序列$(s_n')\subset\Pi$,因为$A(t)$在$\mathbb{T}$上为概自守的,所以存在子序列$(s_n)\subset(s_n')$,使得

$$\lim_{n\to\infty} A(t+s_n) = \bar{A}(t)$$

对任意$t\in\widetilde{\mathbb{T}}$为良定义,且

$$\lim_{n\to\infty} \bar{A}(t-s_n) = A(t)$$

对任意$t\in\widetilde{\mathbb{T}}$成立.

给定$t\in\widetilde{\mathbb{T}}$,定义$A_n=A(t+s_n)$,$n\in\mathbb{N}$. 由假设,集$\{A_n^{-1}\}_{n\in\mathbb{N}}$是有界的,即存在正常数$M$使得$|A_n^{-1}|<M$. 由等式$A_n^{-1}-A_m^{-1}=A_n^{-1}(A_m-A_n)A_m^{-1}$可得$\{A_n\}$和$\{A_n^{-1}\}$为Cauchy序列. 所以,对任意给定$t\in\widetilde{\mathbb{T}}$,存在矩阵$S$,使得

$$A_n^{-1}(t)\to S(t).$$

因此有

$$\lim_{n\to\infty} A_nA_n^{-1} = \bar{A}\,\bar{A}^{-1} = I,$$

其中 I 为单位矩阵，所以 $\bar{A}(t)$ 可逆，且 $\bar{A}^{-1}(t)=S(t), t\in\tilde{\mathbb{T}}$.

由映射 $A\to A^{-1}$ 在非奇异矩阵集上连续可得

$$\lim_{n\to\infty} A^{-1}(t+s_n)=\bar{A}^{-1}(t)$$

对任意 $t\in\tilde{\mathbb{T}}$ 为良定义.

同理可证

$$\lim_{n\to\infty} \bar{A}^{-1}(t-s_n)=A^{-1}(t)$$

对任意 $t\in\tilde{\mathbb{T}}$ 成立.

步骤 2：证明 $(I+\mu(t)A(t))^{-1}$ 在 $\mathbb{T}$ 上为概自守的.

因为 $A(t)$ 和 $\mu(t)$ 为概自守函数，所以对任意序列 $(s_n')\subset\Pi$，存在子序列 $(s_n)\subset(s_n')$，使得

$$\lim_{n\to\infty} A(t+s_n)=\bar{A}(t) \quad 和 \quad \lim_{n\to\infty}\mu(t+s_n)=\bar{\mu}(t)$$

对任意 $t\in\tilde{\mathbb{T}}$ 为良定义，且

$$\lim_{n\to\infty} \bar{A}(t-s_n)=A(t) \quad 和 \quad \lim_{n\to\infty}\bar{\mu}(t-s_n)=\mu(t)$$

对任意 $t\in\tilde{\mathbb{T}}$ 成立.

因此，对任意 $t\in\tilde{\mathbb{T}}$，有

$$\lim_{n\to\infty}(I+A(t+s_n)\mu(t+s_n))=I+\bar{A}(t)\bar{\mu}(t)$$

且

$$\lim_{n\to\infty}(I+\bar{A}(t-s_n)\bar{\mu}(t-s_n))=I+A(t)\mu(t).$$

因此，$(I+A(t)\mu(t))$ 在 $\mathbb{T}$ 上为概自守的.

另外，由 $A(t)$ 为回归矩阵可得 $(I+A(t)\mu(t))$ 在 $\mathbb{T}$ 上非奇异. 由假设，集 $\{(I+A(t)\mu(t))^{-1}\}_{t\in\mathbb{T}}$ 有界.

类似于步骤 1 中的证明，可得 $(I+A(t)\mu(t))^{-1}$ 在 $\mathbb{T}$ 上是概自守的.

步骤 3：证明方程(4.3.1)有概自守解.

因为线性方程(4.3.2)容许指数二分，所以方程(4.3.1)有有界解 $x(t)$，$x(t)$ 可表示为

$$x(t)=\int_{-\infty}^{t}X(t)PX^{-1}(\sigma(s))f(s)\Delta s-\int_{t}^{+\infty}X(t)(I-P)X^{-1}(\sigma(s))f(s)\Delta s.$$

因为 $A(t)$，$\mu(t)$ 和 $f(t)$ 为概自守函数，所以对任意序列 $(s_n')\subset\Pi$，存在子序列 $(s_n)\subset(s_n')$，使得

$$\lim_{n\to\infty} A(t+s_n)=\bar{A}(t),\quad \lim_{n\to\infty}\mu(t+s_n)=\bar{\mu}(t)\quad 和 \quad \lim_{n\to\infty}f(t+s_n)=\bar{f}(t)$$

对任意 $t\in\tilde{\mathbb{T}}$ 为良定义，且

$$\lim_{n\to\infty} \bar{A}(t-s_n)=A(t),\quad \lim_{n\to\infty}\bar{\mu}(t-s_n)=\mu(t)\quad 和 \quad \lim_{n\to\infty}\bar{f}(t-s_n)=f(t)$$

对任意 $t\in\tilde{\mathbb{T}}$ 成立.

令

$$B(t)=\int_{-\infty}^{t}X(t)PX^{-1}(\sigma(s))f(s)\Delta s$$

且

$$\bar{B}(t)=\int_{-\infty}^{t}M(t,s)\bar{f}(s)\Delta s,$$

其中 $M(t,s)=\lim\limits_{n\to\infty}X(t+s_n)PX^{-1}(\sigma(s+s_n))$，可得

$$\begin{aligned}
&\|B(t+s_n)-\bar{B}(t)\|\\
=&\left\|\int_{-\infty}^{t+s_n}X(t+s_n)PX^{-1}(\sigma(s))f(s)\Delta s-\int_{-\infty}^{t}M(t,s)\bar{f}(s)\Delta s\right\|\\
=&\left\|\int_{-\infty}^{t}X(t+s_n)PX^{-1}(\sigma(s+s_n))f(s+s_n)\Delta s-\int_{-\infty}^{t}M(t,s)\bar{f}(s)\Delta s\right\|\\
\leqslant&\left\|\int_{-\infty}^{t}X(t+s_n)PX^{-1}(\sigma(s+s_n))f(s+s_n)\Delta s-\right.\\
&\left.\int_{-\infty}^{t}X(t+s_n)PX^{-1}(\sigma(s+s_n))\bar{f}(s)\Delta s\right\|+\\
&\left\|\int_{-\infty}^{t}X(t+s_n)PX^{-1}(\sigma(s+s_n))\bar{f}(s)\Delta s-\int_{-\infty}^{t}M(t,s)\bar{f}(s)\Delta s\right\|\\
=&\left\|\int_{-\infty}^{t}X(t+s_n)PX^{-1}(\sigma(s+s_n))(f(s+s_n)-\bar{f}(s))\Delta s\right\|+\\
&\left\|\int_{-\infty}^{t}(X(t+s_n)PX^{-1}(\sigma(s+s_n))-M(t,s))\bar{f}(s)\Delta s\right\|.
\end{aligned}\tag{4.3.4}$$

并且，因为 f 是概自守的，所以 $\bar{f}$ 有界. 对式(4.3.4)两边求极限，可得

$$\lim_{n\to\infty}B(t+s_n)=\bar{B}(t)\tag{4.3.5}$$

对任意 $t\in\widetilde{\mathbb{T}}$成立. 类似可证

$$\lim_{n\to\infty}\bar{B}(t-s_n)=B(t)\tag{4.3.6}$$

对任意 $t\in\widetilde{\mathbb{T}}$成立.

另一方面，设

$$C(t)=\int_{t}^{+\infty}X(t)(I-P)X^{-1}(\sigma(s))f(s)\Delta s,$$

$$\bar{C}(t)=\int_{-\infty}^{t}N(t,s)\bar{f}(s)\Delta s,$$

其中 $N(t,s)=\lim\limits_{n\to\infty}X(t+s_n)(I-P)X^{-1}(\sigma(s+s_n))$. 则类似于式(4.3.5)和式(4.3.6)的证明，可以证明给定序列$(s'_n)\subset\Pi$，存在子序列$(s_n)\subset(s'_n)$，使得

$$\lim_{n\to\infty}C(t+s_n)=\bar{C}(t)$$

且

$$\lim_{n\to\infty}\bar{C}(t-s_n)=C(t)$$

对任意 $t\in\widetilde{\mathbb{T}}$成立.

最后,定义$\bar{x}(t)=\bar{B}(t)-\bar{C}(t)$,则由式(4.3.3)给出的 x 的定义,可以证明给定序列$(s'_n)\subset\Pi$,存在子序列$(s_n)\subset(s'_n)$,使得

$$\lim_{n\to\infty}x(t+s_n)=\bar{x}(t)$$

对任意 $t\in\widetilde{\mathbb{T}}$为良定义,且

$$\lim_{n\to\infty}\bar{x}(t-s_n)=x(t)$$

对任意 $t\in\widetilde{\mathbb{T}}$成立.

因此,$x(t)$是方程(4.3.1)的一个概自守解. 证毕.

类似于文献[47]中引理2.15的证明,易得

引理4.9 设$c_i(t)$在$\mathbb{T}$上是概自守的,其中$c_i(t)>0,-c_i(t)\in\mathcal{R}^+,t\in\mathbb{T},i=1,2,\cdots,n$,且$\min\limits_{1\leqslant i\leqslant n}\{\inf\limits_{t\in\mathbb{T}}c_i(t)\}=\widetilde{m}>0$,则线性系统

$$x^{\Delta}(t)=\mathrm{diag}(-c_1(t),-c_2(t),\cdots,-c_n(t))x(t)$$

在$\mathbb{T}$上容许指数二分.

4.4 应　用

近40年来,分流抑制细胞神经网络(SICNNs)被广泛用于生理学、语音、感知、机器人学、适应模式识别、视觉和图像处理等. 因此,近几年它们成为许多研究者集中研究的对象,人们已取得关于SICNNs动力学行为的许多重要结果并将其成功应用于图像处理、模式识别、联想记忆等. 推荐读者参阅文献[47,81-88]. 据知,目前还没有用微分或差分方程刻画的SICNNs的概自守解的存在性的文章发表. 所以,本节的主要目的是研究以下时标上具时变时滞的SICNNs.

$$x_{ij}^{\Delta}(t)=-a_{ij}(t)x_{ij}(t)-\sum_{C_{kl}\in N_r(i,j)}B_{ij}^{kl}(t)f(x_{kl}(t-\tau_{kl}(t)))x_{ij}(t)-$$
$$\sum_{C_{kl}\in N_p(i,j)}C_{ij}^{kl}(t)\int_{t-\delta_{kl}(t)}^{t}g(x_{kl}(u))\Delta u x_{ij}(t)+L_{ij}(t),t\in\mathbb{T}\tag{4.4.1}$$

的概自守解的存在性,其中,$\mathbb{T}$是定义4.6意义下的概周期时标,$i=1,2,\cdots,m,j=1,2,\cdots,n,C_{ij}$表示位于$(i,j)$处的细胞,$C_{ij}$的 r 邻域 $N_r(i,j)$记为

$$N_r(i,j)=\{C_{kl}:\max(|k-i|,|l-j|)\leqslant r,1\leqslant k\leqslant m,1\leqslant l\leqslant n\},$$

可类似定义 $N_p(i,j)$,x_{ij}为细胞 C_{ij}的活动等级函数,$L_{ij}(t)$为 C_{ij}的外部输入,$a_{ij}(t)>0$ 表示细胞行为的被动衰退率,$B_{ij}^{kl}(t)\geqslant 0$ 和 $C_{ij}^{kl}(t)\geqslant 0$ 分别表示由 $N_r(i,j)$和 $N_p(i,j)$中的细胞传输到细胞 C_{ij}的突触活动的联结或耦合强度,它们分别依赖于可变时滞和连续分布时滞,激活函数$f(\cdot)$和$g(\cdot)$是连续函数,分别代表细胞 C_{kl}的输出率和发放率,$\tau_{kl}(t)$和 $\delta_{kl}(t)$为 t 时刻的传输时滞,满足 $t-\tau_{kl}(t)\in\mathbb{T},t-\delta_{kl}(t)\in\mathbb{T}$,其中 $t\in\mathbb{T},k=1,2,\cdots,m,l=1,2,\cdots,n$.

系统(4.4.1)的初始条件为

$$x_{ij}(s)=\varphi_{ij}(s),s\in[t_0-\theta,t_0]_{\mathbb{T}},i=1,2,\cdots,m,j=1,2,\cdots,n,$$

其中 $\theta=\max\{\max\limits_{1\leqslant k\leqslant m,1\leqslant l\leqslant n}\overline{\tau}_{kl},\max\limits_{1\leqslant k\leqslant m,1\leqslant l\leqslant n}\overline{\delta}_{kl}\}$，$\varphi_{ij}(\cdot)$ 为定义在 $[-\theta,0]_{\mathbb{T}}$ 上的实值有界右稠连续函数.

本节，记 $[a,b]_{\mathbb{T}}=\{t\mid t\in[a,b]\cap\mathbb{T}\}$，并将讨论限制在定义 4.6 意义下的概周期时标上进行且假设 $\widetilde{\mathbb{T}}\neq\varnothing$. 为方便起见，对概自守函数 $f:\mathbb{T}\to\mathbb{R}$，记 $\underline{f}=\inf\limits_{t\in\mathbb{T}}f(t)$，$\overline{f}=\sup\limits_{t\in\mathbb{T}}f(t)$.

令

$$x=\{x_{ij}(t)\}=(x_{11}(t),\cdots,x_{1n}(t),\cdots,x_{i1}(t),\cdots,x_{in}(t),\cdots,x_{m1}(t),\cdots,x_{mn}(t))\in\mathbb{R}^{m\times n}.$$

对所有 $x=\{x_{ij}(t)\}\in\mathbb{R}^{m\times n}$，定义范数 $\|x(t)\|=\max\limits_{i,j}|x_{ij}(t)|$ 和 $\|x\|=\sup\limits_{t\in\mathbb{T}}\|x(t)\|$.

令 $\mathbb{B}=\{\varphi\mid\varphi=\{\varphi_{ij}(t)\}=(\varphi_{11}(t),\cdots,\varphi_{1n}(t),\cdots,\varphi_{i1}(t),\cdots,\varphi_{in}(t),\cdots,\varphi_{m1}(t),\cdots,\varphi_{mn}(t))\}$，其中 φ 是 $\mathbb{T}$ 上的概自守函数，对所有 $\varphi\in\mathbb{B}$，若定义范数 $\|\varphi\|_{\mathbb{B}}=\sup\limits_{t\in\mathbb{T}}\|\varphi(t)\|$，则 $\mathbb{B}$ 为 Banach 空间.

定义 4.8　系统(4.4.1)满足初值 $\varphi^*(t)=\{\varphi_{ij}^*(t)\}$ 的解 $x^*(t)=\{x_{ij}^*(t)\}$ 称为全局指数稳定的，若存在正常数 λ 满足 $\ominus\lambda\in\mathcal{R}^+$ 和 $M>1$，使得系统(4.4.1)的满足初值 $\varphi=\{\varphi_{ij}(t)\}$ 的任意解 $x(t)=\{x_{ij}(t)\}$ 满足

$$\|x(t)-x^*(t)\|\leqslant Me_{\ominus\lambda}(t,t_0)\|\varphi-\varphi^*\|_0,\ \forall t\in[t_0,+\infty)_{\mathbb{T}},$$

其中 $\|\varphi-\varphi^*\|_0=\max\limits_{i,j}\{\sup\limits_{s\in[t_0-\theta,t_0]_{\mathbb{T}}}|\varphi_{ij}(s)-\varphi_{ij}^*(s)|\}$.

定理 4.2　假设以下条件成立：

(H_1) 对 $ij\in\Lambda=\{11,12,\cdots,1n,\cdots,m1,m2,\cdots,mn\}$，有 $-a_{ij}\in\mathcal{R}^+$ 成立，其中 $\mathcal{R}^+$ 表示 $\mathbb{T}$ 到 $\mathbb{R}$ 的正回归函数集，$a_{ij},B_{ij}^{kl},C_{ij}^{kl},\tau_{kl},L_{ij},\delta_{kl}\in\mathbb{B}$；

(H_2) 对函数 $f,g\in C(\mathbb{R},\mathbb{R})$，存在正常数 L^f,L^g,M^f,M^g 使得对所有 $u,v\in\mathbb{R}$ 有

$$|f(u)-f(v)|\leqslant L^f|u-v|,\ f(0)=0,\ |f(u)|\leqslant M^f,$$

$$|g(u)-g(v)|\leqslant L^g|u-v|,\ g(0)=0,\ |g(u)|\leqslant M^g;$$

(H_3) 若存在常数 ρ，使得

$$\max_{i,j}\left\{\frac{\sum\limits_{C_{kl}\in N_r(i,j)}\overline{B_{ij}^{kl}}M^f\rho^2+\sum\limits_{C_{kl}\in N_p(i,j)}\overline{C_{ij}^{kl}}M^g\,\overline{\delta_{kl}}\rho^2+\overline{L_{ij}}}{\underline{a_{ij}}}\right\}\leqslant\rho$$

和

$$\max_{i,j}\left\{\frac{\sum\limits_{C_{kl}\in N_r(i,j)}\overline{B_{ij}^{kl}}(M^f+L^f)\rho+\sum\limits_{C_{kl}\in N_p(i,j)}\overline{C_{ij}^{kl}}(M^g+L^g)\,\overline{\delta_{kl}}\rho}{\underline{a_{ij}}}\right\}<1$$

成立，则系统(4.4.1)在 $\mathbb{E}=\{\varphi\in\mathbb{B}:\|\varphi\|_{\mathbb{B}}\leqslant\rho\}$ 上存在唯一的概自守解.

证明：对任意给定的 $\varphi\in\mathbb{B}$，考虑以下系统：

$$x_{ij}^{\Delta}(t)=-a_{ij}(t)x_{ij}(t)-\sum_{C_{kl}\in N_r(i,j)}B_{ij}^{kl}(t)f(\varphi_{kl}(t-\tau_{kl}(t)))\varphi_{ij}(t)-$$

$$\sum_{C_{kl}\in N_p(i,j)}C_{ij}^{kl}(t)\int_{t-\delta_{kl}(t)}^{t}g(\varphi_{kl}(u))\Delta u\varphi_{ij}(t)+L_{ij}(t),ij=11,12,\cdots,mn\quad(4.4.2)$$

因此 $\min\limits_{1\leqslant i\leqslant m;1\leqslant j\leqslant n}\{\inf\limits_{t\in\mathbb{T}}a_{ij}(t)\}>0$，$-a_{ij}\in\mathcal{R}^+$，所以由引理 4.9 可得线性系统

$$x_{ij}^{\Delta}(t)=-a_{ij}(t)x_{ij}(t),ij=11,12,\cdots,mn$$

在$\mathbb{T}$上容许指数二分.

根据引理4.8,可得系统(4.4.2)有以下形式的概自守解

$$x^{\varphi}(t):=\{x_{ij}^{\varphi}(t)\}=\Big\{\int_{-\infty}^{t}e_{-a_{ij}}(t,\sigma(s))\Big(-\sum_{C_{kl}\in N_r(i,j)}B_{ij}^{kl}(s)f(\varphi_{kl}(s-\tau_{kl}(s)))\varphi_{ij}(s)-\sum_{C_{kl}\in N_p(i,j)}C_{ij}^{kl}(s)\int_{s-\delta_{kl}(s)}^{s}g(\varphi_{kl}(u))\Delta u\varphi_{ij}(s)+L_{ij}(s)\Big)\Delta s\Big\}.$$

定义算子 T:$\mathbb{B}\to\mathbb{B}$为

$$T(\varphi(t))=x^{\varphi}(t),\forall\varphi\in\mathbb{B}.$$

证明算子 T 是压缩的.

首先,证明对任意 $\varphi\in\mathbb{E}$,有 $T\varphi\in\mathbb{E}$.

对任意 $\varphi\in\mathbb{E}$,有

$$\begin{aligned}
&\|T(\varphi)\|_{\mathbb{B}}\\
&=\sup_{t\in\mathbb{T}}\max_{i,j}\Big\{\Big|\int_{-\infty}^{t}e_{-a_{ij}}(t,\sigma(s))\Big(-\sum_{C_{kl}\in N_r(i,j)}B_{ij}^{kl}(s)f(\varphi_{kl}(s-\tau_{kl}(s)))\varphi_{ij}(s)-\\
&\quad\sum_{C_{kl}\in N_p(i,j)}C_{ij}^{kl}(s)\int_{s-\delta_{kl}(s)}^{s}g(\varphi_{kl}(u))\Delta u\varphi_{ij}(s)+L_{ij}(s)\Big)\Delta s\Big|\Big\}\\
&\leqslant\sup_{t\in\mathbb{T}}\max_{i,j}\Big\{\Big|\int_{-\infty}^{t}e_{-\underline{a_{ij}}}(t,\sigma(s))\Big(\sum_{C_{kl}\in N_r(i,j)}\overline{B_{ij}^{kl}}f(\varphi_{kl}(s-\tau_{kl}(s)))\varphi_{ij}(s)+\\
&\quad\sum_{C_{kl}\in N_p(i,j)}\overline{C_{ij}^{kl}}\int_{s-\delta_{kl}(s)}^{t}g(\varphi_{kl}(u))\Delta u\varphi_{ij}(s)\Big)\Delta s\Big|\Big\}+\max_{i,j}\frac{\overline{L_{ij}}}{\underline{a_{ij}}}\\
&\leqslant\sup_{t\in\mathbb{T}}\max_{i,j}\Big\{\int_{-\infty}^{t}e_{-\underline{a_{ij}}}(t,\sigma(s))\Big(\sum_{C_{kl}\in N_r(i,j)}\overline{B_{ij}^{kl}}M^{f}|\varphi_{kl}(s-\tau_{kl}(s))|\cdot|\varphi_{ij}(s)|+\\
&\quad\sum_{C_{kl}\in N_p(i,j)}\overline{C_{ij}^{kl}}M^{g}\int_{s-\delta_{kl}(s)}^{s}|\varphi_{kl}(u)|\Delta u|\varphi_{ij}(s)|\Big)\Delta s\Big\}+\max_{i,j}\frac{\overline{L_{ij}}}{\underline{a_{ij}}}\\
&\leqslant\sup_{t\in\mathbb{T}}\max_{i,j}\Big\{\int_{-\infty}^{t}e_{-\underline{a_{ij}}}(t,\sigma(s))\Big(\sum_{C_{kl}\in N_r(i,j)}\overline{B_{ij}^{kl}}M^{f}\rho^{2}+\sum_{C_{kl}\in N_p(i,j)}\overline{C_{ij}^{kl}}M^{g}\,\overline{\delta_{kl}}\rho^{2}\Big)\Delta s\Big\}+\\
&\quad\max_{i,j}\frac{\overline{L_{ij}}}{\underline{a_{ij}}}\\
&\leqslant\max_{i,j}\left\{\frac{\sum_{C_{kl}\in N_r(i,j)}\overline{B_{ij}^{kl}}M^{f}\rho^{2}+\sum_{C_{kl}\in N_p(i,j)}\overline{C_{ij}^{kl}}M^{g}\,\overline{\delta_{kl}}\rho^{2}+\overline{L_{ij}}}{\underline{a_{ij}}}\right\}\leqslant\rho.
\end{aligned}$$

因此可得 $\|T(\varphi)\|_{\mathbb{B}}\leqslant\rho$,所以 T 为从$\mathbb{E}$到$\mathbb{E}$的自映射.

接下来证明 T 为$\mathbb{E}$上的压缩映射.

事实上,对任意 $\varphi,\psi\in\mathbb{E}$,有

$$\begin{aligned}
&\|T(\varphi)-T(\psi)\|_{\mathbb{B}}\\
&=\sup_{t\in\mathbb{T}}\|T(\varphi)(t)-T(\psi)(t)\|\\
&=\sup_{t\in\mathbb{T}}\max_{i,j}\Big\{\Big|\int_{-\infty}^{t}e_{-a_{ij}}(t,\sigma(s))\Big(\sum_{C_{kl}\in N_r(i,j)}B_{ij}^{kl}(s)[f(\varphi_{kl}(s-\tau_{kl}(s)\Big)\varphi_{ij}(s)-
\end{aligned}$$

$$f(\psi_{kl}(s-\tau_{kl}(s)))\psi_{ij}(s)]+\sum_{C_{kl}\in N_p(i,j)}C_{ij}^{kl}(s)\left[\int_{s-\delta_{kl}(s)}^{s}g(\varphi_{kl}(u))\Delta u\varphi_{ij}(s)-\right.$$

$$\left.\left.\left.\int_{s-\delta_{kl}(s)}^{s}g(\psi_{kl}(u))\Delta u\psi_{ij}(s)\right]\right)\Delta s\right|\Bigg\}$$

$$\leqslant\sup_{t\in\mathbb{T}}\max_{i,j}\Bigg\{\int_{-\infty}^{t}e_{-\underline{a_{ij}}}(t,\sigma(s))\Bigg(\sum_{C_{kl}\in N_r(i,j)}\overline{B_{ij}^{kl}}\,|f(\varphi_{kl}(s-\tau_{kl}(s)))|\times$$

$$|\varphi_{ij}(s)-\psi_{ij}(s)|+\sum_{C_{kl}\in N_p(i,j)}\overline{C_{ij}^{kl}}\left|\int_{s-\delta_{kl}(s)}^{s}g(\varphi_{kl}(u))\Delta u\right|\times$$

$$\left.|\varphi_{ij}(s)-\psi_{ij}(s)|\Bigg)\Delta s\right\}+\sup_{t\in\mathbb{T}}\max_{i,j}\Bigg\{\int_{-\infty}^{t}e_{-\underline{a_{ij}}}(t,\sigma(s))\Bigg(\sum_{C_{kl}\in N_r(i,j)}\overline{B_{ij}^{kl}}\times$$

$$\left|f(\varphi_{kl}(s-\tau_{kl}(s)))-f(\psi_{kl}(s-\tau_{kl}(s)))\right\|\psi_{ij}(s)\Big|+$$

$$\sum_{C_{kl}\in N_p(i,j)}\overline{C_{ij}^{kl}}\int_{s-\delta_{kl}(s)}^{s}|g(\varphi_{kl}(u))-g(\psi_{kl}(u))|\Delta u|\psi_{ij}(s)|\Bigg)\Delta s\Bigg\}$$

$$\leqslant\sup_{t\in\mathbb{T}}\max_{i,j}\Bigg\{\int_{-\infty}^{t}e_{-\underline{a_{ij}}}(t,\sigma(s))\Bigg(\sum_{C_{kl}\in N_r(i,j)}\overline{B_{ij}^{kl}}M^f|\varphi_{kl}(s-\tau_{kl}(s))|\times$$

$$|\varphi_{ij}(s)-\psi_{ij}(s)|+\sum_{C_{kl}\in N_p(i,j)}\overline{C_{ij}^{kl}}\int_{s-\delta_{kl}(s)}^{s}M^g|\varphi_{kl}(u)|\Delta u|\varphi_{ij}(s)-$$

$$\psi_{ij}(s)|\Bigg)\Delta s\Bigg\}+\sup_{t\in\mathbb{T}}\max_{i,j}\Bigg\{\int_{-\infty}^{t}e_{-\underline{a_{ij}}}(t,\sigma(s))\Bigg(\sum_{C_{kl}\in N_r(i,j)}\overline{B_{ij}^{kl}}L^f\times$$

$$|\varphi_{kl}(s-\tau_{kl}(s))-\psi_{kl}(s-\tau_{kl}(s))\|\psi_{ij}(s)|+\sum_{C_{kl}\in N_p(i,j)}\overline{C_{ij}^{kl}}\int_{s-\delta_{kl}(s)}^{s}L^g\times$$

$$|\varphi_{kl}(u)-\psi_{kl}(u)|\Delta u|\psi_{ij}(s)|\Bigg)\Delta s\Bigg\}$$

$$\leqslant\sup_{t\in\mathbb{T}}\max_{i,j}\Bigg\{\int_{-\infty}^{t}e_{-\underline{a_{ij}}}(t,\sigma(s))\Bigg(\sum_{C_{kl}\in N_r(i,j)}\overline{B_{ij}^{kl}}M^f\rho+\sum_{C_{kl}\in N_p(i,j)}\overline{C_{ij}^{kl}}M^g\,\overline{\delta_{kl}}\,\rho\Bigg)\Delta s\Bigg\}\|\varphi-\psi\|_{\mathbb{B}}+$$

$$\sup_{t\in\mathbb{T}}\max_{i,j}\Bigg\{\int_{-\infty}^{t}e_{-\underline{a_{ij}}}(t,\sigma(s))\Bigg(\sum_{C_{kl}\in N_r(i,j)}\overline{B_{ij}^{kl}}L^f\rho+\sum_{C_{kl}\in N_p(i,j)}\overline{C_{ij}^{kl}}L^g\,\overline{\delta_{kl}}\,\rho\Bigg)\Delta s\Bigg\}\|\varphi-\psi\|_{\mathbb{B}}$$

$$\leqslant 2\max_{i,j}\left\{\frac{\sum_{C_{kl}\in N_r(i,j)}\overline{B_{ij}^{kl}}(M^f+L^f)\rho+\sum_{C_{kl}\in N_p(i,j)}\overline{C_{ij}^{kl}}(M^g+L^g)\,\overline{\delta_{kl}}\,\rho}{\underline{a_{ij}}}\right\}\|\varphi-\psi\|_{\mathbb{B}}.$$

由(H_3)可得 $\|T(\varphi)-T(\psi)\|_{\mathbb{B}}<\|\varphi-\psi\|_{\mathbb{B}}$. 因此 T 是从$\mathbb{E}$到$\mathbb{E}$的一个压缩映射,所以 T 在$\mathbb{E}$上有唯一的不动点,即系统(4.4.1)在$\mathbb{E}$上有唯一的概自守解. 证毕.

定理 4.3　假设(H_1)—(H_3)成立,则系统(4.4.1)存在唯一的全局指数稳定的概自守解.

证明:由定理4.2可得系统(4.4.1)有一个满足初始条件 $\varphi^*(t)=\{\varphi_{ij}^*(t)\}$ 的概自守解 $x^*(t)=\{x_{ij}^*(t)\}$. 设 $x(t)=\{x_{ij}(t)\}$ 为满足初始条件 $\varphi(t)=\{\varphi_{ij}(t)\}$ 的任意一个解,令 $y(t)=x(t)-x^*(t)$,则由系统(4.4.1)可得

$$y_{ij}^{\Delta}(t)=-a_{ij}(t)y_{ij}(t)-\sum_{C_{kl}\in N_r(i,j)}B_{ij}^{kl}(t)(f(x_{kl}(t-\tau_{kl}(t)))x_{ij}(t)-$$

$$f(x_{kl}^*(t-\tau_{kl}(t)))x_{ij}^*(t))-\sum_{C_{kl}\in N_r(i,j)}C_{ij}^{kl}(t)\left(\int_{t-\delta_{kl}(t)}^{t}g(x_{kl}(u))\Delta u x_{ij}(t)-\right.$$

$$\int_{t-\delta_{kl}(t)}^{t} g(x_{kl}^*(u))\Delta u x_{ij}^*(t)\Big), \tag{4.4.3}$$

其中 $i=1,2,\cdots,m,j=1,2,\cdots,n$. 系统(4.4.3)的初始条件是

$$\psi_{ij}(s)=\varphi_{ij}(s)-\varphi_{ij}^*(s),s\in[t_0-\theta,t_0]_{\mathbb{T}},ij=11,12,\cdots,mn.$$

则由系统(4.4.3)可得,对 $i=1,2,\cdots,m,j=1,2,\cdots,n$ 和 $t\geqslant t_0$,有

$$y_{ij}(t)=y_{ij}(t_0)e_{-a_{ij}}(t,t_0)-\int_{t_0}^{t}e_{-a_{ij}}(t,\sigma(s))\Big\{\sum_{C_{kl}\in N_r(i,j)}B_{ij}^{kl}(s)(f(x_{kl}(s-\tau_{kl}(s)))x_{ij}(s)-$$

$$f(x_{kl}^*(s-\tau_{kl}(s)))x_{ij}^*(s))+\sum_{C_{kl}\in N_p(i,j)}C_{ij}^{kl}(s)\Big(\int_{s-\delta_{kl}(s)}^{s}g(x_{kl}(u))\Delta u x_{ij}(s)-$$

$$\int_{s-\delta_{kl}(s)}^{s}g(x_{kl}^*(u))\Delta u x_{ij}^*(s)\Big)\Big\}\Delta s. \tag{4.4.4}$$

定义 S_{ij} 如下:

$$S_{ij}(\omega)=\underline{a_{ij}}-\omega-\exp(\omega\sup_{s\in\mathbb{T}}\mu(s))W_{ij}(\omega),i=1,2,\cdots,m,j=1,2,\cdots,n,$$

其中

$$W_{ij}(\omega)=\Big(\sum_{C_{kl}\in N_r(i,j)}\overline{B_{ij}^{kl}}M^f\rho+\sum_{C_{kl}\in N_p(i,j)}\overline{C_{ij}^{kl}}(M^g+L^g)\overline{\delta_{kl}}\rho\exp\{\omega\overline{\delta_{kl}}\}+$$

$$\sum_{C_{kl}\in N_r(i,j)}\overline{B_{ij}^{kl}}L^f\rho\exp\{\omega\overline{\tau_{kl}}\}\Big),i=1,2,\cdots,m,j=1,2,\cdots,n.$$

由(H_3),可得

$$S_{ij}(0)=\underline{a_{ij}}-W_{ij}(0)>0,i=1,2,\cdots,m,j=1,2,\cdots,n.$$

因为 S_{ij} 在$[0,+\infty)$上连续,且当 $\omega\to+\infty$ 时,$S_{ij}(\omega)\to-\infty$. 所以存在 $\xi_{ij}>0$ 使得$S_{ij}(\xi_{ij})=0$且 $S_{ij}(\omega)>0$ 对任意 $\omega\in(0,\xi_{ij}),i=1,2,\cdots,m,j=1,2,\cdots,n$ 成立. 取 $a=\min\limits_{1\leqslant i\leqslant m,1\leqslant j\leqslant n}\{\xi_{ij}\}$,则有 $S_{ij}(a)\geqslant 0,i=1,2,\cdots,m,j=1,2,\cdots,n$. 所以能取一个正常数

$$0<\lambda<\min\{a,\min_{1\leqslant i\leqslant m,1\leqslant j\leqslant n}\{\underline{a_{ij}}\}\},$$

使得

$$S_{ij}(\lambda)>0,i=1,2,\cdots,m,j=1,2,\cdots,n,$$

由此可推得

$$\frac{\exp\Big(\lambda\sup\limits_{s\in\mathbb{T}}\mu(s)\Big)W_{ij}(\lambda)}{\underline{a_{ij}}-\lambda}<1,i=1,2,\cdots,m,j=1,2,\cdots,n. \tag{4.4.5}$$

令

$$M=\max_{1\leqslant i\leqslant m,1\leqslant j\leqslant n}\Big\{\frac{\underline{a_{ij}}}{W_{ij}(0)}\Big\},$$

由(H_3)和式(4.4.5)可得 $M>1$.

另外,因为 $e_{\ominus\lambda}(t,t_0)>1$,其中 $t\leqslant t_0$,所以,显然有

$$\|y(t)\|\leqslant Me_{\ominus\lambda}(t,t_0)\|\psi\|_0,\forall t\in[t_0-\theta,t_0]_{\mathbb{T}},$$

其中$\ominus\lambda\in\mathcal{R}^+$.

下面证明

$$\|y(t)\|\leqslant Me_{\ominus\lambda}(t,t_0)\|\psi\|_0,\forall t\in(t_0,+\infty)_{\mathbb{T}}. \tag{4.4.6}$$

为了证明式(4.4.6)，首先证明对任意 $p>1$，以下不等式成立：

$$\|y(t)\| < pMe_{\ominus\lambda}(t,t_0)\|\psi\|_0, \forall t \in (t_0, +\infty)_{\mathbb{T}}. \tag{4.4.7}$$

式(4.4.7)等价于，对 $i=1,2,\cdots,m, j=1,2,\cdots,n$，有

$$|y_{ij}(t)| < pMe_{\ominus\lambda}(t,t_0)\|\psi\|_0, \forall t \in (t_0, +\infty)_{\mathbb{T}}. \tag{4.4.8}$$

若式(4.4.8)不成立，则存在 $t_1 \in (t_0, +\infty)_{\mathbb{T}}$ 和 $i_0 j_0 \in \{11,12,\cdots,1n,\cdots,m1,m2,\cdots,mn\}$，使得

$$|y_{i_0 j_0}(t)| \geqslant pMe_{\ominus\lambda}(t_1,t_0)\|\psi\|_0, |y_{ij}(t)| < pMe_{\ominus\lambda}(t,t_0)\|\psi\|_0, \forall t \in (t_0,t_1)_{\mathbb{T}}$$

成立. 因此，必存在一个常数 $c \geqslant 1$ 使得

$$|y_{i_0 j_0}(t_1)| = cpMe_{\ominus\lambda}(t,t_0)\|\psi\|_0, |y_{ij}(t)| < cpMe_{\ominus\lambda}(t,t_0)\|\psi\|_0, \forall t \in (t_0,t_1)_{\mathbb{T}}$$

成立. 考虑式(4.4.4)，有

$$\begin{aligned}
|y_{i_0 j_0}(t_1)| = \Bigg| & y_{i_0 j_0}(t_0)e_{-a_{ij}}(t_1,t_0) - \int_{t_0}^{t_1} e_{-a_{i_0 j_0}}(t_1,\sigma(s)) \times \\
& \Bigg\{\sum_{C_{kl}\in N_r(i_0,j_0)} B_{i_0 j_0}^{kl}(s)(f(x_{kl}(s-\tau_{kl}(s)))x_{i_0 j_0}(s) - f(x_{kl}^*(s-\tau_{kl}(s)))x_{i_0 j_0}^*(s)) + \\
& \sum_{C_{kl}\in N_p(i_0,j_0)} C_{i_0 j_0}^{kl}(s)\left(\int_{s-\delta_{kl}(s)}^{s} g(x_{kl}(u))\Delta u x_{i_0 j_0}(s) - \int_{s-\delta_{kl}(s)}^{s} g(x_{kl}^*(u))\Delta u x_{i_0 j_0}^*(s)\right)\Bigg\}\Delta s\Bigg| \\
\leqslant & e_{-a_{i_0 j_0}}(t_1,t_0)\|\psi\|_0 + \int_{t_0}^{t_1} e_{-a_{i_0 j_0}}(t_1,\sigma(s)) \times \\
& \Bigg\{\sum_{C_{kl}\in N_r(i_0,j_0)} \overline{B_{i_0 j_0}^{kl}}\,|f(x_{kl}(s-\tau_{kl}(s)))x_{i_0 j_0}(s) - \\
& f(x_{kl}^*(s-\tau_{kl}(s)))x_{i_0 j_0}^*(s)| + \sum_{C_{kl}\in N_p(i_0,j_0)} \overline{C_{i_0 j_0}^{kl}}\,\Big|\int_{s-\delta_{kl}(s)}^{s} g(x_{kl}(u))\Delta u x_{i_0 j_0}(s) - \\
& \int_{s-\delta_{kl}(s)}^{s} g(x_{kl}^*(u))\Delta u x_{i_0 j_0}^*(s)\Big|\Bigg\}\Delta s \\
\leqslant & e_{-a_{i_0 j_0}}(t_1,t_0)\|\psi\|_0 + \int_{t_0}^{t_1} e_{-a_{i_0 j_0}}(t_1,\sigma(s)) \times \\
& \Bigg\{\sum_{C_{kl}\in N_r(i_0,j_0)} \overline{B_{i_0 j_0}^{kl}} M^f |x_{kl}(s-\tau_{kl}(s))||y_{i_0 j_0}(s)| + \\
& \sum_{C_{kl}\in N_p(i_0,j_0)} \overline{C_{i_0 j_0}^{kl}} \int_{s-\delta_{kl}(s)}^{s} M^g |x_{kl}(u)|\Delta u |y_{i_0 j_0}(s)| + \\
& \sum_{C_{kl}\in N_r(i_0,j_0)} \overline{B_{i_0 j_0}^{kl}} L^f |y_{kl}(s-\tau_{kl}(s))||x_{i_0 j_0}^*(s)| + \\
& \sum_{C_{kl}\in N_p(i_0,j_0)} \overline{C_{i_0 j_0}^{kl}}\left(\int_{s-\delta_{kl}(s)}^{s} L^g |y_{kl}(u)|\Delta u |x_{i_0 j_0}^*(s)|\right)\Bigg\}\Delta s \\
\leqslant & e_{-a_{i_0 j_0}}(t_1,t_0)\|\psi\|_0 + cpMe_{\ominus\lambda}(t_1,t_0)\|\psi\|_0 \int_{t_0}^{t_1} \Big| e_{-a_{i_0 j_0}\oplus\lambda}(t_1,\sigma(s)) \times \\
& \Bigg\{\sum_{C_{kl}\in N_r(i_0,j_0)} \overline{B_{i_0 j_0}^{kl}} M^f \rho e_\lambda(\sigma(s),s) + \sum_{C_{kl}\in N_p(i_0,j_0)} C_{ij}^{kl} M^g \overline{\delta_{kl}}\,\rho e_\lambda(\sigma(s),s-\delta_{kl}(s)) + \\
& \sum_{C_{kl}\in N_r(i_0,j_0)} \overline{B_{i_0 j_0}^{kl}} L^f \rho e_\lambda(\sigma(s),s-\tau_{kl}(s)) +
\end{aligned}$$

$$\sum_{C_{kl}\in N_p(i_0,j_0)} \overline{C_{i_0j_0}^{kl}} L^g \overline{\delta_{kl}} \rho e_\lambda(\sigma(s), s-\delta_{kl}(s)) \Big\} \Big| \Delta s$$

$$\leqslant e_{-a_{i_0j_0}}(t_1,t_0)\|\psi\|_0 + cpMe_{\ominus\lambda}(t_1,t_0)\|\psi\|_0 \int_{t_0}^{t_1} \Big| e_{-a_{i_0j_0}\oplus\lambda}(t_1,\sigma(s)) \times$$

$$\Big\{ \sum_{C_{kl}\in N_r(i_0,j_0)} \overline{B_{i_0j_0}^{kl}} M^f \rho \exp\Big\{\lambda \sup_{s\in\mathbb{T}}\mu(s)\Big\} +$$

$$\sum_{C_{kl}\in N_p(i_0,j_0)} \overline{C_{i_0j_0}^{kl}} M^g \overline{\delta_{kl}} \rho \exp\Big\{\lambda\Big(\overline{\delta_{kl}} + \sup_{s\in\mathbb{T}}\mu(s)\Big)\Big\} +$$

$$\sum_{C_{kl}\in N_r(i_0,j_0)} \overline{B_{i_0j_0}^{kl}} L^f \rho \exp\Big\{\lambda\Big(\overline{\tau_{kl}} + \sup_{s\in\mathbb{T}}\mu(s)\Big)\Big\}$$

$$\sum_{C_{kl}\in N_p(i_0,j_0)} \overline{C_{i_0j_0}^{kl}} L^g \overline{\delta_{kl}} \rho \exp\Big\{\lambda\Big(\overline{\delta_{kl}} + \sup_{s\in\mathbb{T}}\mu(s)\Big)\Big\}\Big\} \Big| \Delta s$$

$$= cpMe_{\ominus\lambda}(t_1,t_0)\|\psi\|_0 \Big\{ \frac{1}{cpM} e_{-a_{i_0j_0}\oplus\lambda}(t_1,t_0) +$$

$$\exp\Big\{\lambda \sup_{s\in\mathbb{T}}\mu(s)\Big\}\Big[\sum_{C_{kl}\in N_r(i_0,j_0)} \overline{B_{ij}^{kl}} L^f \rho +$$

$$\sum_{C_{kl}\in N_p(i_0,j_0)} 2\,\overline{C_{i_0j_0}^{kl}} L^g \overline{\delta_{kl}} \rho \exp\{\lambda \overline{\delta_{kl}}\} + \sum_{C_{kl}\in N_r(i_0,j_0)} \overline{B_{i_0j_0}^{kl}} L^f \rho \exp\{\lambda \overline{\tau_{kl}}\}\Big] \times$$

$$\int_{t_0}^{t_1} e_{-a_{i_0j_0}\oplus\lambda}(t_1,\sigma(s))\Delta s\Big\}$$

$$< cpMe_{\ominus\lambda}(t_1,t_0)\|\psi\|_0 \Big\{ \frac{1}{M} e_{(-\underline{a_{i_0j_0}}-\lambda)}(t_1,t_0) +$$

$$\exp\{\lambda \sup_{s\in\mathbb{T}}\mu(s)\}\Big[\sum_{C_{kl}\in N_r(i_0,j_0)} \overline{B_{i_0j_0}^{kl}} M^f \rho +$$

$$\sum_{C_{kl}\in N_p(i_0,j_0)} \overline{C_{i_0j_0}^{kl}} (M^g + L^g) \overline{\delta_{kl}} \rho \exp\{\lambda \overline{\delta_{kl}}\} + \sum_{C_{kl}\in N_r(i_0,j_0)} \overline{B_{ij}^{kl}} L^f \rho \exp\{\lambda \overline{\tau_{kl}}\}\Big] \times$$

$$\frac{1}{-\Big(\underline{a_{i_0j_0}} - \lambda\Big)} \int_{t_0}^{t_1} \Big(-\Big(\underline{a_{i_0j_0}} - \lambda\Big)\Big) e_{-(\underline{a_{i_0j_0}}-\lambda)}(t_1,\sigma(s))\Delta s\Big\}$$

$$\leqslant cpMe_{\ominus\lambda}(t_1,t_0)\|\psi\|_0 \Big\{ \frac{1}{M} - \frac{\exp\{\lambda \sup_{s\in\mathbb{T}}\mu(s)\}}{\underline{a_{i_0j_0}} - \lambda} \Big(\sum_{C_{kl}\in N_r(i_0,j_0)} \overline{B_{ij}^{kl}} M^f \rho +$$

$$\sum_{C_{kl}\in N_p(i_0,j_0)} \overline{C_{i_0j_0}^{kl}} (M^g + L^g) \overline{\delta_{kl}} \rho \exp\{\lambda \overline{\delta_{kl}}\} + \sum_{C_{kl}\in N_r(i_0,j_0)} \overline{B_{i_0j_0}^{kl}} L^f \rho \exp\{\lambda \overline{\tau_{kl}}\}\Big) \times$$

$$e_{-(\underline{a_{i_0j_0}}-\lambda)}(t_1,t_0) + \frac{\exp\Big\{\lambda \sup_{s\in\mathbb{T}}\mu(s)\Big\}}{\underline{a_{i_0j_0}} - \lambda} \Big(\sum_{C_{kl}\in N_r(i_0,j_0)} \overline{B_{i_0j_0}^{kl}} M^f \rho +$$

$$\sum_{C_{kl}\in N_p(i_0,j_0)} \overline{C_{i_0j_0}^{kl}} (M^g + L^g) \overline{\delta_{kl}} \rho \exp\{\lambda \overline{\delta_{kl}}\} + \sum_{C_{kl}\in N_r(i_0,j_0)} \overline{B_{i_0j_0}^{kl}} L^f \rho \exp\{\lambda \overline{\tau_{kl}}\}\Big)\Big\}$$

$$< cpMe_{\ominus\lambda}(t_1,t_0)\|\psi\|_0.$$

此为矛盾,因此式(4.4.7)成立.

令 $p\to 1$ 可得式(4.4.6)成立,因此得

$$\|y(t)\| < Me_{\ominus\lambda}(t,t_0)\|\psi\|_0, \forall t\in(t_0,+\infty)_{\mathbb{T}},$$

即系统(4.4.1)的概自守解是全局指数稳定的. 证毕.

注 4.5　定理 4.2 和定理 4.3 的结论对微分方程($\mathbb{T}=\mathbb{R}$)和差分方程($\mathbb{T}=\mathbb{Z}$)两种情形都是新的.

4.5　数值例子

本节将给出数值例子来验证 4.4 节所得结论的可行性和有效性. 考虑以下具时变时滞的 SICNNs:

$$x_{ij}^{\Delta}(t) = -a_{ij}(t)x_{ij}(t) - \sum_{C_{kl}\in N_r(i,j)} B_{ij}^{kl}(t)f(x_{kl}(t-\tau_{kl}(t)))x_{ij}(t) - \sum_{C_{kl}\in N_p(i,j)} C_{ij}^{kl}(t)\int_{t-\delta_{kl}(t)}^{t} g(x_{kl}(u))\Delta u x_{ij}(t) + L_{ij}(t), \tag{4.5.1}$$

其中 $i=1,2,3, j=1,2,3, r=p=1, f(x)=0.05\sin x, g(x)=\frac{|x|}{20}, t\in\mathbb{T}$.

例 4.1　若 $\mathbb{T}=\mathbb{R}$,则 $\mu(t)\equiv 0$. 取

$$\begin{pmatrix} a_{11}(t) & a_{12}(t) & a_{13}(t)\\ a_{21}(t) & a_{22}(t) & a_{23}(t)\\ a_{31}(t) & a_{32}(t) & a_{33}(t)\end{pmatrix} = \begin{pmatrix} 3+|\sin t| & 4+|\cos\sqrt{2}t| & 2+|\sin t|\\ 2+\left|\cos\left(\frac{1}{3}t\right)\right| & 5+|\sin 2t| & 1+|\cos 2t|\\ 4+|\cos 2t| & 3+|\sin 2t| & 2+|\cos t|\end{pmatrix},$$

$$\begin{pmatrix} B_{11}(t) & B_{12}(t) & B_{13}(t)\\ B_{21}(t) & B_{22}(t) & B_{23}(t)\\ B_{31}(t) & B_{32}(t) & B_{33}(t)\end{pmatrix} = \begin{pmatrix} C_{11}(t) & C_{12}(t) & C_{13}(t)\\ C_{21}(t) & C_{22}(t) & C_{23}(t)\\ C_{31}(t) & C_{32}(t) & C_{33}(t)\end{pmatrix}$$

$$= \begin{pmatrix} 0.1|\cos t| & 0.2|\cos 2t| & 0.1|\sin t|\\ 0.1|\sin 2t| & 0.1|\cos t| & 0.2|\cos 2t|\\ 0.1|\cos t| & 0.2|\cos 2t| & 0.1|\cos t|\end{pmatrix},$$

$$\begin{pmatrix} L_{11}(t) & L_{12}(t) & L_{13}(t)\\ L_{21}(t) & L_{22}(t) & L_{23}(t)\\ L_{31}(t) & L_{32}(t) & L_{33}(t)\end{pmatrix} = \begin{pmatrix} 0.1\sin t & \cos t & 0.2\sin t\\ 0.2\sin t & 0.4\sin t & 0.1\sin t\\ 0.1\sin t & 0.3\sin t & 0.1\cos t\end{pmatrix},$$

$$\begin{pmatrix} \delta_{11}(t) & \delta_{12}(t) & \delta_{13}(t)\\ \delta_{21}(t) & \delta_{22}(t) & \delta_{23}(t)\\ \delta_{31}(t) & \delta_{32}(t) & \delta_{33}(t)\end{pmatrix} = \begin{pmatrix} 0.5+0.5\sin t & \cos t & 0.7+0.2\sin t\\ 0.8+0.2\sin t & 0.2+0.4\sin t & 0.7+0.2\sin t\\ 0.9+0.1\sin t & 0.6+0.3\sin t & 0.4+0.4\cos t\end{pmatrix}.$$

很明显,(H_1)成立. 有

$$M^f = M^g = 0.05, L^f = L^g = 0.05, \sum_{C_{kl}\in N_1(1,1)}\overline{B_{11}^{kl}} = \sum_{C_{kl}\in N_1(1,1)}\overline{C_{11}^{kl}} = 0.5,$$

$$\sum_{C_{kl}\in N_1(1,2)}\overline{B_{12}^{kl}} = \sum_{C_{kl}\in N_1(1,2)}\overline{C_{12}^{kl}} = 1, \sum_{C_{kl}\in N_1(1,3)}\overline{B_{13}^{kl}} = \sum_{C_{kl}\in N_1(1,3)}\overline{C_{13}^{kl}} = 0.6,$$

$$\sum_{C_{kl}\in N_1(2,1)}\overline{B_{21}^{kl}} = \sum_{C_{kl}\in N_1(2,1)}\overline{C_{21}^{kl}} = 0.8, \sum_{C_{kl}\in N_1(2,1)}\overline{B_{22}^{kl}} = \sum_{C_{kl}\in N_1(2,2)}\overline{C_{22}^{kl}} = 1.2,$$

$$\sum_{C_{kl}\in N_1(2,3)}\overline{B_{23}^{kl}}=\sum_{C_{kl}\in N_1(2,3)}\overline{C_{23}^{kl}}=1,\ \sum_{C_{kl}\in N_1(3,1)}\overline{B_{31}^{kl}}=\sum_{C_{kl}\in N_1(3,1)}\overline{C_{31}^{kl}}=0.5,$$

$$\sum_{C_{kl}\in N_1(3,2)}\overline{B_{32}^{kl}}=\sum_{C_{kl}\in N_1(3,2)}\overline{C_{32}^{kl}}=0.8,\ \sum_{C_{kl}\in N_1(3,3)}\overline{B_{33}^{kl}}=\sum_{C_{kl}\in N_1(3,3)}\overline{C_{33}^{kl}}=0.6.$$

容易验证$\max\limits_{i,j}\dfrac{\overline{L_{ij}}}{\underline{a_{ij}}}=0.25$. 取 $\rho=1$,则

$$\max_{i,j}\left\{\frac{\sum\limits_{C_{kl}\in N_r(i,j)}\overline{B_{ij}^{kl}}M^f\rho^2+\sum\limits_{C_{kl}\in N_p(i,j)}\overline{C_{ij}^{kl}}M^g\rho^2\,\overline{\delta_{kl}}+\overline{L_{ij}}}{\underline{a_{ij}}}\right\}=0.275<\rho=1$$

且

$$\max_{i,j}\left\{\frac{\sum\limits_{C_{kl}\in N_r(i,j)}\overline{B_{ij}^{kl}}(M^f+L^f)\rho+\sum\limits_{C_{kl}\in N_p(i,j)}\overline{C_{ij}^{kl}}(M^g+L^g)\rho\,\overline{\delta_{kl}}}{\underline{a_{ij}}}\right\}=0.19<1.$$

联立以上两式,可得对 $\rho=1$,(H_3)成立.

因此,已证明假设(H_1)—(H_3)都成立. 由定理4.2 系统(4.5.1)在$\mathbb{E}=\{\varphi\in\mathbb{B}:\|\varphi\|_{\mathbb{B}}\leqslant\rho\}$上有唯一一个概自守解. 并且,由定理4.3,该解是全局指数稳定的.

例4.2 若$\mathbb{T}=\mathbb{Z}$,则 $\mu(t)\equiv1$. 取

$$\begin{pmatrix}a_{11}(t)&a_{12}(t)&a_{13}(t)\\a_{21}(t)&a_{22}(t)&a_{23}(t)\\a_{31}(t)&a_{32}(t)&a_{33}(t)\end{pmatrix}=$$

$$\begin{pmatrix}0.3+0.1|\sin t|&0.4+0.1|\cos\sqrt{2}t|&0.2+0.1|\sin t|\\0.2+0.2\left|\cos\left(\frac{1}{3}t\right)\right|&0.5+0.1|\sin 2t|&0.1+0.1|\cos 2t|\\0.4+0.1|\cos 2t|&0.3+0.2|\sin 2t|&0.2+0.1|\cos t|\end{pmatrix},$$

$$\begin{pmatrix}B_{11}(t)&B_{12}(t)&B_{13}(t)\\B_{21}(t)&B_{22}(t)&B_{23}(t)\\B_{31}(t)&B_{32}(t)&B_{33}(t)\end{pmatrix}=\begin{pmatrix}C_{11}(t)&C_{12}(t)&C_{13}(t)\\C_{21}(t)&C_{22}(t)&C_{23}(t)\\C_{31}(t)&C_{32}(t)&C_{33}(t)\end{pmatrix}=$$

$$\begin{pmatrix}0.02|\cos t|&0.02|\cos 2t|&0.01|\sin t|\\0.01|\sin 2t|&0.01|\cos t|&0.02|\cos 2t|\\0.01|\cos t|&0.02|\cos 2t|&0.01|\cos t|\end{pmatrix},$$

$$\begin{pmatrix}L_{11}(t)&L_{12}(t)&L_{13}(t)\\L_{21}(t)&L_{22}(t)&L_{23}(t)\\L_{31}(t)&L_{32}(t)&L_{33}(t)\end{pmatrix}=\begin{pmatrix}0.01\sin t&0.01\cos t&0.02\sin t\\0.02\sin t&0.04\sin t&0.03\sin t\\0.01\sin t&0.03\sin t&0.02\cos t\end{pmatrix},$$

$$\begin{pmatrix}\delta_{11}(t)&\delta_{12}(t)&\delta_{13}(t)\\\delta_{21}(t)&\delta_{22}(t)&\delta_{23}(t)\\\delta_{31}(t)&\delta_{32}(t)&\delta_{33}(t)\end{pmatrix}=\begin{pmatrix}\sin t&0.9\cos t&0.2+0.5\sin t\\0.2+0.8\sin t&0.4+0.6\sin t&0.1+0.9\sin t\\\sin t&\sin t&0.7+0.2\cos t\end{pmatrix}.$$

很明显,(H_1)成立. 显然有

$$L^f=L^g=0.05,L^f=L^g=0.05,\ \sum_{C_{kl}\in N_1(1,1)}\overline{B_{11}^{kl}}=\sum_{C_{kl}\in N_1(1,1)}\overline{C_{11}^{kl}}=0.06,$$

$$\sum_{C_{kl}\in N_1(1,2)}\overline{B_{12}^{kl}}=\sum_{C_{kl}\in N_1(1,2)}\overline{C_{12}^{kl}}=0.11,\quad \sum_{C_{kl}\in N_1(1,3)}\overline{B_{13}^{kl}}=\sum_{C_{kl}\in N_1(1,3)}\overline{C_{13}^{kl}}=0.08,$$

$$\sum_{C_{kl}\in N_1(2,1)}\overline{B_{21}^{kl}}=\sum_{C_{kl}\in N_1(2,1)}\overline{C_{21}^{kl}}=0.11,\quad \sum_{C_{kl}\in N_1(2,2)}\overline{B_{22}^{kl}}=\sum_{C_{kl}\in N_1(2,2)}\overline{C_{22}^{kl}}=0.17,$$

$$\sum_{C_{kl}\in N_1(2,3)}\overline{B_{23}^{kl}}=\sum_{C_{kl}\in N_1(2,3)}\overline{C_{23}^{kl}}=0.11,\quad \sum_{C_{kl}\in N_1(3,1)}\overline{B_{31}^{kl}}=\sum_{C_{kl}\in N_1(3,1)}\overline{C_{31}^{kl}}=0.07,$$

$$\sum_{C_{kl}\in N_1(3,2)}\overline{B_{32}^{kl}}=\sum_{C_{kl}\in N_1(3,2)}\overline{C_{32}^{kl}}=0.1,\quad \sum_{C_{kl}\in N_1(3,3)}\overline{B_{33}^{kl}}=\sum_{C_{kl}\in N_1(3,3)}\overline{C_{33}^{kl}}=0.06.$$

容易验证$\max\limits_{i,j}\dfrac{\overline{L_{ij}}}{\underline{a_{ij}}}=0.1$. 取$\rho=1$,则

$$\max_{i,j}\left\{\frac{\sum\limits_{C_{kl}\in N_r(i,j)}\overline{B_{ij}^{kl}}M^f\rho^2+\sum\limits_{C_{kl}\in N_p(i,j)}\overline{C_{ij}^{kl}}M^g\rho^2\,\overline{\delta_{kl}}+\overline{L_{ij}}}{\underline{a_{ij}}}\right\}=0.41<\rho=1$$

且

$$\max_{i,j}\left\{\frac{\sum\limits_{C_{kl}\in N_r(i,j)}\overline{B_{ij}^{kl}}(M^f+L^f)\rho+\sum\limits_{C_{kl}\in N_p(i,j)}\overline{C_{ij}^{kl}}(M^g+L^g)\rho\,\overline{\delta_{kl}}}{\underline{a_{ij}}}\right\}=0.22<1.$$

联立以上两式,可得对$\rho=1$,(H_3)成立.

因此,已证明假设(H_1)—(H_3)都成立. 由定理 4.2,系统(4.5.1)在$\mathbb{E}=\{\varphi\in\mathbb{B}:\|\varphi\|_{\mathbb{B}}\leqslant\rho\}$上有唯一一个概自守解. 并且,由定理 4.3,该解是全局指数稳定的.

4.6 小　结

本章首先给出了一种新的概周期时标和概周期时标上概自守函数的一种新定义,研究了它们的一些基本性质,并提出了几个关于时标上元素间的代数运算性质和分析性质之间的关系的公开问题. 然后在这些概念和结果的基础上,证明了若时标上线性非齐次动力方程所对应的齐次方程容许指数二分,则非齐次方程有概自守解. 最后作为对所得结果的应用,我们用其证明了时标上一类具时变时滞的分流抑制细胞神经网络的概自守解的存在性和全局指数稳定性. 关于时标上的这类神经网络的概自守解的存在性和全局指数稳定性的结果即使对微分方程($\mathbb{T}=\mathbb{R}$)和差分方程($\mathbb{T}=\mathbb{Z}$)两种情形的该类网络都是最新的. 同时我们的理论和方法可用于研究时标上其他类型的动力方程的相应问题.

第5章　时标上 Nicholson's blowflies 模型的概周期解的存在性及指数稳定性

5.1　引　言

为了描述澳大利亚羊身上苍蝇的种群,并验证文献[89]中得到的实验数据,Gurney 等人在文献[90]中提出了以下时滞微分方程模型

$$x'(t) = -\delta x(t) + px(t-\tau)e^{-ax(t-\tau)} \tag{5.1.1}$$

其中 p 是平均日产卵率的最大值,$1/a$ 是当苍蝇以最大速度生殖时的种群规模,δ 是成年苍蝇的日死亡率, τ 是一代存活时间. 方程(5.1.1)准确地解释了苍蝇种群的 Nicholson 数据,该模型和其变形被统称为 Nicholson's blowflies 模型. 人们对 Nicholson's blowflies 方程理论的研究在过去近40年里取得了显著的进步,得到了一些重要结论. 关于该模型的定性性质的许多重要结果,如强典 Nicholson 模型及其推广的正解、正周期解及正概周期解的存在性、持久性、振动性和稳定性已在文献[91-100]中被研究. 例如,海洋保护区模型和 B 型慢性淋巴细胞白血病动力学模型均为 Nicholson 类型时滞微分系统的例子. 为了刻画这些模型,Berezansky[101] 和 Wang[102] 等人分别研究了以下 Nicholson 时滞系统

$$\begin{cases} N_1'(t) = -\alpha_1(t)N_1(t) + \beta_1(t)N_2(t) + \sum\limits_{j=1}^{m} c_{1j}(t)N_1(t-\tau_{1j}(t))e^{-\gamma_{1j}'(t)N_1(t-\tau_{1j}(t))}, \\ N_2'(t) = -\alpha_2(t)N_2(t) + \beta_2(t)N_1(t) + \sum\limits_{j=1}^{m} c_{2j}(t)N_2(t-\tau_{2j}(t))e^{-\gamma_{2j}'(t)N_2(t-\tau_{2j}(t))}, \end{cases}$$

其中 $\alpha_i,\beta_i,c_{ij},\gamma_{ij},\tau_{ij}\in C(\mathbb{R},(0,+\infty)),i=1,2,j=1,2,\cdots,m$. 在文献[103]中,作者讨论了以下带有片结构的 Nicholson's blowflies 模型

$$x_i'(t) = -d_i x_i(t) + \sum_{j=1}^{n} a_{ij}x_j(t) + \sum_{j=1}^{m} \beta_{ij}x_i(t-\tau_{ij})e^{-x_i(t-\tau_{ij})}, i = 1,2,\cdots,n$$

的一些全局动力学性质.

在真实世界中,由于环境的概周期性变化在许多生物学和生态学系统中起着重要作用,并且比周期变化更频繁和普遍. 因此,概周期环境对进化论的影响已成为众多学者集中研究的对象. 关于 Nicholson's blowflies 模型的这方面成果可见文献[104-110].

另外,尽管大部分模型可由微分方程来刻画,但是当种群规模很小,或者种群之间世代不交叠时,由于差分方程刻画的离散时间模型比连续时间模型更恰当. 因此,研究离散时间的 Nicholson's blowflies 模型也很重要. 最近的文献[111,112]分别研究了离散 Nicholson's blowflies 模型的概周期解的存在性和全局收敛性. 实际上,把对离散和连续系统的动力学的研究分开进行比较麻烦. 因此,在时标上对两者同时进行研究就很有必要. 时标理论由 Stefan Hilger(见文

献[2]首创,目的是统一连续和离散两种情形.然而,据我们所知,除了文献[113],关于时标上 Nicholson's blowflies 模型的正概周期解的存在性和稳定性的结果非常少.在稳定性中,指数稳定性比渐进稳定性更强,但文献[113]中仅考虑了模型的渐进稳定性.

另一方面,如第3和第4章所述,给出新的概周期时标概念,从理论上和应用上都是一个挑战性强的工作.

因此,本章的主要目的是首先提出概周期时标的一种新的定义,给出时标上的概周期函数的3种新定义,并研究它们的基本性质.然后作为一个应用,研究以下时标上具有修补结构和多时变时滞的 Nicholson's blowflies 模型

$$x_i^{\Delta}(t) = -c_i(t)x_i(t) + \sum_{k=1,k\neq i}^{n} b_{ik}(t)x_k(t) + \sum_{j=1}^{n} \beta_{ij}(t)x_i(t-\tau_{ij}(t))e^{-a_{ij}(t)x_i(t-\tau_{ij}(t))}, i=1,2,\cdots,n \tag{5.1.2}$$

的正概周期解的存在性和全局指数稳定性,其中 $t\in\mathbb{T}$,$\mathbb{T}$是概周期时标,$x_i(t)$表示片 i 的种群密度,$b_{ik}(k\neq i)$为从片 k 到 i 的迁徙系数,每个片上的自然增长率都是 Nicholson 类型的.

为了方便起见,对正概周期函数 $f:\mathbb{T}\to\mathbb{R}$,记 $f^{+}=\sup_{t\in\mathbb{T}} f(t)$,$f^{-}=\inf_{t\in\mathbb{T}} f(t)$.

鉴于系统(5.1.2)的生态学意义,仅考虑以下初始条件:

$$\varphi_i(s)>0, s\in[t_0-\theta,t_0]_{\mathbb{T}}, t_0\in\mathbb{T}, i=1,2,\cdots,n, \tag{5.1.3}$$

其中 $\theta=\max_{(i,j)}\sup_{t\in\mathbb{T}}\{\tau_{ij}(t)\}$,$[t_0-\theta,t_0]_{\mathbb{T}}=[t_0-\theta,t_0]\cap\mathbb{T}$.

本章结构如下:在5.2节给出概周期时标的一种新定义和时标上概周期函数的3种新的定义,给出并证明了它们的一些基本性质.5.3节给出保证式(5.1.2)的正概周期解的存在性和指数稳定性的一些充分条件.5.4节给出了一个数值例子来证明前面小节所得结论的有效性.5.5节给出本章小结.

5.2 概周期时标和时标上的概周期函数

本节给出时标上概周期函数的两种新定义,并研究它们的一些基本性质.首先给出概周期时标的一个新定义,它是定义3.11的一种特殊情形.

定义5.1 时标$\mathbb{T}$称为概周期时标,若集合

$$\Lambda_0 := \{\tau\in\mathbb{R}:\mathbb{T}_{\pm\tau}\neq\varnothing\}\neq\{0\}$$

且存在集合 Λ,使得

$$0\in\Lambda\subseteq\Lambda_0, \Pi(\Lambda)\setminus\{0\}\neq\varnothing \quad 和 \widetilde{\mathbb{T}}:=\mathbb{T}(\Pi)=\bigcap_{\tau\in\Pi}\mathbb{T}_{\tau}\neq\varnothing,$$

其中 $\mathbb{T}_{\tau}=\mathbb{T}\cap\{\mathbb{T}-\tau\}=\mathbb{T}\cap\{t-\tau:t\in\mathbb{T}\}$,$\Pi:=\Pi(\Lambda)=\{\tau\in\Lambda\subseteq\Lambda_0:\sigma\pm\tau\in\Lambda,\forall\sigma\in\Lambda\}$.

显然,若 $t\in\mathbb{T}_{\tau}$,则 $t+\tau\in\mathbb{T}$.若 $t\in\widetilde{\mathbb{T}}$,则当 $\tau\in\Pi$ 时,$t\pm\tau\in\mathbb{T}$.若 τ_1, $\tau_2\in\Pi$,则 $\tau_1\pm\tau_2\in\Pi$.

注5.1 显然,若$\mathbb{T}$是定义5.1意义下的概周期时标,则 $\inf\mathbb{T}=-\infty$,$\sup\mathbb{T}=+\infty$,若$\mathbb{T}$是定义2.11意义下或者定义4.2意义下的概周期时标,则$\mathbb{T}$同样是定义5.1意义下的概周期时标.由注3.3知定义3.13意义下的概周期时标也是定义5.1意义下的概周期时标.

注5.2 易知,第4章中,在定义4.2意义下的概周期时标上讨论得出的结论,换成在定义5.1意义下的概周期时标上进行讨论,相应结果同样成立.

例 5.1 设$\mathbb{T}=\mathbb{Z}\cup\left\{\frac{1}{4}\right\}$,在定义 5.1 中,取$\Lambda=\{\tau\in\mathbb{T}:\mathbb{T}_\tau\neq\varnothing,\mathbb{T}_\tau\neq\{0\}\}\subseteq\Lambda_0$. 因为,对任意 $\tau\in\mathbb{Z}\setminus\{0\}$,有$\mathbb{T}_\tau=\mathbb{Z}$,又因为$\mathbb{T}_0=\mathbb{T}$,$\mathbb{T}_{\frac{1}{4}}=\{0\}$. 所以,$\Lambda=\mathbb{Z}$. 于是,易知$\Pi=\Lambda=\mathbb{Z}$,故$\widetilde{\mathbb{T}}=\bigcap\limits_{\tau\in\Pi}\mathbb{T}_\tau=\mathbb{Z}\neq\varnothing$,因此$\mathbb{T}$是定义 5.1 但不是定义 2.11 意义下的概周期时标.

引理 5.1 若$\mathbb{T}$是定义 5.1 意义下的概周期时标,则$\widetilde{\mathbb{T}}$是定义 2.11 意义下的概周期时标.

证明:反证法. 假设存在 $t_0\in\widetilde{\mathbb{T}}$使得对任意$\tau\in\Pi\setminus\{0\}$,有 $t_0+\tau\notin\widetilde{\mathbb{T}}$或者 $t_0-\tau\notin\widetilde{\mathbb{T}}$成立.

情形(i) 若 $t_0+\tau\notin\widetilde{\mathbb{T}}$,则存在 $\tau_{t_0}\in\Pi$使得 $t_0+\tau\notin\mathbb{T}_{\tau_{t_0}}$. 一方面,因为 $t_0+\tau\in\mathbb{T}$,所以 $t_0+\tau+\tau_{t_0}\notin\mathbb{T}$. 另一方面,因为 $t_0\in\widetilde{\mathbb{T}}$, $\tau+\tau_{t_0}\in\Pi$,所以 $t_0+\tau+\tau_{t_0}\in\mathbb{T}$. 矛盾.

情形(ii) 若 $t_0-\tau\notin\widetilde{\mathbb{T}}$,则存在$\widetilde{\tau}_{t_0}\in\Pi$使得 $t_0-\tau\notin\mathbb{T}_{\widetilde{\tau}_{t_0}}$. 一方面,因为 $t_0-\tau\in\mathbb{T}$,所以 $t_0-\tau+\widetilde{\tau}_{t_0}\notin\mathbb{T}$. 另一方面,因为 $t_0\in\widetilde{\mathbb{T}}$, $-\tau+\widetilde{\tau}_{t_0}\in\Pi$,所以 $t_0-\tau+\widetilde{\tau}_{t_0}\in\mathbb{T}$. 矛盾.

因此,对任意 $t\in\widetilde{\mathbb{T}}$,存在 $\tau\in\Pi\setminus\{0\}$ 使得 $t\pm\tau\in\widetilde{\mathbb{T}}$. 故$\mathbb{T}$为定义 2.11 意义下的概周期时标. 证毕.

由文献[46]可知,在定义 2.11 和定义 2.13 意义下,若记所有$f\in C(\mathbb{T}\times D,\mathbb{R}^n)$且对 D 的任意紧子集 S 在$\mathbb{T}\times S$上为有界且一致连续函数的集合为 $BUC(\mathbb{T}\times D,\mathbb{R}^n)$,则

$$AP(\mathbb{T}\times D,\mathbb{R}^n)\subset BUC(\mathbb{T}\times D,\mathbb{R}^n),\tag{5.2.1}$$

其中 $AP(\mathbb{T}\times D,\mathbb{R}^n)$是所有 t 的概周期函数且关于 $x\in D$ 是一致的函数的集合. 众所周知,若$\mathbb{T}=\mathbb{R}$ 或$\mathbb{Z}$,则式(5.2.1)是成立的. 为了简单起见,给出以下定义:

定义 5.2 设$\mathbb{T}$为定义 5.1 意义下的概周期时标,则称函数 $f\in BUC(\mathbb{T}\times D,\mathbb{E}^n)$是 t 的概周期函数且关于 $x\in D$ 是一致的,若对任意的 $\varepsilon>0$ 和 D 的任意紧子集 S, f 的 ε 移位数集

$$E\{\varepsilon,f,S\}=\{\tau\in\Pi:|f(t+\tau,x)-f(t,x)|<\varepsilon,\ \forall(t,x)\in\widetilde{\mathbb{T}}\times S\}$$

是相对稠密的,即对任意给定的 $\varepsilon>0$ 和 D 的任意紧子集 S,存在常数 $l(\varepsilon,S)>0$,使得每个长度为 $l(\varepsilon,S)$的区间内总有$\tau(\varepsilon,S)\in E\{\varepsilon,f,S\}$,满足

$$|f(t+\tau,x)-f(t,x)|<\varepsilon,\ \forall(t,x)\in\widetilde{\mathbb{T}}\times S.$$

τ 称为 f 的 ε 移位数.

注 5.3 若$\mathbb{T}=\mathbb{R}$,则$\widetilde{\mathbb{T}}=\mathbb{R}$,此时,若取$\Pi=\mathbb{R}$,定义 5.2 实际上等价于文献[34]给出的一致概周期函数的定义. 若$\mathbb{T}=\mathbb{Z}$,则$\widetilde{\mathbb{T}}=\mathbb{Z}$,此时,若取$\Pi=\mathbb{T}$,定义 5.2 实际上等价于文献[114,115]中一致概周期函数的定义.

为了方便起见,记所有 t 的概周期函数且关于 $x\in D$ 一致的函数的集合为 $AP(\mathbb{T}\times D,\mathbb{E}^n)$,记所有关于 $t\in\mathbb{T}$为概周期函数的集合为 $AP(\mathbb{T})$.

类似文献[46]中分别对定理 3.14、定理 3.21 和定理 3.22 的证明,可证明以下定理.

定理 5.1 若 $f\in BUC(\mathbb{T}\times D,\mathbb{E}^n)$,若对任意序列 $\alpha'\subset\Pi$,存在 $\alpha\subset\alpha'$使得 $T_\alpha f$ 在$\widetilde{\mathbb{T}}\times S$ 上一致存在,则 $f\in AP(\mathbb{T}\times D,\mathbb{E}^n)$.

定理5.2 若$f\in AP(\mathbb{T}\times D,\mathbb{E}^n)$,则对任意$\varepsilon>0$,存在正常数$L=L(\varepsilon,S)$,满足对任意$a\in\mathbb{R}$,存在常数$\eta>0,\alpha\in\mathbb{R}$使得$([\alpha,\alpha+\eta]\cap\Pi)\subset[a,a+L]$,且$([\alpha,\alpha+\eta]\cap\Pi)\subset E\{\varepsilon,f,S\}$.

定理5.3 若$f,g\in AP(\mathbb{T}\times D,\mathbb{E}^n)$,则对任意$\varepsilon>0$,$E\{\varepsilon,f,S\}\cap E\{\varepsilon,g,S\}$为非空相对稠集.

根据定义5.2,易证

定理5.4 若$f\in AP(\mathbb{T}\times D,\mathbb{E}^n)$,则对任意$\alpha\in\mathbb{R}$,$b\in\Pi$,函数$\alpha f$, $f(t+b,\cdot)\in AP(\mathbb{T}\times D,\mathbb{E}^n)$.

类似文献[46]中分别对定理3.24、定理3.27、定理3.28和定理3.29的证明,容易证明以下4个定理.

定理5.5 若$f,g\in AP(\mathbb{T}\times D,\mathbb{E}^n)$,则$f+g$, $fg\in AP(\mathbb{T}\times D,\mathbb{E}^n)$. 若$\inf\limits_{t\in\mathbb{T}}|g(t,x)|>0$,则$f/g\in AP(\mathbb{T}\times D,\mathbb{E}^n)$.

定理5.6 若$f_n\in AP(\mathbb{T}\times D,\mathbb{E}^n)(n=1,2,\cdots)$,且序列$\{f_n\}$在$\mathbb{T}\times S$上一致收敛于$f$,则$f\in AP(\mathbb{T}\times D,\mathbb{E}^n)$.

定理5.7 若$f\in AP(\mathbb{T}\times D,\mathbb{E}^n)$,记$F(t,x)=\int_0^t f(s,x)\Delta s$,则$F\in AP(\mathbb{T}\times D,\mathbb{E}^n)$当且仅当$F$在$\mathbb{T}\times S$上有界.

定理5.8 若$f\in AP(\mathbb{T}\times D,\mathbb{E}^n)$,$F(\cdot)$在$f$的值域上一致连续,则$F\circ f$是$t$的概周期函数且关于$x\in D$是一致的.

由定义5.2,容易证明

定理5.9 设$f:\mathbb{R}\to\mathbb{R}$满足 Lipschitz 条件,$\varphi(T)\in AP(\mathbb{T})$,则$f(\varphi(t))\in AP(\mathbb{T})$.

类似文献[47]中引理2.15的证明,容易证明以下引理.

引理5.2 设$a_{ii}(t)$为$\mathbb{T}$上一致有界右稠连续函数,其中$a_{ij}(t)>0$, $-a_{ii}(t)\in\mathcal{R}^+$对任意$t\in\mathbb{T}$成立,且

$$\min_{1\leqslant i\leqslant n}\{\inf_{t\in\mathbb{T}}a_{ii}(t)\}>0,$$

则线性系统

$$x^\Delta(t)=\mathrm{diag}(-a_{11}(t),-a_{22}(t),\cdots,-a_{nn}(t))x(t)$$

在$\mathbb{T}$上容许指数二分.

由引理5.1,$\widetilde{\mathbb{T}}$为定义2.11意义下的概周期时标,记$\widetilde{\mathbb{T}}$的前跃算子和后跃算子分别为$\widetilde{\sigma}$和$\widetilde{\rho}$;同时,也记定义3.13中$\mathfrak{T}$的前跃算子和后跃算子分别为$\widetilde{\sigma}$和$\widetilde{\rho}$,则有以下引理.

引理5.3 若t为$\widetilde{\mathbb{T}}$(或$\mathfrak{T}$)上的右稠点,则t也是$\mathbb{T}$上的右稠点.

证明:设t为$\widetilde{\mathbb{T}}$(或$\mathfrak{T}$)上的右稠点,则有

$$t=\widetilde{\sigma}(t)=\inf\{s\in\widetilde{\mathbb{T}}(\text{或}\mathfrak{T})s>t\}\geqslant\inf\{s\in\widetilde{\mathbb{T}}:s>t\}=\sigma(t).$$

又因$\sigma(t)\geqslant t$,故$t=\sigma(t)$. 证毕.

类似引理5.3的证明,可证明以下引理.

引理 5.4 若 t 是 $\widetilde{\mathbb{T}}$(或 $\mathfrak{T}$)上的左稠点,则 t 也是 $\mathbb{T}$ 上的左稠点.

对每个 $f\in C(\mathbb{T},\mathbb{R})$,定义 $\widetilde{f}:\widetilde{\mathbb{T}}\to\mathbb{R}$ 为 $\widetilde{f}(t)=f(t),t\in\widetilde{\mathbb{T}}$. 由引理 5.3 和引理 5.4 可得 $\widetilde{f}\in C(\widetilde{\mathbb{T}},\mathbb{R})$. 因此由下式定义的 F

$$F(t):=\int_{t_0}^{t}\widetilde{f}(\tau)\widetilde{\Delta}\tau,t_0,t\in\widetilde{\mathbb{T}}$$

为 f 在 $\widetilde{\mathbb{T}}$ 上的反导数,其中 $\widetilde{\Delta}$ 表示 $\widetilde{\mathbb{T}}$ 上的 Δ 导数.

类似地,对每个 $f\in C(\mathbb{T},\mathbb{R})$,定义 $\widetilde{f}:\mathfrak{T}\to\mathbb{R}$ 为 $\widetilde{f}(t)=f(t),t\in\mathfrak{T}$. 由引理 5.3 和引理 5.4 可得 $\widetilde{f}\in C(\mathfrak{T},\mathbb{R})$. 因此由下式定义的 F

$$F(t):=\int_{t_0}^{t}\widetilde{f}(\tau)\widetilde{\Delta}\tau,t_0,t\in\mathfrak{T}$$

为 f 在 $\mathfrak{T}$ 上的反导数,其中 $\widetilde{\Delta}$ 表示 $\mathfrak{T}$ 上的 Δ 导数.

$$\widetilde{\Pi}=\{\tau\in\Pi:t\pm\tau\in\widetilde{\mathbb{T}},\forall t\in\widetilde{\mathbb{T}}\},$$

下面给出时标上概周期函数的第二种定义.

定义 5.3 设 $\mathbb{T}$ 为定义 5.1 意义下的概周期时标,称函数 $f\in BUC(\mathbb{T}\times D,\mathbb{E}^n)$ 是 t 的概周期函数且关于 $x\in D$ 是一致的,若对每一 $\varepsilon>0$ 和 D 每一紧子集 S, f 的 ε 移位数集

$$E\{\varepsilon,f,S\}=\{\tau\in\widetilde{\Pi}:|f(t+\tau,x)-f(t,x)|<\varepsilon,\forall(t,x)\in\widetilde{\mathbb{T}}\times S\}$$

是相对稠的,即对任意给定的 $\varepsilon>0$ 和 D 的任意紧子集 S,存在常数 $L(\varepsilon,S)>0$,使得每个长度为 $l(\varepsilon,S)$ 的区间内总有 $\tau(\varepsilon,S)\in E\{\varepsilon,f,S\}$,满足

$$|f(t+\tau,x)-f(t,x)|<\varepsilon,\forall(t,x)\in\widetilde{\mathbb{T}}\times S.$$

τ 称为 f 的 ε 移位数.

注 5.4 显然,若 f 为定义 5.3 意义下的概周期函数,则 f 也是定义 5.2 意义下的概周期函数.

下面给出时标上概周期函数的第三种定义.

定义 5.4 设 $\mathbb{T}$ 为定义 3.13 意义下的概周期时标,称函数 $f\in BUC(\mathbb{T}\times D,\mathbb{E}^n)$ 是 t 的概周期函数且关于 $x\in D$ 是一致的,若对每一 $\varepsilon>0$ 和 D 的每一紧子集 S, f 的 ε 移位数集

$$E\{\varepsilon,f,S\}=\{\tau\in\widetilde{\Pi}:|f(t+\tau,x)-f(t,x)|<\varepsilon,\forall(t,x)\in\mathfrak{T}\times S\}$$

是相对稠的,即对任意给定的 $\varepsilon>0$ 和 D 的任意紧子集 S,存在常数 $l(\varepsilon,S)>0$,使得每个长度为 $l(\varepsilon,S)$ 的区间内总有 $\tau(\varepsilon,S)\in E\{\varepsilon,f,S)$,满足

$$|f(t+\tau,x)-f(t,x)|<\varepsilon,\forall(t,x)\in\mathfrak{T}\times S.$$

τ 称为 f 的 ε 移位数.

注 5.5 因为 $\widetilde{\mathbb{T}}$ 和 $\mathfrak{T}$ 都是定义 2.11 意义下的概周期时标,所以若将讨论分别限制在 $\widetilde{\mathbb{T}}$ 和 $\mathfrak{T}$ 上,则分别在定义 5.3 和定义 5.4 意义下,文献[46]中所有的结论都成立.

接下来将一致概周期函数限制在定义 5.3 或定义 5.4 意义下进行讨论.

考虑以下概周期齐次系统

$$x^{\Delta}(t) = A(t)x(t), t \in \mathbb{T} \tag{5.2.2}$$

和非齐次系统

$$x^{\Delta}(t) = A(t)x(t) + f(t), t \in \mathbb{T} \tag{5.2.3}$$

其中 $A(t)$ 是 $n \times n$ 概周期矩阵函数，$f(t)$ 是 n 维概周期向量函数.

类似文献[47]中的引理 2.13 的证明，容易得到以下引理.

引理 5.5　若线性系统(5.2.2)容许指数二分，则系统(5.2.3)存在以下形式的有界解 $x(t)$：

$$x(t) = \int_{-\infty}^{t} X(t)PX^{-1}(\sigma(s))f(s)\Delta s - \int_{t}^{+\infty} X(t)(I-P)X^{-1}(\sigma(s))f(s)\Delta s, t \in \mathbb{T},$$

其中 $X(t)$ 为系统(5.2.2)的基解矩阵.

由文献[46]中的定理 4.19，可得以下引理.

引理 5.6　设 $A(t)$ 为概周期矩阵函数，且 $f(t)$ 为概周期向量函数，若系统(5.2.2)容许指数二分，则系统(5.2.3)有唯一概周期解

$$x(t) = \int_{-\infty}^{t} \widetilde{X}(t)P\widetilde{X}^{-1}(\widetilde{\sigma}(s))\widetilde{f}(s)\widetilde{\Delta}s - \int_{t}^{+\infty} \widetilde{X}(t)(I-P)\widetilde{X}^{-1}(\widetilde{\sigma}(s))\widetilde{f}(s)\widetilde{\Delta}s, t \in \widetilde{\mathbb{T}},$$

其中 $\widetilde{X}(t)$ 是系统(5.2.2)的基解矩阵 $X(t)$ 在$\widetilde{\mathbb{T}}$上的限制.

引理 5.7　设 $A(t)$ 为概周期矩阵函数，且 $f(t)$ 为概周期向量函数，若系统(5.2.2)指数二分，则系统(5.2.3)有唯一概周期解

$$x(t) = \int_{-\infty}^{t} \widetilde{X}(t)P\widetilde{X}^{-1}(\widetilde{\sigma}(s))\widetilde{f}(s)\widetilde{\Delta}s - \int_{t}^{+\infty} \widetilde{X}(t)(I-P)\widetilde{X}^{-1}(\widetilde{\sigma}(s))\widetilde{f}(s)\widetilde{\Delta}s, t \in \mathfrak{T},$$

其中 $\widetilde{X}(t)$ 是系统(5.2.2)的基解矩阵 $X(t)$ 在$\mathfrak{T}$上的限制.

由定义 5.3 或定义 5.4，引理 5.5、引理 5.6 和引理 5.7 易得以下引理.

引理 5.8　若线性系统(5.2.2)容许指数二分，则系统(5.2.3)有可表示为以下形式的概周期解 $x(t)$：

$$x(t) = \int_{-\infty}^{t} X(t)PX^{-1}(\sigma(s))f(s)\Delta s - \int_{t}^{+\infty} X(t)(I-P)X^{-1}(\sigma(s))f(s)\Delta s, t \in \mathbb{T},$$

其中 $X(t)$ 是系统(5.2.2)的基解矩阵.

5.3　Nicholson's blowflies 模型的正概周期解

本节叙述并证明系统(5.1.2)的正概周期解存在且指数稳定的充分条件，并将讨论限制在定义 5.3 或者定义 5.4 意义下.

令

$$\mathbb{B} = \{\varphi \in C(\mathbb{T}, \mathbb{R}^n) : \varphi = (\varphi_1, \varphi_2, \cdots, \varphi_n) \text{ 为}\mathbb{T}\text{上的概周期函数}\},$$

并赋予范数 $\|\varphi\|_{\mathbb{B}} = \sup\limits_{t \in \mathbb{T}} \|\varphi(t)\|$，其中 $\|\varphi(t)\| = \max\limits_{1 \leqslant i \leqslant n} |\varphi_i(t)|$，则$\mathbb{B}$为 Banach 空间.

记$\mathbb{C} = C([t_0 - \theta, t_0]_{\mathbb{T}}, \mathbb{R}^n)$，$C\{A_1, A_2\} = \{\varphi = (\varphi_1, \varphi_2, \cdots, \varphi_n) \in \mathbb{C} : A_1 \leqslant \varphi_i(s) \leqslant A_2, s \in [t_0 - \theta, t_0]_{\mathbb{T}}, i = 1, 2, \cdots, n\}$，其中 $0 < A_1 < A_2$ 为常数.

在本节结果的证明中，需要用到以下事实：函数 xe^{-x} 在$[1, +\infty)$上单调递减.

引理 5.9 假设以下条件成立:

(H_1) $c_i,b_{ik},\beta_{ij},\alpha_{ij},\ \tau_{ij}\in AP(\mathbb{T},\mathbb{R}^+)$ 且 $c_i^->0,b_{ik}^->0,\beta_{ij}^->0,\alpha_{ij}^->0,t-\tau_{ij}(t)\in\mathbb{T},i,k,j=1,2,\cdots,n.$

(H_2) $\sum\limits_{k=1,k\neq i}^{n}\frac{b_{ik}^+}{c_i^-}<1,i=1,2,\cdots,n.$

(H_3) 存在正常数 A_1,A_2 满足

$$A_2>\max_{1\leqslant i\leqslant n}\left\{\left[1-\sum_{k=1,k\neq i}^{n}\frac{b_{ik}^+}{c_i^-}\right]^{-1}\sum_{j=1}^{n}\frac{\beta_{ij}^+}{c_i^-\alpha_{ij}^-e}\right\}$$

和

$$\min_{1\leqslant i\leqslant n}\left\{\left[1-\sum_{k=1,k\neq i}^{n}\frac{b_{ik}^-}{c_i^+}\right]^{-1}\sum_{j=1}^{n}A_2\frac{\beta_{ij}^-}{c_i^+}e^{-\alpha_{ij}^+A_2}\right\}>A_1\geqslant\frac{1}{\min\limits_{1\leqslant i,j\leqslant n}\{\alpha_{ij}^-\}}.$$

那么系统(5.1.2)满足初始条件 $\varphi\in C\{A_1,A_2\}$ 的解 $x(t)=(x_1(t),x_2(t),\cdots,x_n(t))$ 满足

$$A_1<x_i(t)<A_2,t\in[t_0,+\infty)_{\mathbb{T}},i=1,2,\cdots,n.$$

证明: 设 $x(t)=x(t;t_0,\varphi)$,其中 $\varphi\in C\{A_1,A_2\}$.

首先,证明

$$0<x_i(t)<A_2,t\in[t_0,\eta(\varphi))_{\mathbb{T}},i=1,2,\cdots,n,\tag{5.3.1}$$

其中 $[t_0,\eta(\varphi))_{\mathbb{T}}$ 为 $x(t;t_0,\varphi)$ 的最大右行存在区间.

用反证法. 假设式(5.3.1)不成立,则存在 $i_0\in\{1,2,\cdots,n\}$ 和第一时刻 $t_1\in[t_0,\eta(\varphi))_{\mathbb{T}}$,使得

$$x_{i_0}(t_1)\geqslant A_2,x_{i_0}(t)<A_2,t\in[t_0-\theta,t_1)_{\mathbb{T}},$$
$$x_k(t)\leqslant A_2,k\neq i_0,t\in[t_0-\theta,t_1]_{\mathbb{T}},k=1,2,\cdots,n.$$

因此,必存在正常数 $a\geqslant1$,使得

$$x_{i_0}(t_1)=aA_2,x_{i_0}(t)<aA_2,t\in[t_0-\theta,t_1)_{\mathbb{T}},$$
$$x_k(t)\leqslant aA_2,k\neq i_0,t\in[t_0-\theta,t_1]_{\mathbb{T}},k=1,2,\cdots,n.$$

考虑 $\sup\limits_{u\geqslant0}ue^{-u}=\frac{1}{e}$ 且 $a\geqslant1$,可得

$$\begin{aligned}0\leqslant x_{i_0}^{\Delta}(t_1)&=-c_{i_0}(t_1)x_{i_0}(t_1)+\sum_{k=1,k\neq i_0}^{n}b_{i_0k}(t_1)x_k(t_1)+\\&\quad\sum_{j=1}^{n}\frac{\beta_{i_0j}(t_1)}{\alpha_{i_0j}(t_1)}\alpha_{i_0j}(t_1)x_{i_0}(t_1-\tau_{i_0j}(t_1))e^{-\alpha_{i_0j}(t_1)x_{i_0}(t_1-\tau_{i_0j}(t_1))}\\&\leqslant-c_{i_0}^-aA_2+\sum_{k=1,k\neq i_0}^{n}b_{i_0k}^+aA_2+\sum_{j=1}^{n}\frac{\beta_{i_0j}^+}{\alpha_{i_0j}^-}\cdot\frac{1}{e}\\&\leqslant ac_{i_0}^-\left(-A_2+\sum_{k=1,k\neq i_0}^{n}\frac{A_2b_{i_0k}^+}{c_{i_0}^-}+\sum_{j=1}^{n}\frac{\beta_{i_0j}^+}{c_{i_0}^-\alpha_{i_0j}^-e}\right)<0,\end{aligned}$$

矛盾,因此式(5.3.1)成立.

其次,证明

$$x_i(t)>A_1,t\in[t_0,\eta(\varphi))_{\mathbb{T}},i=1,2,\cdots,n.\tag{5.3.2}$$

反证法. 假设式(5.3.2)不成立,则存在 $i_1 \in \{1,2,\cdots,n\}$ 和第一时刻 $t_2 \in [t_0,\eta(\varphi))_{\mathbb{T}}$,使得

$$x_{i_1}(t_2) \leqslant A_1, x_{i_1}(t) > A_1, t \in [t_0 - \theta, t_2)_{\mathbb{T}},$$
$$x_k(t) \geqslant A_1, k \neq i_1, t \in [t_0 - \theta, t_2]_{\mathbb{T}}, k = 1,2,\cdots,n.$$

因此,必存在正常数 $c \leqslant 1$ 满足

$$x_{i_1}(t_2) = cA_1, x_{i_1}(t) > cA_1, t \in [t_0 - \theta, t_2)_{\mathbb{T}},$$
$$x_k(t) \geqslant cA_1, k \neq i_1, t \in [t_0 - \theta, t_2]_{\mathbb{T}}, k = 1,2,\cdots,n.$$

注意到 $c \leqslant 1$,可得

$$\begin{aligned}
0 \geqslant x_{i_1}^{\Delta}(t_2) &= -c_{i_1}(t_2)x_{i_1}(t_2) + \sum_{k=1,k\neq i_1}^{n} b_{i_1k}(t_2)x_k(t_2) + \\
&\sum_{j=1}^{n} \beta_{i_1j}(t_2)x_{i_1}(t_2 - \tau_{i_1j}(t_2))e^{-\alpha_{i_1j}(t_2)x_{i_1}(t_2-\tau_{i_1j}(t_2))} \\
&\geqslant -c_{i_1}^{+}cA_1 + \sum_{k=1,k\neq i_1}^{n} b_{i_1k}^{-}cA_1 + \sum_{j=1}^{n} A_2 \frac{\alpha_{i_1j}^{+}\beta_{i_1j}^{-}}{\alpha_{i_1j}^{+}} e^{-\alpha_{i_1j}^{+}A_2} \\
&\geqslant cc_{i_1}^{+}\left(-A_1 + \sum_{k=1,k\neq i_1}^{n} A_1 \frac{b_{i_1k}^{-}}{c_{i_1}^{+}} + \sum_{j=1}^{n} A_2 \frac{\beta_{i_1j}^{-}}{c_{i_1}^{+}} e^{-\alpha_{i_1j}^{+}A_2}\right) > 0,
\end{aligned}$$

矛盾,因此,式(5.3.2)成立.

类似于文献[116]中定理2.3.1的证明,容易得到 $\eta(\varphi) = +\infty$. 证毕.

注 5.6　若 $\mathbb{T} = \mathbb{R}$,则 $\mu(t) \equiv 0$,所以 $-c_i \in \mathcal{R}^+$;若 $\mathbb{T} = \mathbb{Z}$,则 $\mu(t) \equiv 1$,所以 $-c_i \in \mathcal{R}^+$ 当且仅当 $c_i < 1$.

定理 5.10　假设(H_1)—(H_3)成立,并进一步假设

(H_4) $-c_i \in \mathcal{R}^+$,其中 $\mathcal{R}^+$ 表示正回归函数集,$i = 1,2,\cdots,n$.

(H_5) $\sum_{k=1,k\neq i}^{n} b_{ik}^{+} + \sum_{j=1}^{n} \frac{\beta_{ij}^{+}}{e^2} < c_i^{-}, i = 2,\cdots,n.$

那么系统(5.1.2)在域 $\mathbb{B}^* = \{\varphi \mid \varphi \in \mathbb{B}, A_1 \leqslant \varphi_i(t) \leqslant A_2, t \in \mathbb{T}, i = 1,2,\cdots,n\}$ 上有正概周期解.

证明:任意给定 $\varphi \in \mathbb{B}$,考虑以下概周期系统:

$$\begin{aligned}
x_i^{\Delta}(t) &= -c_i(t)x_i(t) + \sum_{k=1,k\neq i}^{n} b_{ik}(t)\varphi_k(t) + \\
&\sum_{j=1}^{n} \beta_{ij}(t)\varphi_i(t - \tau_{ij}(t))e^{-\alpha_{ij}(t)\varphi_i(t-\tau_{ij}(t))}, i = 1,2,\cdots,n.
\end{aligned} \tag{5.3.3}$$

因此 $\min_{1\leqslant i\leqslant n}\{c_i^{-}\} > 0, t \in \mathbb{T}$,则由引理5.2可得线性系统

$$x_i^{\Delta}(t) = -c_i(t)x_i(t), i = 1,2,\cdots,n$$

在 $\mathbb{T}$ 上容许指数二分.

因此,由引理5.8可得到系统(5.3.3)有概周期解

$$x_{\varphi} = (x_{\varphi_1}, x_{\varphi_2}, \cdots, x_{\varphi_n}),$$

其中

$$x_{\varphi_i}(t)=\int_{-\infty}^{t}e_{-c_j}(t,\sigma(s))\Big[\sum_{k=1,k\neq i}^{n}b_{ik}(s)\varphi_k(s)+\sum_{j=1}^{n}\beta_{ij}(s)\varphi_i(s-\tau_{ij}(s))e^{-\alpha_{ij}(s)\varphi_i(s-\tau_{ij}(s))}\Big]\Delta s,i=1,2,\cdots,n.$$

定义映射 $T:\mathbb{B}^*\to\mathbb{B}^*$ 如下:

$$(T\varphi)(t)=x_{\varphi}(t),\forall\varphi\in\mathbb{B}^*.$$

显然,$\mathbb{B}^*=\{\varphi\mid\varphi\in\mathbb{B},A_1\leqslant\varphi_i(t)\leqslant A_2,t\in\mathbb{T},i=1,2,\cdots,n\}$ 为$\mathbb{B}$的一个闭集.

对任意 $\varphi\in\mathbb{B}^*$,由(H_3)可得

$$\begin{aligned}x_{\varphi i}(t)&\leqslant\int_{-\infty}^{t}e_{-c_i^-}(t,\sigma(s))\Big[\sum_{k=1,k\neq i}^{n}b_{ik}^+A_2+\sum_{j=1}^{n}\frac{\beta_{ij}^+}{\alpha_{ij}^-}\times\frac{1}{e}\Big]\Delta s\\&\leqslant\frac{1}{c_i^-}\Big[\sum_{k=1,k\neq i}^{n}b_{ik}^+A_2+\sum_{j=1}^{n}\frac{\beta_{ij}^+}{\alpha_{ij}^-}\times\frac{1}{e}\Big]\\&\leqslant A_2,i=1,2,\cdots,n.\end{aligned}$$

同样由(H_3)可得

$$\begin{aligned}x_{\varphi_i}(t)&\geqslant\int_{-\infty}^{t}e_{-c_i^+}(t,\sigma(s))\Big[\sum_{k=1,k\neq i}^{n}A_1b_{ik}^-+\sum_{j=1}^{n}\beta_{ij}^-\varphi_i(s-\tau_{ij}(s))e^{-\alpha_{ij}^+\varphi_i(s-\tau_{ij}(s))}\Big]\Delta s\\&\geqslant\frac{1}{c_i^+}\Big[\sum_{k=1,k\neq i}^{n}A_1b_{ik}^-+\sum_{j=1}^{n}A_1\beta_{ij}^-e^{-a_{ij}^+A_2}\Big]\\&\geqslant A_1,i=1,2,\cdots,n.\end{aligned}$$

因此,映射 T 为从$\mathbb{B}^*$到$\mathbb{B}^*$的映射.

接下来,证明映射 T 为$\mathbb{B}^*$上的压缩映射.

因为$\sup\limits_{u\geqslant1}\left|\frac{1-u}{e^u}\right|=\frac{1}{e^2}$,所以有

$$\begin{aligned}|xe^{-x}-ye^{-y}|&=\left|\frac{1-(x+\xi(y-x))}{e^{x+\xi(y-x)}}\right||x-y|\\&\leqslant\frac{1}{e^2}|x-y|,x,y\geqslant1,0<\xi<1.\end{aligned}$$

对任意 $\varphi=(\varphi_1,\varphi_2,\cdots,\varphi_n)^{\mathrm{T}},\psi=(\psi_1,\psi_2,\cdots,\psi_n)^{\mathrm{T}}\in\mathbb{B}^*$,可得

$$\begin{aligned}&|(T\varphi)_i(t)-(T\psi)_i(t)|\\\leqslant&\left|\left|\int_{-\infty}^{t}e_{-c_i}(t,\sigma(s))\sum_{k=1,k\neq i}^{n}b_{ik}(s)(\varphi_k(s)-\psi_k(s))\Delta s\right|\right|+\\&\left|\int_{-\infty}^{t}e_{-c_i}(t,\sigma(s))\sum_{j=1}^{n}\beta_{ij}(s)(\varphi_i(s-\tau_{ij}(s))e^{-\alpha_{ij}(s)\varphi_i(s-\tau_{ij}(s))}-\right.\\&\left.\psi_i(s-\tau_{ij}(s))e^{-\alpha_{ij}(s)\psi_i(s-\tau_{ij}(s))})\Delta s\right|\\\leqslant&\frac{1}{c_i^-}\sum_{k=1,k\neq i}^{n}b_{ik}^+\|\varphi-\psi\|_{\mathbb{B}}+\left|\int_{-\infty}^{t}e_{-c_i}(t,\sigma(s))\sum_{j=1}^{n}\frac{\beta_{ij}(s)}{\alpha_{ij}(s)}(\alpha_{ij}(s)\varphi_i(s-\tau_{ij}(s))\times\right.\\&\left.e^{-\alpha_{ij}(s)\varphi_i(s-\tau_{ij}(s))}-\alpha_{ij}(s)\psi_i(s-\tau_{ij}(s))e^{-\alpha_{ij}(s)\psi_i(s-\tau_{ij}(s))})\Delta s\right|\end{aligned}$$

$$\leqslant\left(\frac{1}{c_i^-}\sum_{k=1,k\neq i}^{n}b_{ik}^+ + \sum_{j=1}^{n}\frac{\beta_{ij}^+}{c_i^- e^2}\right)\|\varphi-\psi\|_{\mathbb{B}},i=1,2,\cdots,n.$$

由(H_5)可得

$$\|T\varphi-T\psi\|_{\mathbb{B}}=\max_{1\leqslant i\leqslant n}\left\{\frac{1}{c_i^-}\sum_{k=1,k\neq i}^{n}b_{ik}^+ + \sum_{j=1}^{n}\frac{\beta_{ij}^+}{c_i^- e^2}\right)\|\varphi-\psi\|_{\mathbb{B}},$$

即 T 是压缩映射. 由 Banach 空间上的不动点定理,T 有唯一不动点 $\varphi^*\in\mathbb{B}^*$,满足 $T\varphi^*=\varphi^*$. 由式(5.3.3)可得,φ^* 是系统(5.1.2)的一个解. 因此,系统(5.1.2)在域$\mathbb{B}^*$上存在概周期解. 证毕.

定义 5.5　设 $x^*(t)=(x_1^*(t),x_2^*(t),\cdots,x_n^*(t))^T$ 为系统(5.1.2)的满足初始条件 $\varphi^*(s)=(\varphi_1^*(s),\varphi_2^*(s),\cdots,\varphi_n^*(s))^T\in C\{A_1,A_2\}$ 的概周期解,若存在正常数 λ 满足$\ominus\lambda\in\mathcal{R}^+$和 $M>1$,使得对系统(5.1.2)满足初始条件 $\varphi(s)=(\varphi_1(s),\varphi_2(s),\cdots,\varphi_n(s))^T\in C\{A_1,A_2\}$ 的任意解 $x(t)=(x_1(t),x_2(t),\cdots,x_n(t))^T$ 有

$$\|x(t)-x^*(t)\|\leqslant Me_{\ominus\lambda}(t,t_0)\|\varphi-\varphi^*\|_0,t_0\in[-\theta,\infty)_{\mathbb{T}},t\geqslant t_0,$$

其中对 $\varphi,\psi\in C\{A_1,A_2\}$,$\|\varphi-\varphi^*\|_0=\max\limits_{1\leqslant i\leqslant n}\{\sup\limits_{t\in[t_0-\theta,t_0]}|\varphi_i(t)-\varphi_i^*(t)|\}$,则称解 $x^*(t)$是指数稳定的.

定理 5.11　假设(H_1),(H_3)—(H_5)成立,则系统(5.1.2)在区域$\mathbb{B}^*$中的正概周期解 $x^*(t)$是唯一且指数稳定的.

证明:由定理 5.10,系统(5.1.2)在域$\mathbb{B}^*$中存在正概周期解 $x^*(t)$. 令 $x(t)=(x_1(t),x_2(t),\cdots,x_n(t))^T$ 为满足初始条件 $\varphi(s)=(\varphi_1(s),\varphi_2(s),\cdots,\varphi_n(s))^T\in C\{A_1,A_2\}$ 的系统(5.1.2)的任意解. 则由系统(5.1.2)可推得对 $t\geqslant t_0,i=1,2,\cdots,n$,有

$$\begin{aligned}(x_i(t)-x_i^*(t))^{\Delta}=&-c_i(t)(x_i(t)-x_i^*(t))+\sum_{k=1,k\neq i}^{n}b_{ik}(t)(x_k(t)-x_k^*(t))+\\&\sum_{j=1}^{n}\beta_{ij}(t)[x_i(t-\tau_{ij}(t))e^{-\alpha_{ij}(t)x_i(t-\tau_{ij}(t))}-\\&x_i^*(t-\tau_{ij}(t))e^{-\alpha_{ij}(t)x_i^*(t-\tau_{ij}(t))}].\end{aligned}\tag{5.3.4}$$

系统(5.3.4)的初始条件是

$$\psi_i(s)=\varphi_i(s)-\varphi_i^*(s),s\in[t_0-\theta,t_0]_{\mathbb{T}},i=1,2,\cdots,n.$$

为了方便起见,记 $u_i(t)=x_i(t)-x_i^*(t),i=1,2,\cdots,n$,则由系统(5.3.4),可得

$$\begin{aligned}u_i(t)=&u_i(t_0)e_{-c_i}(t,t_0)+\int_{t_0}^{t}e_{-c_i}(t,\sigma(s))\sum_{k=1,k\neq i}^{n}b_{ik}(s)u_k(s)\Delta s+\\&\int_{t_0}^{t}e_{-c_i}(t,\sigma(s))\sum_{j=1}^{n}\beta_{ij}(s)\Big[x_i(s-\tau_{ij}(s))e^{-\alpha_{ij}(s)x_i(s-\tau_{ij}(s))}-\\&x_i^*(s-\tau_{ij}(s))e^{-\alpha_{ij}(s)x_i^*(s-\tau_{ij}(s))}\Big]\Delta s,t\geqslant t_0,i=1,2,\cdots,n.\end{aligned}\tag{5.3.5}$$

对 $\omega\in\mathbb{R}$,定义 $\Gamma_i(\omega)$为

$$\Gamma_i(\omega)=c_i^--\omega-\exp\{\omega\sup_{s\in\mathbb{T}}\mu(s)\}\Big(\sum_{k=1,k\neq i}^{n}b_{ik}^++\frac{1}{e^2}\sum_{j=1}^{n}\beta_{ij}^+\exp\{\omega\tau_{ij}^+\}\Big),i=1,2,\cdots,n.$$

由(H_5)可得

$$\Gamma_i(0) = c_i^- - \left(\sum_{k=1,k\neq i}^{n} b_{ik}^+ + \frac{1}{e^2}\sum_{j=1}^{n}\beta_{ij}^+ \right) > 0, i = 1,2,\cdots,n.$$

因为$\Gamma_i(\omega)$在$[0,+\infty)$上连续，且当$\omega\to+\infty$时，$\Gamma_i(\omega)\to-\infty$，所以存在$\omega_i>0$使得$\Gamma_i(\omega_i)=0$，且对$\omega\in(0,\omega_i)$，$i=1,2,\cdots,n$，有$\Gamma_i(\omega)>0$. 通过选择正常数$a=\min\{\omega_1,\omega_2,\cdots,\omega_n\}$可得$\Gamma_i(a)\geqslant 0, i=1,2,\cdots,n$. 所以，可选$0<\alpha<\min\{a,\min\limits_{1\leqslant i\leqslant n}\{c_i^-\}\}$且$\ominus\alpha\in\mathcal{R}^+$使得

$$\Gamma_i(\alpha) > 0, i = 1,2,\cdots,n.$$

因此

$$\frac{\exp\{\alpha\sup\limits_{s\in\mathbb{T}}\mu(s)\}}{c_i^- - \alpha}\left(\sum_{k=1,k\neq i}^{n} b_{ik}^+ + \frac{1}{e^2}\sum_{j=1}^{n}\beta_{ij}^+\exp\{\alpha\tau_{ij}^+\} \right) < 1, i = 1,2,\cdots,n.$$

取

$$M = \max_{1\leqslant i\leqslant n}\left\{ \frac{c_i^-}{\sum\limits_{k=1,k\neq i}^{n} b_{ik}^+ + \frac{1}{e^2}\sum\limits_{j=1}^{n}\beta_{ij}^+} \right\}.$$

由(H_5)可得$M>1$，且有

$$\frac{1}{M} < \frac{\exp\left\{\alpha\sup\limits_{s\in\mathbb{T}}\mu(s)\right\}}{c_i^- - \alpha}\left(\sum_{k=1,k\neq i}^{n} b_{ik}^+ + \frac{1}{e^2}\sum_{j=1}^{n}\beta_{ij}^+\exp\{\alpha\tau_{ij}^+\} \right).$$

另外，注意对$t\in[t_0-\theta,t_0]_{\mathbb{T}}$，有$e_{\ominus\alpha}(t,t_0)\geqslant 1$. 因此，显然有

$$\| u(t) \| \leqslant M e_{\ominus\alpha}(t,t_0)\|\psi\|_0, \forall t\in[t_0-\theta,t_0]_{\mathbb{T}}.$$

断定

$$\| u(t) \| \leqslant M e_{\ominus\alpha}(t,t_0)\|\psi\|_0, \forall t\in(t_0,+\infty)_{\mathbb{T}}. \tag{5.3.6}$$

为了证明该论断，首先证明对任意$p>1$，以下不等式成立.

$$\| u(t) \| \leqslant pM e_{\ominus\alpha}(t,t_0)\|\psi\|_0, \forall t\in(t_0,+\infty)_{\mathbb{T}}. \tag{5.3.7}$$

上式意味着对$i=1,2,\cdots,n$，有

$$\| u_i(t) \| \leqslant pM e_{\ominus\alpha}(t,t_0)\|\psi\|_0, \forall t\in(t_0,+\infty)_{\mathbb{T}}. \tag{5.3.8}$$

反证法. 假设式(5.3.8)不成立，则存在$t_1\in(t_0,+\infty)_{\mathbb{T}}$和$i_0\in\{1,2,\cdots,n\}$使得

$$|u_{i_0}(t_1)| \geqslant pMe_{\ominus\alpha}(t,t_0)\|\psi\|_0, |u_{i_0}(t)| < pMe_{\ominus\alpha}(t,t_0)\|\psi\|_0, t\in(t_0,t_1)_{\mathbb{T}},$$
$$|u_k(t)| \leqslant pMe_{\ominus\alpha}(t,t_0)\|\psi\|_0, k\neq i_0, t\in(t_0,t_1]_{\mathbb{T}}, k=1,2,\cdots,n.$$

因此，必存在常数$q\geqslant 1$使得

$$|u_{i_0}(t_1)| = qpMe_{\ominus\alpha}(t_1,t_0)\|\psi\|_0, |u_{i_0}(t)| < qpMe_{\ominus\alpha}(t,t_0)\|\psi\|_0, t\in(t_0,t_1)_{\mathbb{T}},$$
$$|u_k(t)| < qpMe_{\ominus\alpha}(t,t_0)\|\psi\|_0, k\neq i_0, t\in(t_0,t_1]_{\mathbb{T}}, k=1,2,\cdots,n.$$

由式(5.3.5)，可得

$$\begin{aligned}
&|u_{i_0}(t_1)| \\
&= \Bigg| u_{i_0}(t_0)e_{-c_{i_0}}(t_1,t_0) + \int_{t_0}^{t_1} e_{-c_{i_0}}(t_1,\sigma(s))\sum_{k=1,k\neq i_0}^{n} b_{i_0k}(s)u_k(s)\Delta s + \\
&\int_{t_0}^{t_1} e_{-c_{i_0}}(t_1,\sigma(s))\sum_{j=1}^{n}\beta_{i_0j}(s)\big[x_{i_0}(s-\tau_{i_0j}(s))e^{-\alpha_{i_0j}(s)x_{i_0}(s-\tau_{i_0j}(s))} - \\
&x_{i_0}^*(s-\tau_{i_0j}(s))e^{-\alpha_{i_0j}(s)x_{i_0}^*(s-\tau_{i_0j}(s))}\big]\Delta s \Bigg|
\end{aligned}$$

$$
\begin{aligned}
&\leqslant e_{-c_{i_0}}(t_1,t_0)\|\psi\|_0+qpMe_{\ominus\alpha}(t_1,t_0)\|\psi\|_0\times\\
&\int_{t_0}^{t_1}e_{-c_{i_0}}(t_1,\sigma(s))e_\alpha(t_1,\sigma(s))\Big(\sum_{k=1,k\neq i_0}^{n}b_{i_0k}^{+}e_\alpha(\sigma(s),s)+\\
&\sum_{j=1}^{m}\frac{\beta_{i_0j}^{+}}{e^2}e_\alpha(\sigma(s),s-\tau_{i_0j}(s))\Big)\Delta s\\
&\leqslant e_{-c_{i_0}}(t_1,t_0)\|\psi\|_0+qpMe_{\ominus\alpha}(t_1,t_0)\|\psi\|_0\times\\
&\int_{t_0}^{t_1}e_{-c_{i_0}\oplus\alpha}(t_1,\sigma(s))\Big(\sum_{k=1,k\neq i}^{n}b_{i_0k}^{+}\exp\{\alpha\sup_{s\in\mathbb{T}}\mu(s)\}+\\
&\sum_{j=1}^{m}\frac{\beta_{i_0j}^{+}}{e^2}\exp\{\alpha(\tau_{i_0j}^{+}+\sup_{s\in\mathbb{T}}\mu(s))\}\Big)\Delta s\\
&=e_{-c_{i_0}}(t_1,t_0)\|\psi\|_0+qpMe_{\ominus\alpha}(t_1,t_0)\|\psi\|_0\exp\{\alpha\sup_{s\in\mathbb{T}}\mu(s)\}\times\\
&\Big(\sum_{k=1,k\neq i_0}^{n}b_{i_0k}^{+}+\sum_{j=1}^{m}\frac{\beta_{i_0j}^{+}}{e^2}\exp\{\alpha\tau_{i_0j}^{+}\}\Big)\int_{t_0}^{t_1}e_{-c_{i_0}\oplus\alpha}(t_1,\sigma(s))\Delta s\\
&=qpMe_{\ominus\alpha}(t_1,t_0)\|\psi\|_0\Big\{\frac{1}{qpM}e_{-c_{i_0}\oplus\alpha}(t_1,t_0)+\exp\{\alpha\sup_{s\in\mathbb{T}}\mu(s)\}\times\\
&\Big(\sum_{k=1,k\neq i_0}^{n}b_{i_0k}^{+}+\sum_{j=1}^{m}\frac{\beta_{i_0j}^{+}}{e^2}\exp\{\alpha\tau_{i_0j}^{+}\}\Big)\int_{t_0}^{t_1}e_{-c_{i_0}\oplus\alpha}(t_1,\sigma(s))\Delta s\Big\}\\
&<qpMe_{\ominus\alpha}(t_1,t_0)\|\psi\|_0\Big\{\frac{1}{qpM}e_{-(c_{i_0}^{-}-\alpha)}(t_1,t_0)+\\
&\exp\{\alpha\sup_{s\in\mathbb{T}}\mu(s)\}\Big(\sum_{k=1,k\neq i_0}^{n}b_{i_0k}^{+}+\sum_{j=1}^{m}\frac{\beta_{i_0j}^{+}}{e^2}\exp\{\alpha\tau_{i_0j}^{+}\}\Big)\times\\
&\frac{1}{-(c_{i_0}^{-}-\alpha)}\int_{t_0}^{t_1}(-(c_{i_0}^{-}-\alpha))e_{-(c_{i_0}^{-}-\alpha)}(t_1,\sigma(s))\Delta s\Big\}\\
&\leqslant qpMe_{\ominus\alpha}(t_1,t_0)\|\psi\|_0\Big\{\Big[\frac{1}{qpM}-\frac{\exp\Big\{\alpha\sup\limits_{s\in\mathbb{T}}\mu(s)\Big\}}{c_{i_0}^{-}-\alpha}\Big(\sum_{k=1,k\neq i_0}^{n}b_{i_0k}^{+}+\\
&\frac{1}{e^2}\sum_{j=1}^{n}\beta_{ij}^{+}\exp\{\alpha\tau_{i_0j}^{+}\}\Big)\Big]e_{-(c_{i_0}^{-}-\alpha)}(t_1,t_0)+\frac{\exp\Big\{\alpha\sup\limits_{s\in\mathbb{T}}\mu(s)\Big\}}{c_{i_0}^{-}-\alpha}\times\\
&\Big(\sum_{k=1,k\neq i_0}^{n}b_{i_0k}^{+}+\frac{1}{e^2}\sum_{j=1}^{n}\beta_{i_0j}^{+}\exp\{\alpha\tau_{i_0j}^{+}\}\Big)\Big\}\\
&<qpMe_{\ominus\alpha}(t_1,t_0)\|\psi\|_0\Big\{\Big[\frac{1}{M}-\frac{\exp\Big\{\alpha\sup\limits_{s\in\mathbb{T}}\mu(s)\Big\}}{c_{i_0}^{-}-\alpha}\Big(\sum_{k=1,k\neq i_0}^{n}b_{i_0k}^{+}+\\
&\frac{1}{e^2}\sum_{j=1}^{n}\beta_{i_0j}^{+}\exp\{\alpha\tau_{i_0j}^{+}\}\Big)\Big]e_{-(c_{i_0}^{-}-\alpha)}(t_1,t_0)+\frac{\exp\Big\{\alpha\sup\limits_{s\in\mathbb{T}}\mu(s)\Big\}}{c_{i_0}^{-}-\alpha}\times
\end{aligned}
$$

$$\left(\sum_{k=1,k\neq i_0}^{n} b_{i_0k}^{+} + \frac{1}{e^2}\sum_{j=1}^{n}\beta_{i_0j}^{+}\exp\{\alpha\tau_{i_0j}^{+}\}\right)\}$$

$$< qpMe_{\ominus\alpha}(t_1,t_0)\|\psi\|_0,$$

矛盾. 因此式(5.3.8)和式(5.3.7)成立.

令 $p\to 1$,则有式(5.3.6)成立,因此有

$$\|u(t)\| \leqslant M\|\psi\|_0 e_{\ominus\alpha}(t,t_0),t\in[t_0,+\infty)_{\mathbb{T}}.$$

所以系统(5.1.2)的正概周期解 $x^*(t)$ 是指数稳定的. $x^*(t)$ 的指数稳定性隐含了系统(5.1.2)的正概周期解的唯一性. 证毕.

注 5.7 易知在文献[46]中概周期时标和概周期函数的定义的意义下,定理 5.10 和定理 5.11 中的结论成立.

注 5.8 由注 5.6、定理 5.10 和定理 5.11 易得,若 $c_i(t)<1,i=1,2,\cdots,n$,则连续时间的 Nicholson's blowflies 模型和离散时间的类似模型有相同的动力学行为. 该结论为连续时间的 Nicholson's blowflies 模型的数值模拟提供了理论基础.

注 5.9 我们在本书中使用的方法和得到的结论与文献[113]中的不同.

注 5.10 当 $\mathbb{T}=\mathbb{R}$ 或 $\mathbb{T}=\mathbb{Z}$ 时,在本节中得到的结论也是新的. 若取 $\mathbb{T}=\mathbb{R},A_1=1,A_2=e$,则引理 5.9、定理 5.10 和定理 5.11 分别改进了文献[102]中的引理 2.4、定理 3.1 和定理 3.2.

5.4 数值例子

本节给出一个数值例子来证明前面所得结论的有效性.

例 5.2 在系统(5.1.2)中,令 $n=3$,选取系数如下:

$$c_1(t)=0.21+0.01\sin\sqrt{3}t,c_2(t)=0.24+0.008|\sin 2t|,c_3(t)=0.41+0.01\cos\sqrt{2}t,$$
$$b_{12}(t)=0.04-0.001|\cos\pi t|,b_{13}(t)=0.07-0.002|\cos\sqrt{3}t|,$$
$$b_{21}(t)=0.06-0.002|\cos\sqrt{3}t|,b_{23}(t)=0.06-0.001|\sin\sqrt{2}t|,$$
$$b_{31}(t)=0.17-0.01|\sin\sqrt{3}t|,b_{32}(t)=0.14-0.01|\cos\sqrt{2}t|,$$
$$\beta_{11}(t)=0.09-0.01|\sin\pi t|,\beta_{12}(t)=0.16-0.01|\cos\sqrt{3}t|,$$
$$\beta_{13}(t)=0.16-0.01|\sin t|,\beta_{21}(t)=0.15-0.001|\cos\pi t|,$$
$$\beta_{22}(t)=0.19-0.009|\cos\sqrt{3}t|,\beta_{23}(t)=0.09+0.01|\cos t|,$$
$$\beta_{31}(t)=0.16-0.002|\cos t|,\beta_{32}(t)=0.13-0.001|\cos\sqrt{2}t|,$$
$$\beta_{33}(t)=0.11-0.008|\sin t|,\alpha_{11}(t)=\alpha_{12}(t)=\alpha_{13}(t)=0.999+0.001|\sin\sqrt{3}t|,$$
$$\alpha_{21}(t)=0.998+0.002\sin\sqrt{2}t,\alpha_{22}(t)=0.998+0.002\cos\sqrt{2}t,$$
$$\alpha_{23}(t)=0.998+0.002\sin\pi t,\alpha_{31}(t)=0.998+0.002|\sin t|,$$
$$\alpha_{32}(t)=0.998+0.002|\sin\sqrt{3}t|,\alpha_{33}(t)=0.998+0.002\left|\sin\left(\frac{4}{3}t\right)\right|,$$
$$\tau_{11}(t)=e^{0.2|\sin\pi t|},\ \tau_{12}(t)=e^{0.4\left|\cos\left(\pi t+\frac{\pi}{2}\right)\right|},\ \tau_{13}(t)=e^{0.5|\sin\pi t|},$$
$$\tau_{21}(t)=e^{0.2\left|\cos\left(\pi t+\frac{\pi}{2}\right)\right|},\ \tau_{22}(t)=e^{0.3|\sin 3\pi t|},\ \tau_{23}(t)=e^{0.4|\cos 2\pi t|},$$
$$\tau_{31}(t)=e^{0.5\left|\sin\left(\pi t+\frac{3\pi}{2}\right)\right|},\ \tau_{32}(t)=e^{0.3\left|\cos\left(\pi t+\frac{\pi}{2}\right)\right|},\ \tau_{33}(t)=e^{0.5|\cos 3\pi t|}.$$

通过计算,有

$$c_1^- = 0.2, c_1^+ = 0.22, c_2^- = 0.24, c_2^+ = 0.248, c_3^- = 0.4, c_3^+ = 0.43,$$
$$b_{12}^- = 0.039, b_{12}^+ = 0.04, b_{13}^- = 0.068, b_{13}^+ = 0.07, b_{21}^- = 0.058, b_{21}^+ = 0.06,$$
$$b_{23}^- = 0.059, b_{23}^+ = 0.06, b_{31}^- = 0.16, b_{31}^+ = 0.17, b_{32}^- = 0.13, b_{32}^+ = 0.14,$$
$$\beta_{11}^- = 0.08, \beta_{11}^+ = 0.09, \beta_{12}^- = 0.15, \beta_{12}^+ = 0.16, \beta_{13}^- = 0.15, \beta_{13}^+ = 0.16,$$
$$\beta_{21}^- = 0.149, \beta_{21}^+ = 0.15, \beta_{22}^- = 0.181, \beta_{22}^+ = 0.19, \beta_{23}^- = 0.09, \beta_{23}^+ = 0.1,$$
$$\beta_{31}^- = 0.158, \beta_{31}^+ = 0.16, \beta_{32}^- = 0.129, \beta_{32}^+ = 0.13, \beta_{33}^- = 0.103, \beta_{33}^+ = 0.11,$$
$$\alpha_{11}^- = \alpha_{12}^- = \alpha_{13}^- = 0.999, \alpha_{11}^+ = \alpha_{12}^+ = \alpha_{13}^+ = 1, \alpha_{21}^- = \alpha_{22}^- = \alpha_{23}^- = 0.996,$$
$$\alpha_{21}^+ = \alpha_{22}^+ = \alpha_{23}^+ = 1, \alpha_{31}^- = \alpha_{32}^- = \alpha_{33}^- = 0.998, \alpha_{31}^+ = \alpha_{32}^+ = \alpha_{33}^+ = 1.$$

因此,

$$\sum_{k=1,k\neq 1}^{3} \frac{b_{1k}^+}{c_1^-} = \frac{b_{12}^+}{c_1^-} + \frac{b_{13}^+}{c_1^-} = \frac{0.04 + 0.07}{0.2} = \frac{11}{20} < 1,$$

$$\sum_{k=1,k\neq 2}^{3} \frac{b_{2k}^+}{c_2^-} = \frac{b_{21}^+}{c_2^-} + \frac{b_{23}^+}{c_2^-} = \frac{0.06 + 0.06}{0.24} = \frac{1}{2} < 1,$$

$$\sum_{k=1,k\neq 3}^{3} \frac{b_{3k}^+}{c_3^-} = \frac{b_{31}^+}{c_3^-} + \frac{b_{32}^+}{c_3^-} = \frac{0.17 + 0.14}{0.4} = \frac{31}{40} < 1,$$

$$b_{12}^+ + b_{13}^+ + \frac{\beta_{11}^+}{e^2} + \frac{\beta_{12}^+}{e^2} + \frac{\beta_{13}^+}{e^2} = 0.04 + 0.07 + \frac{0.09}{e^2} + \frac{0.16}{e^2} + \frac{0.16}{e^2}$$
$$\approx 0.165 < c_1^- = 0.2,$$

$$b_{21}^+ + b_{23}^+ + \frac{\beta_{21}^+}{e^2} + \frac{\beta_{22}^+}{e^2} + \frac{\beta_{23}^+}{e^2} = 0.06 + 0.06 + \frac{0.15}{e^2} + \frac{0.19}{e^2} + \frac{0.1}{e^2}$$
$$\approx 0.1795 < c_2^- = 0.24,$$

$$b_{31}^+ + b_{32}^+ + \frac{\beta_{31}^+}{e^2} + \frac{\beta_{32}^+}{e^2} + \frac{\beta_{33}^+}{e^2} = 0.17 + 0.14 + \frac{0.16}{e^2} + \frac{0.13}{e^2} + \frac{0.11}{e^2}$$
$$\approx 0.364 < c_3^- = 0.4.$$

令 $A_2 = 1.68$,有

$$\begin{aligned} A_2 &> \max_{1\leqslant i\leqslant 3}\left\{\left[1 - \sum_{k=1,k\neq i}^{3} \frac{b_{ik}^+}{c_i^-}\right]^{-1} \sum_{j=1}^{3} \frac{\beta_{ij}^+}{c_i^- \alpha_{ij}^- e}\right\} \\ &= \max_{1\leqslant i\leqslant 3}\{1.678, 1.354, 1.638\} \\ &= 1.678. \end{aligned}$$

且

$$\begin{aligned} &\min_{1\leqslant i\leqslant 3}\left\{\left[1 - \sum_{k=1,k\neq i}^{3} \frac{b_{ik}^-}{c_i^+}\right]^{-1} \sum_{j=1}^{3} A_2 \frac{\beta_{ij}^-}{c_i^+} e^{-\alpha_{ij}^+ A_2}\right\} \\ &= \min_{1\leqslant i\leqslant 3}\{1.053, 1.025, 1.104\} \\ &= 1.025 > A_1 > \frac{1}{\min\limits_{1\leqslant i,j\leqslant 3} \alpha_{ij}^-} = \frac{1}{0.996} \approx 1.004. \end{aligned}$$

若 $-c_i \in \mathcal{R}^+$,即 $1 - c_i(t)\mu(t) > 0, i = 1,2,3$,容易验证定理 5.11 中的所有条件都成立. 因

此,例 5.2 中的系统在域$\mathbb{B}^* = \{\varphi \mid \varphi \in \mathbb{B}, 1.004 < A_1 \leqslant \varphi_i(t) \leqslant 1.68, t \in \mathbb{T}, i = 1, 2, \cdots, n\}$中存在唯一正概周期解,该解是指数稳定的.

特别地,若取$\mathbb{T} = \mathbb{R}$ 或$\mathbb{T} = \mathbb{Z}$,则 $1 - c_i(t)\mu(t) > 0, i = 1, 2, 3$. 因此,这种情况下,连续时间 Nicholson's blowflies 模型(5.1.2)和离散时间的类似模型有相同的动力学行为(图 5.1 至图5.8).

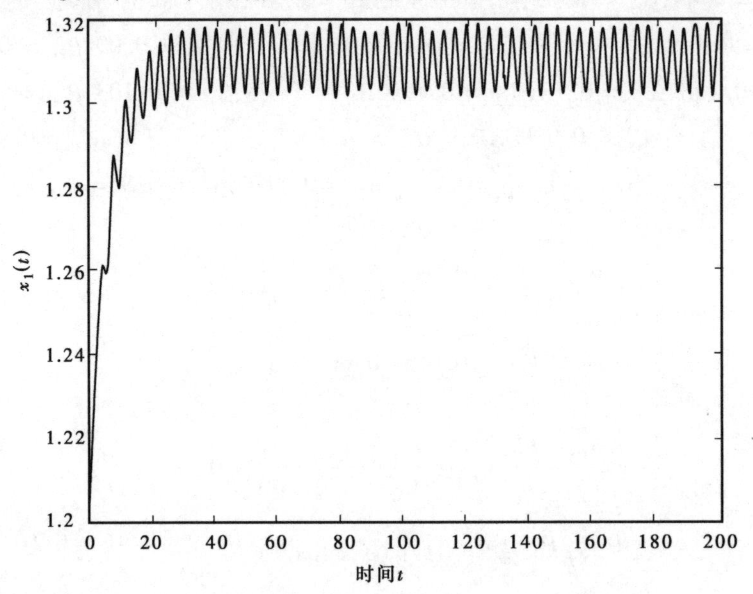

图 5.1 $\mathbb{T} = \mathbb{R}$. $(\varphi_1(0), \varphi_2(0), \varphi_3(0)) = (1, 2, 1.25, 1.2)$时,系统(5.1.2)的数值解 $x_1(t)$

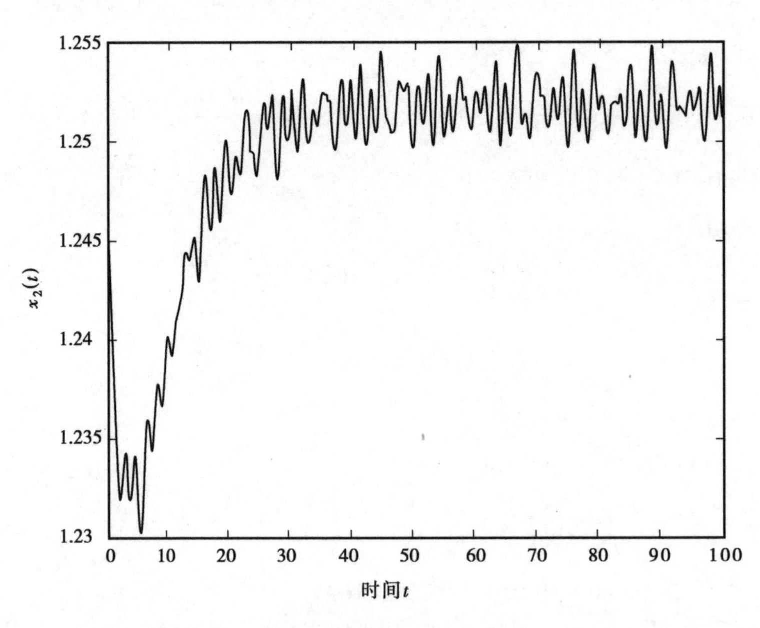

图 5.2 $\mathbb{T} = \mathbb{R}$. $(\varphi_1(0), \varphi_2(0), \varphi_3(0)) = (1, 2, 1.25, 1.2)$时,系统(5.1.2)的数值解 $x_2(t)$

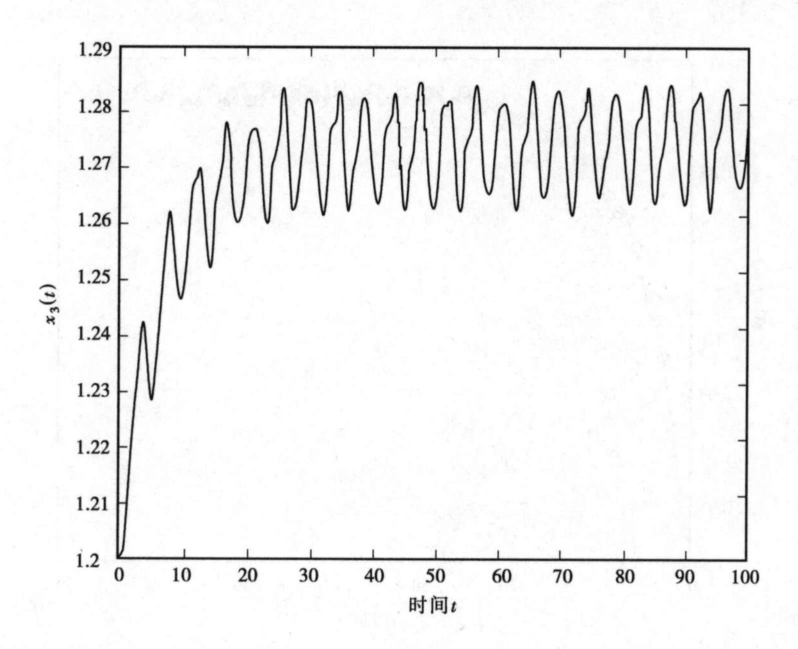

图 5.3　$\mathbb{T}=\mathbb{R}$. $(\varphi_1(0),\varphi_2(0),\varphi_3(0))=(1,2,1.25,1.2)$时，系统(5.1.2)的数值解 $x_3(t)$

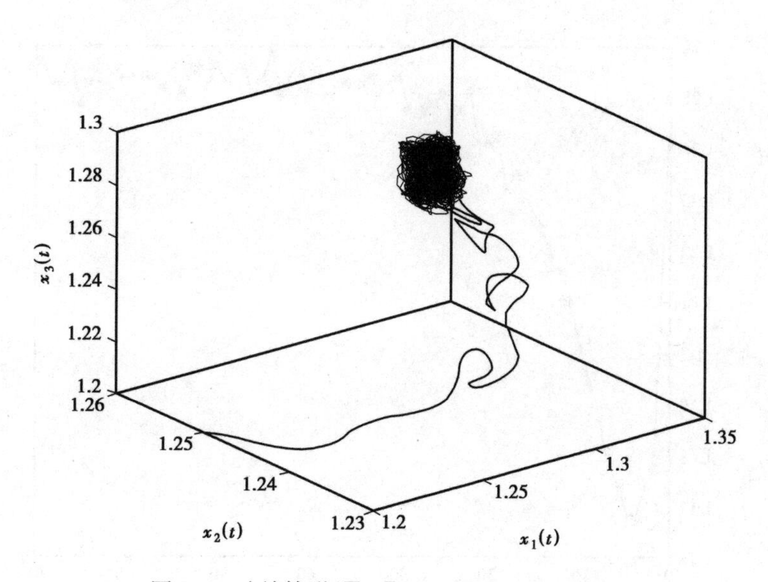

图 5.4　连续情形($\mathbb{T}=\mathbb{R}$)：$x_1(t)$，$x_2(t)$，$x_3(t)$

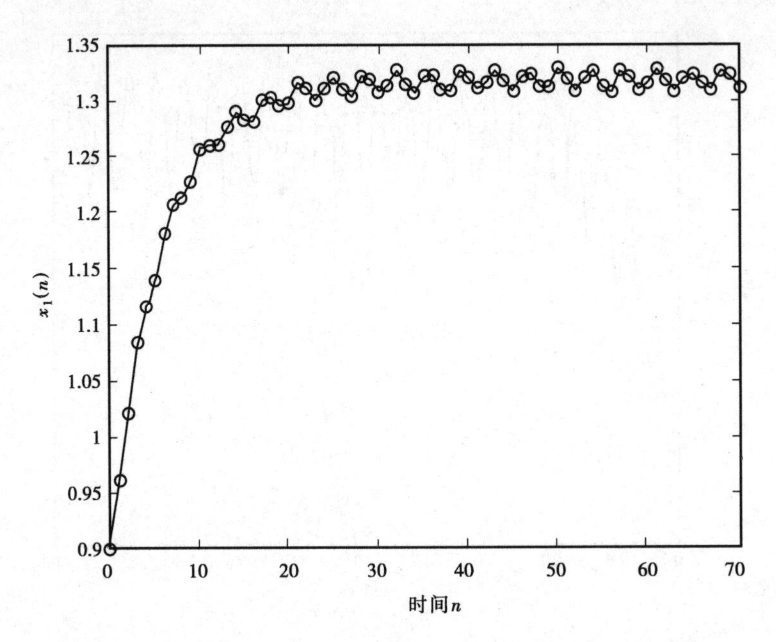

图 5.5 $\mathbb{T}=\mathbb{Z}$.$(\varphi_1(0),\varphi_2(0),\varphi_3(0))=(0.9,1.25,0.92)$时，系统(5.1.2)的数值解 $x_1(n)$

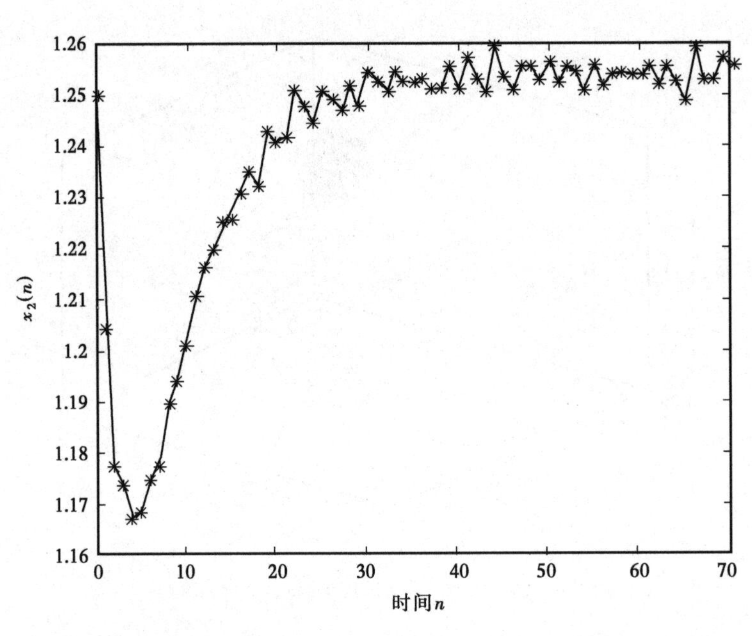

图 5.6 $\mathbb{T}=\mathbb{Z}$.$(\varphi_1(0),\varphi_2(0),\varphi_3(0))=(0.9,1.25,0.92)$时，系统(5.1.2)的数值解 $x_2(n)$

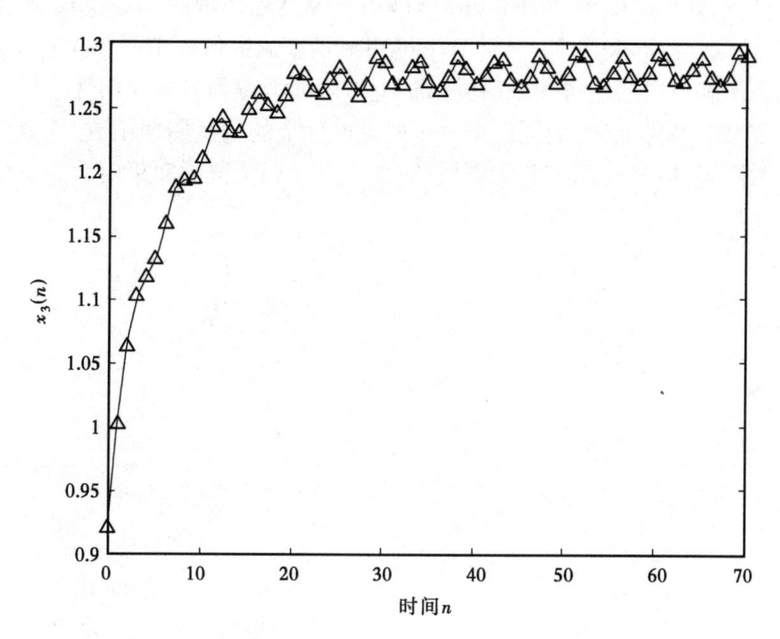

图 5.7　$\mathbb{T}=\mathbb{Z}$. $(\varphi_1(0),\varphi_2(0),\varphi_3(0))=(0.9,1.25,0.92)$ 时，系统(5.1.2)的数值解 $x_3(n)$

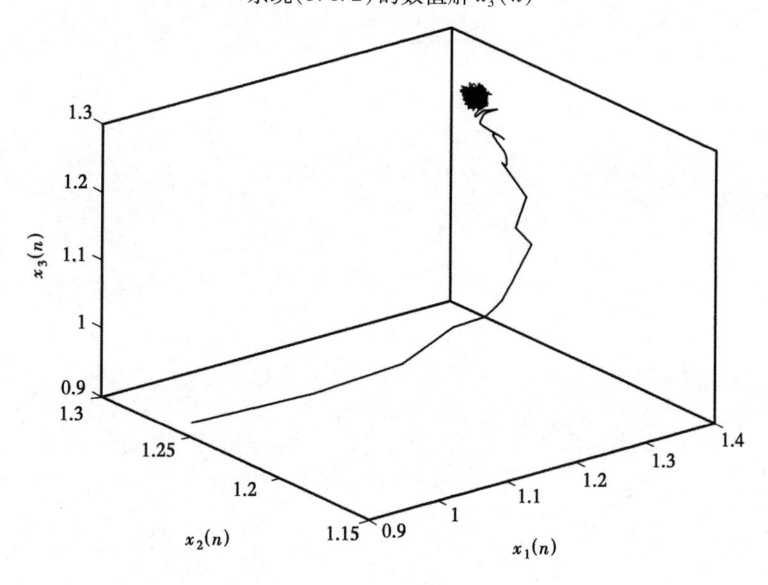

图 5.8　离散情形($\mathbb{T}=\mathbb{Z}$)：$x_1(n),x_2(n),x_3(n)$

5.5　小　结

本章给出了时标上的概周期函数的两种新定义，并研究了它们的一些基本性质，将连续和离散情形有效统一起来. 作为一个应用，给出了保证时标上一类 Nicholson's blowflies 模型的正概周期解存在且指数稳定的充分条件. 得到的关于时标上 Nicholson's blowflies 模型的正概周期解存在且指数稳定的结果即使对用微分方程刻画的 Nicholson's blowflies 模型($\mathbb{T}=\mathbb{R}$)和用差分方程刻画的 Nicholson's blowflies 模型($\mathbb{T}=\mathbb{Z}$)两种情形都是新的. 同时，该结果也表明，在一个简单的条件下,连续时间的 Nicholson's blowflies 模型和离散时间的类似模型有相同的动力学行为.该结论为连续时间的 Nicholson's blowflies 模型的数值模拟提供了理论基础.我们在本章中使用的方法和所得结论可用来研究时标上一般动力方程的概周期性.另外,在给出的概周期时标的新定义的基础上,人们可以进一步研究时标上的伪概周期函数、伪概自守函数和伪概周期集值函数问题,以及时标上的伪概周期、伪概自守和伪概周期集值动力系统问题等.

第 6 章　时标上具连接项时滞的中立型竞争神经网络的概周期解

6.1　引　言

Cohen 和 Grossberg 在文献[117]中首先提出了竞争神经网络(CNNs),将具有自由突触修正皮质的认知图模型化. 该模型中存在两种类型的状态变量,即描述快速神经行动的短时记忆变量(STM)和描述缓慢自由的突触修正行动的长时记忆变量(LTM). 因此,在这些神经网络中存在两种时标,分别对应于神经网络状态的快速变化和由外界刺激引起的突触的缓慢变化. 它们已被广泛应用于图像处理、模式识别、信号处理、优化和控制理论等[117-120]. 最近,一些学者专注于 CNNs 的动力学研究[2-7]见文献[121-126],讨论了 CNNs 的全局稳定性,文献[127]研究了 CNNs 的多稳定性,文献[128]研究了 CNNs 的多稳定性和多周期性,文献[129]研究了 CNNs 的反周期解的存在性和全局指数稳定性,文献[130,131]研究了带混合时滞的 CNNs 的同步性. 在现实世界中,概周期性比周期性更普遍. 据我们所知,到目前为止,几乎没有关于 CNNs 的概周期解的存在性的文章发表. 事实上,为了进一步刻画如此复杂的神经反应的动力学行为并将其模型化,要求系统中包含关于过去状态的导数信息就变得十分重要[132]. 一些学者研究了中立型神经网络的动力学行为[32,132-135]. 同时,在模拟真实神经网络时,混合时变时滞和连接项时滞必须被考虑在内[136-138]. 另外,众所周知,连续系统和离散系统在实现和应用中都非常重要,但分别研究这两种系统的动力学行为,又过于烦琐. 因此,由 Hilger[2]在他的博士论文里首创的时标理论得到了诸多学者的重视,它不仅统一了连续时间和离散时间领域,还包含介于连续和离散两者之间[2,5,6]的情形.

据我们所知,目前还没有关于在时标上具混合时变时滞和连接项时滞的中立型 CNNs 的概周期解的全局指数稳定性的文章发表. 因此,对该问题的研究在理论和应用上都具有挑战性.

基于以上讨论,我们提出如下时标上的由 Nabla 动力方程描述的带混合时变时滞和连接项时滞的中立型竞争神经网络:

$$\begin{cases} STM: x_i^{\nabla}(t) = -\alpha_i(t)x_i(t-\eta_i(t)) + \sum_{j=1}^{n} D_{ij}(t)f_j(x_j(t)) + \\ \qquad \sum_{j=1}^{n} D_{ij}^{\tau}(t)f_j(x_j(t-\tau_{ij}(t))) + \\ \qquad \sum_{j=1}^{n} \overline{D}_{ij}(t)\int_{t-\sigma_{ij}(t)}^{t} f_j(x_j(s))\nabla s + \\ \qquad \sum_{j=1}^{n} \widetilde{D}_{ij}(t)\int_{t-\zeta_{ij}(t)}^{t} f_j(x_j^{\nabla}(s))\nabla s + \\ \qquad B_i(t)S_i(t) + I_i(t), t \in \mathbb{T}, \\ LTM: S_i^{\nabla}(t) = -c_i(t)S_i(t-\varsigma_i(t)) + E_i(t)f_i(x_i(t)) + J_i(t), t \in \mathbb{T}, \end{cases} \tag{6.1.1}$$

其中 $i=1,2,\cdots,n$，$\mathbb{T}$为概周期时标，$x_i(t)$和$S_i(t)$是神经当前活动等级，$\alpha_i(t)$，$c_i(t)$是神经元的时间变量，$f_j(x_j(t))$是神经元的输出变量，$D_{ij}(t)$，$D_{ij}^{\tau}(t)$和$\overline{D}_{ij}(t)$，$\widetilde{D}_{ij}(t)$分别表示第 i 个神经元和第 j 个神经元之间的延迟反馈突触权重和连接权重，$B_i(t)$表示外部刺激力量，$E_i(t)$表示一次性的规模，$I_i(t)$，$J_i(t)$表示在 t 时刻对第 i 个神经元的外部输入，$\eta_i(t)$和$\varsigma_i(t)$为满足 $t-\eta_i(t)\in\mathbb{T}$，$t-\varsigma_i(t)\in\mathbb{T}$ 对 $t\in\mathbb{T}$成立的连接项时滞，$\tau_{ij}(t)$，$\sigma_{ij}(t)$和$\zeta_{ij}(t)$为 $t\in\mathbb{T}$ 满足 $t-\tau_{ij}(t)\in\mathbb{T}$，$t-\sigma_{ij}(t)\in\mathbb{T}$，$t-\zeta_{ij}(t)\in\mathbb{T}$的传输时滞.

为了方便起见，记$[a,b]_{\mathbb{T}}=\{t\,|\,t\in[a,b]\cap\mathbb{T}\}$，并引入以下记号：

$$\alpha_i^+ = \sup_{t\in\mathbb{T}}|\alpha_i(t)|, \alpha_i^- = \inf_{t\in\mathbb{T}}|\alpha_i(t)|, c_i^+ = \sup_{t\in\mathbb{T}}|c_i(t)|, c_i^- = \inf_{t\in\mathbb{T}}|c_i(t)|,$$

$$\eta_i^+ = \sup_{t\in\mathbb{T}}|\eta_i(t)|, \varsigma_i^+ = \sup_{t\in\mathbb{T}}|\varsigma_i(t)|, D_{ij}^+ = \sup_{t\in\mathbb{T}}|D_{ij}(t)|, (D_{ij}^{\tau})^+ = \sup_{t\in\mathbb{T}}|D_{ij}^{\tau}(t)|,$$

$$\overline{D}_{ij}^+ = \sup_{t\in\mathbb{T}}|\overline{D}_{ij}(t)|, \widetilde{D}_{ij}^+ = \sup_{t\in\mathbb{T}}|\widetilde{D}_{ij}(t)|, B_i^+ = \sup_{t\in\mathbb{T}}|B_i(t)|, E_i^+ = \sup_{t\in\mathbb{T}}|E_i(t)|,$$

$$\tau_{ij}^+ = \sup_{t\in\mathbb{T}}|\tau_{ij}(t)|, \sigma_{ij}^+ = \sup_{t\in\mathbb{T}}|\sigma_{ij}(t)|, \zeta_{ij}^+ = \sup_{t\in\mathbb{T}}|\zeta_{ij}(t)|,$$

$$I_i^+ = \sup_{t\in\mathbb{T}}|I_i(t)|, J_i^+ = \sup_{t\in\mathbb{T}}|J_i(t)|, i,j = 1,2,\cdots,n.$$

系统(6.1.1)具有以下形式的初始条件：

$$x_i(s) = \varphi_i(s), x_i^{\nabla}(s) = \varphi_i^{\nabla}(s), s \in [t_0-\theta, t_0]_{\mathbb{T}}, \tag{6.1.2}$$

$$S_i(s) = \phi_i(s), S_i^{\nabla}(s) = \phi_i^{\nabla}(s), s \in [t_0-\theta, t_0]_{\mathbb{T}}, \tag{6.1.3}$$

其中 $i=1,2,\cdots,n$，$\theta=\max\{\eta,\tau,\sigma,\zeta,\varsigma\}$，$\eta=\max\limits_{1\leqslant i\leqslant n}\{\eta_i^+\}$，$\tau=\max\limits_{1\leqslant i,j\leqslant n}\{\tau_{ij}^+\}$，$\sigma=\max\limits_{1\leqslant i,j\leqslant n}\{\sigma_{ij}^+\}$，$\zeta=\max\limits_{1\leqslant i,j\leqslant n}\{\zeta_{ij}^+\}$，$\varsigma=\max\limits_{1\leqslant i\leqslant n}\{\varsigma_i^+\}$，$i,j=1,2,\cdots,n$，$\varphi_i(\cdot)$，$\phi_i(\cdot)$为定义在$[t_0-\theta,t_0]_{\mathbb{T}}$上的有界且$\nabla$-可微的实值函数.

本章的目的是在第 5 章的定义 5.1 和定义 5.3 或者在定义 3.13 和定义 5.4 所定义的概周期时标和概周期函数的意义下，将第 5 章中关于 Delta 动力方程的结果，推广到关于Nabla动力方程的情形，并研究(6.1.1)的概周期解存在性及其全局指数稳定性. 本章所得的结果即使对微分方程($\mathbb{T}=\mathbb{R}$)和差分方程($\mathbb{T}=\mathbb{Z}$)这两种情形也都是新的.

本章结构安排如下：在 6.2 节中，将第 5 章中关于 Delta 动力方程的结果，推广到关于Nabla动力方程的情形. 在 6.3 节中，利用 Banach 不动点定理和时标上的积分理论给出了保证系统(6.1.1)的概周期解存在的充分条件. 在 6.4 节中，证明了 6.3 节中得到的概周期解是全局指数稳定的. 在6.5节中,给出数值例子来证明前面所得理论的有效性. 最后,在6.6节给出本章小结.

6.2　准备工作

考虑下面的概周期线性非齐次系统

$$x^{\nabla}(t)=A(t)x(t)+f(t),t\in\mathbb{T} \tag{6.2.1}$$

和与其对应的线性齐次系统

$$x^{\nabla}(t)=A(t)x(t),t\in\mathbb{T}, \tag{6.2.2}$$

其中,$A(t)$为概周期矩阵函数,$f(t)$为概周期向量函数.

类似于文献[47]中引理2.13的证明,容易得到以下引理:

引理6.1[49]　若线性齐次系统(6.2.2)容许指数二分,则线性非齐次系统(6.2.1)存在以下形式的有界解

$$x(t)=\int_{-\infty}^{t}X(t)PX^{-1}(\rho(s))f(s)\nabla s-\int_{t}^{+\infty}X(t)(I-P)X^{-1}(\rho(s))f(s)\nabla s,t\in\mathbb{T}$$

其中,$X(t)$为系统(6.2.2)的基解矩阵.

引理6.2[49]　设$c_i(t)$为$\mathbb{T}$上的概周期函数,其中$c_i\in\mathcal{R}_v^+$,且$\min\limits_{1\leqslant i\leqslant n}\{\inf\limits_{t\in\mathbb{T}}c_i(t)\}=\widetilde{m}>0$,则线性系统

$$x^{\nabla}(t)=\mathrm{diag}(-c_1(t),-c_2(t),\cdots,-c_n(t))x(t) \tag{6.2.3}$$

在$\mathbb{T}$上容许指数二分.

设$f\in C(\mathbb{T},\mathbb{R})$,对任意$t\in\widetilde{\mathbb{T}}$,令$\widetilde{f}(t)=f(t)$,则定义了一个函数$\widetilde{f}:\widetilde{\mathbb{T}}\to\mathbb{R}$. 根据引理5.3和引理5.4,有$\widetilde{f}\in C(\widetilde{\mathbb{T}},\mathbb{R})$. 所以,由

$$F(t):=\int_{t_0}^{t}\widetilde{f}(\tau)\widetilde{\nabla}\tau,t_0,t\in\widetilde{\mathbb{T}}$$

定义的F是f在$\widetilde{\mathbb{T}}$上的原函数,其中$\widetilde{\nabla}$表示$\widetilde{\mathbb{T}}$上的∇-导数.

同样地,设$f\in C(\mathbb{T},\mathbb{R})$,对任意$t\in\mathfrak{T}$,令$\widetilde{f}(t)=f(t)$,则定义了一个函数$\widetilde{f}:\mathfrak{T}\to\mathbb{R}$. 根据引理5.3和引理5.4,有$\widetilde{f}\in C(\mathfrak{T},\mathbb{R})$. 所以,由

$$F(t):=\int_{t_0}^{t}\widetilde{f}(\tau)\widetilde{\nabla}\tau,t_0,t\in\mathfrak{T}$$

定义的F是f在$\mathfrak{T}$上的原函数,其中$\widetilde{\nabla}$表示$\mathfrak{T}$上的∇-导数.

由文献[49]中的引理2.7可得以下引理:

引理6.3　设$A(t)$为概周期矩阵函数,$f(t)$为概周期向量函数. 若系统(6.2.2)容许指数二分,则系统(6.2.1)有唯一的概周期解:

$$x(t)=\int_{-\infty}^{t}\widetilde{X}(t)P\widetilde{X}^{-1}(\widetilde{\rho}(s))\widetilde{f}(s)\widetilde{\nabla}s-\int_{t}^{+\infty}\widetilde{X}(t)(I-P)\widetilde{X}^{-1}(\widetilde{\rho}(s))\widetilde{f}(s)\widetilde{\nabla}s,t\in\widetilde{\mathbb{T}},$$

其中$\widetilde{X}(t)$是系统(6.2.2)的基解矩阵$X(t)$在$\widetilde{\mathbb{T}}$上的限制,$\widetilde{\rho}(t)$是$\rho(t)$在$\widetilde{\mathbb{T}}$上的限制.

引理6.4　设$A(t)$为概周期矩阵函数,$f(t)$为概周期向量函数. 若系统(6.2.2)容许指数

二分,则系统(6.2.1)有唯一的概周期解:

$$x(t)=\int_{-\infty}^{t}\widetilde{X}(t)P\widetilde{X}^{-1}(\widetilde{\rho}(s))\,\widetilde{f}(s)\,\widetilde{\nabla}s-\int_{t}^{+\infty}\widetilde{X}(t)(I-P)\widetilde{X}^{-1}(\widetilde{\rho}(s))\,\widetilde{f}(s)\,\widetilde{\nabla}s,t\in\mathfrak{T},$$

其中$\widetilde{X}(t)$是系统(6.2.2)的基解矩阵$X(t)$在$\mathfrak{T}$上的限制,$\widetilde{\rho}(t)$是$\rho(t)$在$\mathfrak{T}$上的限制.

由定义5.3或定义5.4,引理6.1和引理6.3或引理6.4,容易得到以下引理:

引理6.5 若线性系统(6.2.2)容许指数二分,则系统(6.2.1)有概周期解$x(t)$可表为以下形式:

$$x(t)=\int_{-\infty}^{t}X(t)PX^{-1}(\rho(s))f(s)\,\nabla s-\int_{t}^{+\infty}X(t)(I-P)X^{-1}(\rho(s))f(s)\,\nabla s,t\in\mathbb{T},$$

其中$X(t)$为系统(6.2.2)的基解矩阵.

6.3 概周期解的存在性

本节叙述并证明系统(6.1.1)的概周期解存在的充分条件.

设

$$\mathbb{B}=\{\psi=(\varphi_1,\varphi_2,\cdots,\varphi_n,\phi_1,\phi_2,\cdots,\phi_n)^{\mathrm{T}}:\varphi_i,\phi_i\in C^1(\mathbb{T},\mathbb{R}),i=1,2,\cdots,n\}$$

其中,φ_i,ϕ_i为$\mathbb{T}$上的概周期函数,$\mathbb{B}$具有范数$\|\psi\|_{\mathbb{B}}=\sup\limits_{t\in\mathbb{T}}\|\psi(t)\|$,其中$\|\psi(t)\|=\max\limits_{1\leqslant i\leqslant n}\{|\varphi_i(t)|,|\phi_i(t)|,|\varphi_i^{\nabla}(t)|,|\phi_i^{\nabla}(t)|\}$,则$\mathbb{B}$为Banach空间.

在本章的后面部分,假设以下条件成立:

(H_1) $\alpha_i,c_i\in\mathcal{R}_v^+,D_{ij},D_{ij}^{\tau},\overline{D}_{ij},\widetilde{D}_{ij},B_i,E_i,\eta_i,\varsigma_i,\tau_{ij},\sigma_{ij},\zeta_{ij},I_i,J_i,i,j=1,2,\cdots,n$为连续的概周期函数;

(H_2) 若函数$f_j\in C(\mathbb{R},\mathbb{R})$,则存在正常数$L_j$,使得对所有$x,y\in\mathbb{R}$,有

$$|f_j(x)-f_j(y)|\leqslant L_j|x-y|,j=1,2,\cdots,n.$$

定理6.1 设(H_1)—(H_2)成立,并假设以下条件成立:

(H_3) 若存在常数r使得

$$\max_{1\leqslant i\leqslant n}\left\{\frac{P_i}{\alpha_i^-},\left(1+\frac{\alpha_i^+}{\alpha_i^-}\right)P_i,\frac{Q_i}{c_i^-},\left(1+\frac{c_i^+}{c_i^-}\right)Q_i\right\}\leqslant r,$$

$$\max_{1\leqslant i\leqslant n}\left\{\frac{\overline{P}_i}{\alpha_i^-},\left(1+\frac{\alpha_i^+}{\alpha_i^-}\right)\overline{P}_i,\frac{\overline{Q}_i}{c_i^-},\left(1+\frac{c_i^+}{c_i^-}\right)\overline{Q}_i\right\}:=\kappa<1,$$

其中

$$P_i=\alpha_i^+\eta_i^+r+\sum_{j=1}^{n}D_{ij}^+(L_jr+|f_j(0)|)+\sum_{j=1}^{n}(D_{ij}^{\tau})^+(L_jr+|f_j(0)|)+$$

$$\sum_{j=1}^{n}\overline{D}_{ij}^+\sigma_{ij}^+(L_jr+|f_j(0)|)+\sum_{j=1}^{n}\widetilde{D}_{ij}^+\zeta_{ij}^+(L_jr+|f_j(0)|)+B_i^+r+I_i^+,$$

$$Q_i=c_i^+\varsigma_i^+r+E_i^+(L_ir+|f_i(0)|)+J_i^+,$$

$$\overline{P}_i=a_i^+\eta_i^++\sum_{j=1}^{n}D_{ij}^+L_j+\sum_{j=1}^{n}(D_{ij}^{\tau})^+L_j+\sum_{j=1}^{n}\overline{D}_{ij}^+\sigma_{ij}^+L_j+\sum_{j=1}^{n}\widetilde{D}_{ij}^+\zeta_{ij}^+L_j+B_i^+,$$

$$\overline{Q}_i=c_i^+\varsigma_i^++E_i^+L_i,i=1,2,\cdots,n.$$

则系统(6.1.1)在区域$\mathbb{E}=\{\psi\in\mathbb{B}:\|\psi\|_{\mathbb{B}}\leqslant r\}$中有唯一的概周期解.

证明:将系统(6.1.1)转化为以下形式:

$$x_i^{\nabla}(t)=-\alpha_i(t)x_i(t)+\alpha_i(t)\int_{t-\eta_i(t)}^{t}x_i^{\nabla}(s)\nabla s+\sum_{j=1}^{n}D_{ij}(t)f_j(x_j(t))+$$
$$\sum_{j=1}^{n}D_{ij}^{\tau}(t)f_j(x_j(t-\tau_{ij}(t)))+\sum_{j=1}^{n}\overline{D}_{ij}(t)\int_{t-\sigma_{ij}(t)}^{t}f_j(x_j(s))\nabla s+$$
$$\sum_{j=1}^{n}\widetilde{D}_{ij}(t)\int_{t-\zeta_{ij}(t)}^{t}f_j(x_j^{\nabla}(s))\nabla s+B_i(t)S_i(t)+I_i(t),i=1,2,\cdots,n,$$

$$S_i^{\nabla}(t)=-c_i(t)S_i(t)+c_i(t)\int_{t-\varsigma_i(t)}^{t}S_i^{\nabla}(s)\nabla s+E_i(t)f_i(x_i(t))+J_i(t),i=1,2,\cdots,n.$$

对任意$\psi=(\varphi_1,\varphi_2,\cdots,\varphi_n,\phi_1,\phi_2,\cdots,\phi_n)\in\mathbb{B}$,考虑以下系统:

$$\begin{cases}x_i^{\nabla}(t)=-\alpha_i(t)x_i(t)+F_i(t,\varphi_i),t\in\mathbb{T},i=1,2,\cdots,n,\\ S_i^{\nabla}(t)=-c_i(t)S_i(t)+G_i(t,\phi_i),t\in\mathbb{T},i=1,2,\cdots,n,\end{cases}\tag{6.3.1}$$

其中

$$F_i(t,\varphi_i)=\alpha_i(t)\int_{t-\eta_i(t)}^{t}\varphi_i^{\nabla}(s)\nabla s+\sum_{j=1}^{n}D_{ij}(t)f_j(\varphi_j(t))+$$
$$\sum_{j=1}^{n}D_{ij}^{\tau}(t)f_j(\varphi_j(t-\tau_{ij}(t)))+\sum_{j=1}^{n}\overline{D}_{ij}(t)\int_{t-\sigma_{ij}(t)}^{t}f_j(\varphi_j(s))\nabla s+$$
$$\sum_{j=1}^{n}\widetilde{D}_{ij}(t)\int_{t-\zeta_{ij}(t)}^{t}f_j(\varphi_j^{\nabla}(s))\nabla s+B_i(t)\phi_i(t)+I_i(t),i=1,2,\cdots,n,$$

$$G_i(t,\phi_i)=c_i(t)\int_{t-\varsigma_i(t)}^{t}\phi_i^{\nabla}(s)\nabla s+E_i(t)f_i(\varphi_i(t))+J_i(t),i=1,2,\cdots,n.$$

因为$\alpha_i,c_i\in\mathcal{R}_v^+$,$\min\limits_{1\leqslant i\leqslant n}\{\inf\limits_{t\in\mathbb{T}}\alpha_i(t),\inf\limits_{t\in\mathbb{T}}c_i(t)\}>0$,则由引理6.2可得以下线性系统

$$\begin{cases}x_i^{\nabla}(t)=-\alpha_i(t)x_i(t),i=1,2,\cdots,n,\\ S_i^{\nabla}(t)=-c_i(t)S_i(t),i=1,2,\cdots,n,\end{cases}\tag{6.3.2}$$

在$\mathbb{T}$上容许指数二分.

因此,由引理6.5,可得系统(6.3.1)至少有一个可表示为以下形式的概周期解:

$$y_{\psi}(t)=(x_{\varphi_1}(t),x_{\varphi_2}(t),\cdots,x_{\varphi_n}(t),S_{\phi_1}(t),S_{\phi_2}(t),\cdots,S_{\phi_n}(t))^{\mathrm{T}},$$

其中

$$x_{\varphi_i}(t)=\int_{-\infty}^{t}\hat{e}_{-\alpha_i}(t,\rho(s))F_i(s,\varphi_i)\nabla s,i=1,2,\cdots,n,$$

$$S_{\phi_i}(t)=\int_{-\infty}^{t}\hat{e}_{-c_i}(t,\rho(s))G_i(s,\phi_i)\nabla s,i=1,2,\cdots,n.$$

定义算子$\Phi:\mathbb{E}\to\mathbb{E}$为

$$\Phi(\psi(t))=y_{\psi}(t),\psi\in\mathbb{E}.$$

证明算子Φ是压缩的

首先,证明对任意$\psi\in\mathbb{E}$,有$\Phi\psi\in\mathbb{E}$. 注意对$i=1,2,\cdots,n$,有

$$|F_i(s,\varphi_i)|=\left|\alpha_i(s)\int_{s-\eta_i(s)}^{s}\varphi_i^{\nabla}(u)\nabla u+\sum_{j=1}^{n}D_{ij}(s)f_j(\varphi_j(s))+\right.$$

$$\sum_{j=1}^{n} D_{ij}^{\tau}(s)f_j(\varphi_j(s-\tau_{ij}(s))) + \sum_{j=1}^{n} \overline{D}_{ij}(s)\int_{s-\sigma_{ij}(s)}^{s} f_j(\varphi_j(u))\nabla u +$$

$$\sum_{j=1}^{n} \widetilde{D}_{ij}(s)\int_{s-\zeta_{ij}(s)}^{s} f_j(\varphi_j^{\nabla}(u))\nabla u + B_i(s)\phi_i(s) + I_i(s)\Bigg|$$

$$\leqslant \alpha_i^{+}\int_{s-\eta_i(s)}^{s} |\varphi_i^{\nabla}(u)|\nabla u + \sum_{j=1}^{n} D_{ij}^{+}|f_j(\varphi_j(s))| +$$

$$\sum_{j=1}^{n}(D_{ij}^{\tau})^{+}|f_j(\varphi_j(s-\tau_{ij}(s)))| + \sum_{j=1}^{n}\overline{D}_{ij}^{+}\int_{s-\sigma_{ij}(s)}^{s}|f_j(\varphi_j(u))|\nabla u +$$

$$\sum_{j=1}^{n}\widetilde{D}_{ij}^{+}\int_{s-\zeta_{ij}(s)}^{s}|f_j(\varphi_j^{\nabla}(u))|\nabla u + B_i^{+}|\phi_i(s)| + I_i^{+}$$

$$\leqslant \alpha_i^{+}\eta_i^{+}r + \sum_{j=1}^{n} D_{ij}^{+}(L_j|\varphi_j(s)| + |f_j(0)|) + \sum_{j=1}^{n}(D_{ij}^{\tau})^{+}(L_j|\varphi_j(s-\tau_{ij}(s))| + |f_j(0)|) +$$

$$\sum_{j=1}^{n}\overline{D}_{ij}^{+}\sigma_{ij}^{+}(L_jr + |f_j(0)|) + \sum_{j=1}^{n}\widetilde{D}_{ij}^{+}\zeta_{ij}^{+}(L_jr + |f_j(0)|) + B_i^{+}|\phi_i(s)| + I_i^{+}$$

$$\leqslant \alpha_i^{+}\eta_i^{+}r + \sum_{j=1}^{n} D_{ij}^{+}(L_jr + |f_j(0)|) + \sum_{j=1}^{n}(D_{ij}^{\tau})^{+}(L_jr + |f_j(0)|) +$$

$$\sum_{j=1}^{n}\overline{D}_{ij}^{+}\sigma_{ij}^{+}(L_jr + |f_j(0)|) + \sum_{j=1}^{n}\widetilde{D}_{ij}^{+}\zeta_{ij}^{+}(L_jr + |f_j(0)|) + B_i^{+}r + I_i^{+} = P_i$$

且

$$|G_i(s,\phi_i)| = \left|c_i(s)\int_{s-\varsigma_i(s)}^{s}\phi_i^{\nabla}(u)\nabla u + E_i(s)f_i(\varphi_i(s)) + J_i(s)\right|$$

$$\leqslant c_i^{+}\int_{s-\varsigma_i(s)}^{s}|\phi_i^{\nabla}(u)|\nabla u + E_i^{+}|f_i(\varphi_i(s))| + J_i^{+}$$

$$\leqslant c_i^{+}\varsigma_i^{+}|\phi_i^{\nabla}(s)| + E_i^{+}(L_i|\varphi_i(s)| + |f_i(0)|) + J_i^{+}$$

$$\leqslant c_i^{+}\varsigma_i^{+}r + E_i^{+}(L_ir + |f_i(0)|) + J_i^{+} = Q_i.$$

因此,对 $i=1,2,\cdots,n$,有

$$\sup_{t\in\mathbb{T}}|x_{\varphi_i}(t)| = \sup_{t\in\mathbb{T}}\left|\int_{-\infty}^{t}\hat{e}_{-\alpha_i}(t,\rho(s))F_i(s,\varphi_i)\nabla s\right|$$

$$\leqslant \sup_{t\in\mathbb{T}}\int_{-\infty}^{t}\hat{e}_{-\alpha_i^{-}}(t,\rho(s))|F_i(s,\varphi_i)|\nabla s$$

$$\leqslant \frac{1}{\alpha_i^{-}}\Big[\alpha_i^{+}\eta_i^{+}r + \sum_{j=1}^{n} D_{ij}^{+}(L_jr + |f_j(0)|) + \sum_{j=1}^{n}(D_{ij}^{\tau})^{+}(L_jr + |f_j(0)|) +$$

$$\sum_{j=1}^{n}\overline{D}_{ij}^{+}\sigma_{ij}^{+}(L_jr + |f_j(0)|) + \sum_{j=1}^{n}\widetilde{D}_{ij}^{+}\zeta_{ij}^{+}(L_jr + |f_j(0)|) + B_i^{+}r + I_i^{+}\Big]$$

$$= \frac{P_i}{\alpha_i^{-}},$$

且

$$\sup_{t\in\mathbb{T}}|S_{\phi_i}(t)| = \sup_{t\in\mathbb{T}}\left|\int_{-\infty}^{t}\hat{e}_{-c_i}(t,\rho(s))G_i(s,\phi_i)\nabla s\right|$$

$$\leqslant \sup_{t\in\mathbb{T}}\int_{-\infty}^{t}\hat{e}_{-c_i^-}(t,\rho(s))\,|G_i(s,\phi_i)|\,\nabla s$$

$$\leqslant \frac{1}{c_i^-}(c_i^+\varsigma_i^+r+E_i^+(L_ir+|f_i(0)|)+J_i^+)=\frac{Q_i}{c_i^-}.$$

另一方面,对 $i=1,2,\cdots,n$,有

$$\begin{aligned}\sup_{t\in\mathbb{T}}|x_{\varphi_i}^{\nabla}(t)| &= \sup_{t\in\mathbb{T}}\left|\left(\int_{-\infty}^{t}\hat{e}_{-\alpha_i}(t,\rho(s))F_i(s,\varphi_i)\,\nabla s\right)^{\nabla}\right| \\ &= \sup_{t\in\mathbb{T}}\left|F_i(t,\varphi_i)-\alpha_i(t)\int_{-\infty}^{t}\hat{e}_{-\alpha_i}(t,\rho(s))F_i(s,\varphi_i)\,\nabla s\right| \\ &\leqslant \alpha_i^+\eta_i^+r+\sum_{j=1}^{n}D_{ij}^+(L_jr+|f_j(0)|)+\sum_{j=1}^{n}(D_{ij}^{\tau})^+(L_jr+|f_j(0)|)+ \\ &\quad \sum_{j=1}^{n}\overline{D}_{ij}^+\sigma_{ij}^+(L_jr+|f_j(0)|)+\sum_{j=1}^{n}\widetilde{D}_{ij}^+\zeta_{ij}^+(L_jr+|f_j(0)|)+B_i^+r+ \\ &\quad I_i^++\frac{\alpha_i^+}{\alpha_i^-}(\alpha_i^+\eta_i^+r+\sum_{j=1}^{n}D_{ij}^+(L_jr+|f_j(0)|)+\sum_{j=1}^{n}(D_{ij}^{\tau})^+(L_jr+|f_j(0)|)+ \\ &\quad \sum_{j=1}^{n}\overline{D}_{ij}^+\sigma_{ij}^+(L_jr+|f_j(0)|)+\sum_{j=1}^{n}\widetilde{D}_{ij}^+\zeta_{ij}^+(L_jr+|f_j(0)|)+B_i^+r)+\frac{\alpha_i^+I_i^+}{\alpha_i^-} \\ &= \left(1+\frac{\alpha_i^+}{\alpha_i^-}\right)\Big(\alpha_i^+\eta_i^+r+\sum_{j=1}^{n}D_{ij}^+(L_jr+|f_j(0)|)+\sum_{j=1}^{n}(D_{ij}^{\tau})^+(L_jr+|f_j(0)|)+ \\ &\quad \sum_{j=1}^{n}\overline{D}_{ij}^+\sigma_{ij}^+(L_jr+|f_j(0)|)+\sum_{j=1}^{n}\widetilde{D}_{ij}^+\zeta_{ij}^+(L_jr+|f_j(0)|)+B_i^+r+I_i^+\Big) \\ &= \left(1+\frac{\alpha_i^+}{\alpha_i^-}\right)P\end{aligned}$$

且

$$\begin{aligned}\sup_{t\in\mathbb{T}}|S_{\phi_i}^{\nabla}(t)| &= \left(\int_{-\infty}^{t}\hat{e}_{-c_i}(t,\rho(s))G_i(s,\phi_i)\,\nabla s\right)^{\nabla} \\ &= \sup_{t\in\mathbb{T}}|G_i(t,\phi_i)-c_i(t)\int_{-\infty}^{t}\hat{e}_{-c_i}(t,\rho(s))G_i(s,\phi_i)\,\nabla s| \\ &\leqslant c_i^+\varsigma_i^+r+E_i^+(L_ir+|f_i(0)|)+J_i^++\frac{c_i^+}{c_i^-}(c_i^+\varsigma_i^+r+E_i^+(L_ir+|f_i(0)|))+\frac{c_i^+J_i^+}{c_i^-} \\ &= \left(1+\frac{c_i^+}{c_i^-}\right)(c_i^+\varsigma_i^+r+E_i^+(L_ir+|f_i(0)|)+J_i^+) \\ &= \left(1+\frac{c_i^+}{c_i^-}\right)Q_i.\end{aligned}$$

因为(H_3)成立,故

$$\|\Phi(\psi)\|_{\mathbb{B}}\leqslant r,$$

上式表明 $\Phi\psi\in\mathbb{E}$,所以映射 Φ 是从 $\mathbb{E}$ 到 $\mathbb{E}$ 的一个自映射.

接下来,要证明 Φ 是压缩映射. 对任意

$\psi=(\varphi_1,\varphi_2,\cdots,\varphi_n,\phi_1,\phi_2,\cdots,\phi_n)^{\mathrm{T}},\omega=(u_1,u_2,\cdots,u_n,v_1,v_2,\cdots,v_n)^{\mathrm{T}}\in\mathbb{E},i=1,2,\cdots,n,$

有

$$
\begin{aligned}
&\sup_{t\in\mathbb{T}}|x_{\varphi_i}(t)-x_{u_i}(t)|\\
\leqslant&\sup_{s\in\mathbb{T}}\frac{1}{\alpha_i^-}\Big(\alpha_i^+\eta_i^+|\varphi_i^\nabla(s)-u_i^\nabla(s)|+\sum_{j=1}^n D_{ij}^+L_j|\varphi_j(s)-u_j(s)|+\\
&\sum_{j=1}^n(D_{ij}^\tau)^+L_j|\varphi_j(s-\tau_{ij}(s))-u_j(s-\tau_{ij}(s))|+\\
&\sum_{j=1}^n\overline{D}_{ij}^+\sigma_{ij}^+L_j|\varphi_j(s)-u_j(s)|+\sum_{j=1}^n\widetilde{D}_{ij}^+\zeta_{ij}^+L_j|\varphi_j^\nabla(s)-u_j^\nabla(s)|+\\
&B_i^+|\phi_i(s)-u_i(s)|\Big)\\
\leqslant&\frac{1}{\alpha_i^-}\Big(a_i^+\eta_i^++\sum_{j=1}^n D_{ij}^+L_j+\sum_{j=1}^n(D_{ij}^\tau)^+L_j+\\
&\sum_{j=1}^n\overline{D}_{ij}^+\sigma_{ij}^+L_j+\sum_{j=1}^n\widetilde{D}_{ij}^+\zeta_{ij}^+L_j+B_i^+\Big)\|\psi-\omega\|_{\mathbb{B}}\\
=&\frac{\overline{P}_i}{\alpha_i^-}\|\psi-\omega\|_{\mathbb{B}},
\end{aligned}
$$

且

$$
\begin{aligned}
&\sup_{t\in\mathbb{T}}|(x_{\varphi_i}(t)-x_{u_i}(t))^\nabla|\\
\leqslant&\sup_{s\in\mathbb{T}}\Big[a_i^+\eta_i^+|\varphi_i^\nabla(s)-u_i^\nabla(s)|+\sum_{j=1}^n D_{ij}^+L_j|\varphi_j(s)-u_j(s)|+\\
&\sum_{j=1}^n(D_{ij}^\tau)^+L_j|\varphi_j(s-\tau_{ij}(s))-u_j(s-\tau_{ij}(s))|+\\
&\sum_{j=1}^n\overline{D}_{ij}^+\sigma_{ij}^+L_j|\varphi_j(s)-u_j(s)|+\sum_{j=1}^n\widetilde{D}_{ij}^+\zeta_{ij}^+L_j|\varphi_j^\nabla(s)-u_j^\nabla(s)|+\\
&B_i^+|\phi_i(s)-u_i(s)|+\\
&\frac{\alpha_i^+}{\alpha_i^-}\Big(a_i^+\eta_i^+|\varphi_i^\nabla(s)-u_i^\nabla(s)|+\sum_{j=1}^n D_{ij}^+L_j|\varphi_j(s)-u_j(s)|+\\
&\sum_{j=1}^n(D_{ij}^\tau)^+L_j|\varphi_j(s-\tau_{ij}(s))-u_j(s-\tau_{ij}(s))|+\\
&\sum_{j=1}^n\overline{D}_{ij}^+\sigma_{ij}^+L_j|\varphi_j(s)-u_j(s)|+\sum_{j=1}^n\widetilde{D}_{ij}^+\zeta_{ij}^+L_j|\varphi_j^\nabla(s)-u_j^\nabla(s)|+\\
&B_i^+|\phi_i(s)-u_i(s)|\Big)\Big]\\
\leqslant&\Big(a_i^+\eta_i^++\sum_{j=1}^n D_{ij}^+L_j+\sum_{j=1}^n(D_{ij}^\tau)^+L_j+\\
&\sum_{j=1}^n\overline{D}_{ij}^+\sigma_{ij}^+L_j+\sum_{j=1}^n\widetilde{D}_{ij}^+\zeta_{ij}^+L_j+B_i^++
\end{aligned}
$$

$$\frac{\alpha_i^+}{\alpha_i^-}\Big(a_i^+\eta_i^+ + \sum_{j=1}^n D_{ij}^+ L_j + \sum_{j=1}^n (D_{ij}^\tau)^+ L_j +$$

$$\sum_{j=1}^n \overline{D}_{ij}^+ \sigma_{ij}^+ L_j + \sum_{j=1}^n \widetilde{D}_{ij}^+ \zeta_{ij}^+ L_j + B_i^+\Big)\Big)\|\psi-\omega\|_{\mathbb{B}}$$

$$=\Big(1+\frac{\alpha_i^+}{\alpha_i^-}\Big)\Big(a_i^+\eta_i^+ + \sum_{j=1}^n D_{ij}^+ L_j + \sum_{j=1}^n (D_{ij}^\tau)^+ L_j +$$

$$\sum_{j=1}^n \overline{D}_{ij}^+ \sigma_{ij}^+ L_j + \sum_{j=1}^n \widetilde{D}_{ij}^+ \zeta_{ij}^+ L_j + B_i^+\Big)\|\psi-\omega\|_{\mathbb{B}}$$

$$=\Big(1+\frac{\alpha_i^+}{\alpha_i^-}\Big)\overline{P}_i\|\psi-\omega\|_{\mathbb{B}}.$$

对 $i=1,2,\cdots,n$,类似可得

$$\sup_{t\in\mathbb{T}}|S_{\phi_i}(t)-S_{v_i}(t)|$$

$$\leqslant\frac{1}{c_i^-}(c_i^+\varsigma_i^+ + E_i^+ L_i)\|\psi-\omega\|_{\mathbb{B}}$$

$$=\frac{1}{c_i^-}\overline{Q_i}\|\psi-\omega\|_{\mathbb{B}},$$

且

$$\sup_{t\in\mathbb{T}}|(S_{\phi_i}(t)-S_{v_i}(t))^\nabla|$$

$$\leqslant\left(1+\frac{c_i^+}{c_i^-}\right)(c_i^+\varsigma_i^+ + E_i^+ L_i)\|\psi-\omega\|_{\mathbb{B}}$$

$$=\left(1+\frac{c_i^+}{c_i^-}\right)\overline{Q}_i\|\psi-\omega\|_{\mathbb{B}}.$$

由(H_3),可得

$$\|\Phi(\psi)-\Phi(\omega)\|_{\mathbb{B}}\leqslant\kappa\|\psi-\omega\|_{\mathbb{B}}.$$

故,Φ 是压缩映射. 因此,系统(6.1.1)有唯一的概周期解. 证毕.

6.4　概周期解的全局指数稳定性

本节研究系统(6.1.1)的概周期解的指数稳定性.

定义 6.1　称系统(6.1.1)满足初值 $\psi^*(s)=(\varphi_1^*(s),\varphi_2^*(s),\cdots,\varphi_n^*(s),\phi_1^*(s),\phi_2^*(s),\cdots,\phi_n^*(s))^{\mathrm{T}}$ 的概周期解 $Z^*(t)=(x_1^*(t),x_2^*(t),\cdots,x_n^*(t),S_1^*(t),S_2^*(t),\cdots,S_n^*(t))^{\mathrm{T}}$ 是全局指数稳定的,若存在满足 $\ominus_\nu\lambda\in\mathcal{R}^+$ 的正常数 λ 和 $M>1$,使得系统(6.1.1)满足初值条件 $\psi(s)=(\varphi_1(s),\varphi_2(s),\cdots,\varphi_n(s),\phi_1(s),\phi_2(s),\cdots,\phi_n(s))^{\mathrm{T}}$ 的每个解 $Z(t)=(x_1(t),x_2(t),\cdots,x_n(t),S_1(t),S_2(t),\cdots,S_n(t))^{\mathrm{T}}$,都满足

$$\|Z(t)-Z^*(t)\|\leqslant M\hat{e}_{\ominus_\nu\lambda}\|\psi-\psi^*\|_0,\ \forall t\in(t_0,+\infty)_{\mathbb{T}},$$

其中

$$\|Z(t)-Z^*(t)\| = \max_{1\leqslant i\leqslant n}\{|x_i(t)-x_i^*(t)|,|S_i(t)-S_i^*(t)|,$$

$$|(x_i(t)-x^*(t))^{\nabla}|,|(S_i(t)-S_i^*(t))^{\nabla}|\},$$

$$\|\psi-\psi^*\|_0=\max_{1\leqslant i\leqslant n}\{\sup_{s\in[t_0-\theta,t_0]_{\mathbb{T}}}|\varphi_i(s)-\varphi_i^*(s)|,\sup_{s\in[t_0-\theta,t_0]_{\mathbb{T}}}|\phi_i(s)-\phi_i^*(s)|,$$

$$\sup_{s\in[t_0-\theta,t_0]_{\mathbb{T}}}|(\varphi_i(s)-\varphi_i^*(s))^{\nabla}|,\sup_{s\in[t_0-\theta,t_0]_{\mathbb{T}}}|(\phi_i(s)-\phi_i^*(s))^{\nabla}|\}.$$

定理6.2 假设(H_1)—(H_3)成立,则系统(6.1.1)有唯一的全局指数稳定的概周期解.

证明:由定理6.1可得系统(6.1.1)有一个满足初值条件$\psi^*(s)=(\varphi_1^*(s),\varphi_2^*(s),\cdots,\varphi_n^*(s),\phi_1^*(s),\phi_2^*(s),\cdots,\phi_n^*(s))^{\mathrm{T}}$的概周期解$Z^*(t)=(x_1^*(t),x_2^*(t),\cdots,x_n^*(t),S_1^*(t),S_2^*(t),\cdots,S_n^*(t))^{\mathrm{T}}$. 假设$Z(t)=(x_1(t),x_2(t),\cdots,x_n(t),S_1(t),S_2(t),\cdots,S_n(t))^{\mathrm{T}}$是系统(6.1.1)满足初值条件$\psi(s)=(\varphi_1(s),\varphi_2(s),\cdots,\varphi_n(s),\phi_1(s),\phi_2(s),\cdots,\phi_n(s))^{\mathrm{T}}$的任意一个解.

则由系统(6.1.1)可得

$$\begin{cases}u_i^{\nabla}(t)=-\alpha_i(t)u_i(t)+\alpha_i(t)\int_{t-\eta_i(t)}^{t}u_i^{\nabla}(s)\nabla s+\sum_{j=1}^{n}D_{ij}(t)p_j(u_j(t))+\\ \sum_{j=1}^{n}D_{ij}^{\tau}(t)q_j(u_j(t-\tau_{ij}(t)))+\sum_{j=1}^{n}\overline{D}_{ij}(t)\int_{t-\sigma_{ij}(t)}^{t}p_j(u_j(s))\nabla s+\\ \sum_{j=1}^{n}\widetilde{D}_{ij}(t)\int_{t-\zeta_{ij}(t)}^{t}h_j(u_j^{\nabla}(s))\nabla s+B_i(t)v_i(t),i=1,2,\cdots,n,\\ v_i^{\nabla}(t)=-c_i(t)v_i(t)+c_i(t)\int_{t-\varsigma_i(t)}^{t}v_i^{\nabla}(s)\nabla s+E_i(t)p_i(u_i(t)),i=1,2,\cdots,n,\end{cases}\tag{6.4.1}$$

其中$u_i(t)=x_i(t)-x_i^*(t),v_i(t)=S_i(t)-S_i^*(t),p_j(u_j(t))=f_j(x_j(t))-f_j(x_j^*(t))$, $q_j(u_j(t-\tau_{ij}(t)))=f_j(x_j(t-\tau_{ij}(t)))-f_j(x_j^*(t-\tau_{ij}(t)))$, $h_j(u_j^{\nabla}(s))=f_j(x_j^{\nabla}(s))-f_j(x_j^{*\nabla}(s))$, $i,j=1,2,\cdots,n$.

系统(6.4.1)的初始条件是:

$$u_i(s)=\varphi_i(s)-\varphi_i^*(s),u_i^{\nabla}(s)=(\varphi_i(s)-\varphi_i^*(s))^{\nabla},s\in[t_0-\theta,t_0]_{\mathbb{T}},$$
$$v_i(s)=\phi_i(s)-\phi_i^*(s),v_i^{\nabla}(s)=(\phi_i(s)-\phi_i^*(s))^{\nabla},s\in[t_0-\theta,t_0]_{\mathbb{T}},$$

其中,$i=1,2,\cdots,n$.

用$\hat{e}_{-\alpha_i}(t_0,\rho(s))$和$\hat{e}_{-c_i}(t_0,\rho(s))$分别乘以系统(6.4.1)的两等式的两边,并在$[t_0,t]_{\mathbb{T}}$上积分,可得

$$\begin{cases}u_i(t)=u_i(t_0)\hat{e}_{-\alpha_i}(t,t_0)+\int_{t_0}^{t}\hat{e}_{-\alpha_i}(t,\rho(s))\times\\ \quad\Big(\alpha_i(s)\int_{s-\eta_i(s)}^{s}u_i^{\nabla}(u)\nabla u+\sum_{j=1}^{n}D_{ij}(s)p_j(u_j(s))+\\ \quad\sum_{j=1}^{n}D_{ij}^{\tau}(s)q_j(u_j(s-\tau_{ij}(s)))+\sum_{j=1}^{n}\overline{D}_{ij}(s)\int_{s-\sigma_{ij}(s)}^{s}p_j(u_j(u))\nabla u+\\ \quad\sum_{j=1}^{n}\widetilde{D}_{ij}(s)\int_{s-\zeta_{ij}(s)}^{s}h_j(u_j^{\nabla}(u))\nabla u+B_i(s)v_i(s)\Big)\nabla s,\\ v_i(t)=v_i(t_0)\hat{e}_{-c_i}(t,t_0)+\int_{t_0}^{t}\hat{e}_{-c_i}(t,\rho(s))\times\\ \quad\Big(c_i(s)\int_{s-\varsigma_i(s)}^{s}v_i^{\nabla}(u)\nabla u+E_i(s)p_i(u_i(s))\Big)\nabla s,\end{cases}\tag{6.4.2}$$

其中，$i=1,2,\cdots,n$.

对 $i=1,2,\cdots,n$，分别定义 $H_i,\overline{H_i},H_i^*$ 和 $\overline{H_i^*}$ 如下：

$$\begin{aligned}H_i(\beta)&=\alpha_i^- -\beta-\Big(\exp\Big(\beta\sup_{s\in\mathbb{T}}\nu(s)\Big)\Big(\alpha_i^+\eta_i^+\exp(\beta\eta_i^+)+\\&\sum_{j=1}^n D_{ij}^+L_j+\sum_{j=1}^n(D_{ij}^\tau)^+L_j\exp(\beta\tau_{ij}^+)+\sum_{j=1}^n\overline{D}_{ij}^+L_j\sigma_{ij}^+\exp(\beta\sigma_{ij}^+)+\\&\sum_{j=1}^n\widetilde{D}_{ij}^+L_j\zeta_{ij}^+\exp(\beta\zeta_{ij}^+)\Big)+B_i^+\Big),\\\overline{H_i}(\beta)&=c_i^- -\beta-\Big(\exp\Big(\beta\sup_{s\in\mathbb{T}}\nu(s)\Big)c_i^+\varsigma_i^+\exp(\beta\varsigma_i^+)+E_i^+L_i\Big),\\H_i^*(\beta)&=\alpha_i^- -\beta-\Big(\alpha_i^+\exp\Big(\beta\sup_{s\in\mathbb{T}}\nu(s)\Big)+\alpha_i^- -\beta\Big)\Big(\alpha_i^+\eta_i^+\exp(\beta\eta_i^+)+\\&\sum_{j=1}^n D_{ij}^+L_j+\sum_{j=1}^n(D_{ij}^\tau)^+L_j\exp(\beta\tau_{ij}^+)+\sum_{j=1}^n\overline{D}_{ij}^+L_j\sigma_{ij}^+\exp(\beta\sigma_{ij}^+)+\\&\sum_{j=1}^n\widetilde{D}_{ij}^+L_j\zeta_{ij}^+\exp(\beta\zeta_{ij}^+)+B_i^+\Big),\\\overline{H_i^*}(\beta)&=c_i^- -\beta-\Big(c_i^+\exp\Big(\beta\sup_{s\in\mathbb{T}}\nu(s)\Big)+c_i^- -\beta\Big)(c_i^+\varsigma_i^+\exp(\beta\varsigma_i^+)+E_i^+L_i).\end{aligned}$$

由(H_3)，对 $i=1,2,\cdots,n$，有

$$\begin{aligned}H_i(0)&=\alpha_i^- -\Big(\alpha_i^+\eta_i^+ +\sum_{j=1}^n D_{ij}^+L_j+\sum_{j=1}^n(D_{ij}^\tau)^+L_j+\\&\sum_{j=1}^n\overline{D}_{ij}^+L_j\sigma_{ij}^+ +\sum_{j=1}^n\widetilde{D}_{ij}^+L_j\zeta_{ij}^+ +B_i^+\Big)>0,\\\overline{H_i}(0)&=c_i^- -(c_i^+\varsigma_i^+ +E_i^+L_i)>0,\\H_i^*(0)&=\alpha_i^- -(\alpha_i^+ +\alpha_i^-)\Big(\alpha_i^+\eta_i^+ +\sum_{j=1}^n D_{ij}^+L_j+\sum_{j=1}^n(D_{ij}^\tau)^+L_j+\\&\sum_{j=1}^n\overline{D}_{ij}^+L_j\sigma_{ij}^+ +\sum_{j=1}^n\widetilde{D}_{ij}^+L_j\zeta_{ij}^+ +B_i^+\Big)>0,\\\overline{H_i^*}(0)&=c_i^- -(c_i^+ +c_i^-)(c_i^+ +E_i^+L_i)>0.\end{aligned}$$

因为 $H_i,\overline{H_i},H_i^*$ 和$\overline{H_i^*}$在$[0,+\infty)$上连续，且当 $\beta\to+\infty$ 时，$H_i(\beta),\overline{H_i}(\beta),H_i^*(\beta),\overline{H_i^*}(\beta)\to-\infty$. 所以存在 $\xi_i,\overline{\xi_i},\gamma_i,\overline{\gamma_i}>0$ 使得 $H_i(\xi_i)=\overline{H_i}(\overline{\xi_i})=H_i^*(\gamma_i)=\overline{H_i^*}(\overline{\gamma_i})=0$. 且当 $\beta\in(0,\xi_i)$ 时，有 $H_i(\beta)>0$. 当 $\beta\in(0,\overline{\xi_i})$时，有$\overline{H_i}(\beta)>0$. 当 $\beta\in(0,\gamma_i)$时，$H_i^*(\beta)>0$. 当 $\beta\in(0,\overline{\gamma_i})$时，有$\overline{H^*}(\beta)>0$. 取 $a=\min\limits_{1\leqslant i\leqslant n}(\xi_i,\overline{\xi_i},\gamma_i,\overline{\gamma_i})$，有 $H_i(a)\geqslant0,\overline{H_i}(a)\geqslant0,H_i^*(a)\geqslant0,\overline{H_i^*}(a)\geqslant0$. 因此可选取一个正常 $0<\lambda<\min\{a,\min\limits_{1\leqslant i\leqslant n}\{\alpha_i^-,c_i^-\}\}$，使得

$$H_i(\lambda)>0,\overline{H_i}(\lambda)>0,H_i^*(\lambda)>0,\overline{H_i^*}(\lambda)>0,i=1,2,\cdots,n\tag{6.4.3}$$

成立. 由此，对 $i=1,2,\cdots,n$，有

$$\frac{1}{\alpha_i^- -\lambda}\Big(\exp\Big(\lambda\sup_{s\in\mathbb{T}}\nu(s)\Big)\Big(\alpha_i^+\eta_i^+ +\sum_{j=1}^n D_{ij}^+L_j+\sum_{j=1}^n(D_{ij}^\tau)^+L_j+\sum_{j=1}^n\overline{D}_{ij}^+L_j\sigma_{ij}^+ +$$

$$\sum_{j=1}^{n} \widetilde{D}_{ij}^{+} L_j \zeta_{ij}^{+} \Big) + B_i^{+} \Big) < 1,$$

$$\frac{1}{c_i^{-} - \lambda} \left(\exp\left(\lambda \sup_{s\in\mathbb{T}} \nu(s) \right) c_i^{+} \varsigma_i^{+} + E_i^{+} L_i \right) < 1,$$

$$\left(1 + \frac{\alpha_i^{+} \exp\left(\lambda \sup_{s\in\mathbb{T}} \nu(s) \right)}{\alpha_i^{-} - \lambda} \right) \left(\alpha_i^{+} \eta_i^{+} + \sum_{j=1}^{n} D_{ij}^{+} L_j + \sum_{j=1}^{n} (D_{ij}^{\tau})^{+} L_j + \sum_{j=1}^{n} \overline{D}_{ij}^{+} L_j \sigma_{ij}^{+} + \right.$$

$$\left. \sum_{j=1}^{n} \widetilde{D}_{ij}^{+} L_j \zeta_{ij}^{+} + B_i^{+} \right) < 1$$

且

$$\left(1 + \frac{c_i^{+} \exp\left(\lambda \sup_{s\in\mathbb{T}} \nu(s) \right)}{c_i^{-} - \lambda} \right) (c_i^{+} \varsigma_i^{+} + E_i^{+} L_i) < 1.$$

令

$$M = \max_{1\leqslant i\leqslant n} \left\{ \frac{\alpha_i^{-}}{\alpha_i^{+} \eta_i^{+} + \sum_{j=1}^{n} D_{ij}^{+} L_j + \sum_{j=1}^{n} (D_{ij}^{\tau})^{+} L_j + \sum_{j=1}^{n} \overline{D}_{ij}^{+} L_j \sigma_{ij}^{+} + \sum_{j=1}^{n} \widetilde{D}_{ij}^{+} L_j \zeta_{ij}^{+} + B_i^{+}}, \frac{c_i^{-}}{c_i^{+} \varsigma_i^{+} + E_i^{+} L_i} \right\}$$

则由(H_3)可得 $M>1$.

显然

$$\| Z(t) - Z^*(t) \| \leqslant M\hat{e}_{\ominus_\nu\lambda}(t,t_0) \| \psi - \psi^* \|_0, \forall t \in [t_0 - \theta, t_0]_{\mathbb{T}}, i = 1,2,\cdots,n,$$

其中$\ominus_\nu \lambda \in \mathcal{R}_\nu^+$,且 λ 满足式(6.4.3). 我们断定

$$\| Z(t) - Z^*(t) \| \leqslant M\hat{e}_{\ominus_\nu\lambda}(t,t_0) \| \psi - \psi^* \|_0, \forall t \in [t_0, +\infty)_{\mathbb{T}}. \tag{6.4.4}$$

为了证明式(6.4.4),我们证明对任意 $P>1$,以下不等式成立,

$$\| Z(t) - Z^*(t) \| < PM\hat{e}_{\ominus_\nu\lambda}(t,t_0) \| \psi - \psi^* \|_0, \forall t \in [t_0, +\infty)_{\mathbb{T}}. \tag{6.4.5}$$

若式(6.4.5)不成立,则必存在某个 $t_1 \in (0, +\infty)_{\mathbb{T}}, c\geqslant 1$ 使得

$$\| Z(t_1) - Z^*(t_1) \| = cPM\hat{e}_{\ominus_\nu\lambda}(t_1,t_0) \| \psi - \psi^* \|_0, \tag{6.4.6}$$

且

$$\| Z(t) - Z^*(t) \| \leqslant cPM\hat{e}_{\ominus_\nu\lambda}(t,t_0) \| \psi - \psi^* \|_0, t \in [t_0, t_1]_{\mathbb{T}}. \tag{6.4.7}$$

根据系统(6.4.2)、式(6.4.6)、式(6.4.7)和(H_1)—(H_3),对 $i=1,2,\cdots,n$,可得

$$|u_i(t_1)| \leqslant \hat{e}_{-\alpha_i}(t_1,t_0) \| \psi - \psi^* \|_0 + cPM\hat{e}_{\ominus_\nu\lambda}(t_1,t_0) \| \psi - \psi^* \|_0 \int_{t_0}^{t_1} \hat{e}_{-\alpha_i}(t_1,\rho(s)) \hat{e}_{\lambda}(t_1,\rho(s)) \times$$

$$\left(\alpha_i^{+} \int_{s-\eta_i(s)}^{s} \hat{e}_\lambda(\rho(u),u) \nabla u + \sum_{j=1}^{n} D_{ij}^{+} L_j \hat{e}_\lambda(\rho(s),s) + \right.$$

$$\sum_{j=1}^{n} (D_{ij}^{\tau})^{+} L_j \hat{e}_\lambda(\rho(s), s - \tau_{ij}(s)) + \sum_{j=1}^{n} \overline{D}_{ij}^{+} L_j \int_{s-\sigma_{ij}(s)}^{s} \hat{e}_\lambda(\rho(u),u) \nabla u +$$

$$\left. \sum_{j=1}^{n} \widetilde{D}_{ij}^{+} L_j \int_{s-\zeta_{ij}(s)}^{s} \hat{e}_\lambda(\rho(u),u) \nabla u + B_i^{+} \right) \nabla s$$

$$\leqslant \hat{e}_{-\alpha_i}(t_1,t_0) \| \psi - \psi^* \|_0 + cPM\hat{e}_{\ominus_\nu\lambda}(t_1,t_0) \| \psi - \psi^* \|_0 \int_{t_0}^{t_1} \hat{e}_{-\alpha_i \oplus_\nu \lambda}(t_1,\rho(s)) \times$$

$$\left(\alpha_i^+\eta_i^+\hat{e}_\lambda(\rho(s),s-\eta_i(s))+\sum_{j=1}^n D_{ij}^+L_j\hat{e}_\lambda(\rho(s),s)+\right.$$

$$\sum_{j=1}^n(D_{ij}^\tau)^+L_j\hat{e}_\lambda(\rho(s),s-\tau_{ij}(s))+\sum_{j=1}^n\overline{D}_{ij}^+L_j\sigma_{ij}^+\hat{e}_\lambda(\rho(s),s-\sigma_{ij}(s))+$$

$$\left.\sum_{j=1}^n\widetilde{D}_{ij}^+L_j\zeta_{ij}^+\hat{e}_\lambda(\rho(s),s-\zeta_{ij}(s))+B_i^+\right)\nabla s$$

$$\leqslant\hat{e}_{-\alpha_i}(t_1,t_0)\|\psi-\psi^*\|_0+cPM\hat{e}_{\ominus_\nu\lambda}(t_1,t_0)\|\psi-\psi^*\|_0\int_{t_0}^{t_1}\hat{e}_{-\alpha_i\oplus_\nu\lambda}(t_1,\rho(s))\times$$

$$\left(\alpha_i^+\eta_i^+\exp\left[\lambda\left(\eta_i^++\sup_{s\in\mathbb{T}}\nu(s)\right)\right]+\sum_{j=1}^n D_{ij}^+L_j\exp\left(\lambda\sup_{s\in\mathbb{T}}\nu(s)\right)+\right.$$

$$\sum_{j=1}^n(D_{ij}^\tau)^+L_j\exp\left[\lambda\left(\tau_{ij}^++\sup_{s\in\mathbb{T}}\nu(s)\right)\right]+\sum_{j=1}^n\overline{D}_{ij}^+L_j\sigma_{ij}^+\exp\left[\lambda\left(\sigma_{ij}^++\sup_{s\in\mathbb{T}}\nu(s)\right)\right]+$$

$$\left.\sum_{j=1}^n\widetilde{D}_{ij}^+L_j\zeta_{ij}^+\exp\left[\lambda\left(\zeta_{ij}^++\sup_{s\in\mathbb{T}}\nu(s)\right)\right]+B_i^+\right)\nabla s$$

$$<cPM\hat{e}_{\ominus_\nu\lambda}(t_1,t_0)\|\psi-\psi^*\|_0\left\{\frac{1}{M}\hat{e}_{-\alpha_i\oplus_\nu\lambda}(t_1,t_0)+\left[\exp\left(\lambda\sup_{s\in\mathbb{T}}\nu(s)\right)\times\right.\right.$$

$$\left(\alpha_i^+\eta_i^+\exp(\lambda\eta_i^+)+\sum_{j=1}^n D_{ij}^+L_j+\sum_{j=1}^n(D_{ij}^\tau)^+L_j\exp(\lambda\tau_{ij}^+)+\right.$$

$$\left.\left.\left.\sum_{j=1}^n\overline{D}_{ij}^+L_j\sigma_{ij}^+\exp(\lambda\sigma_{ij}^+)+\sum_{j=1}^n\widetilde{D}_{ij}^+L_j\zeta_{ij}^+\exp(\lambda\zeta_{ij}^+)\right)+B_i^+\right]\frac{1-\hat{e}_{-\alpha_i\oplus_\nu\lambda}(t_1,t_0)}{\alpha_i^--\lambda}\right\}$$

$$\leqslant cPM\hat{e}_{\ominus_\nu\lambda}(t_1,t_0)\|\psi-\psi^*\|_0\left\{\left[\frac{1}{M}-\frac{1}{\alpha_i^--\lambda}\left(\exp\left(\lambda\sup_{s\in\mathbb{T}}\nu(s)\right)\left(\alpha_i^+\eta_i^+\exp(\lambda\eta_i^+)+\right.\right.\right.\right.$$

$$\sum_{j=1}^n D_{ij}^+L_j+\sum_{j=1}^n(D_{ij}^\tau)^+L_j\exp(\lambda\tau_{ij}^+)+\sum_{j=1}^n\overline{D}_{ij}^+L_j\sigma_{ij}^+\exp(\lambda\sigma_{ij}^+)+$$

$$\left.\left.\left.\sum_{j=1}^n\widetilde{D}_{ij}^+L_j\zeta_{ij}^+\exp(\lambda\zeta_{ij}^+)\right)+B_i^+\right)\right]\hat{e}_{-\alpha_i\oplus_\nu\lambda}(t_1,t_0)+$$

$$\frac{1}{\alpha_i^--\lambda}\left(\exp\left(\lambda\sup_{s\in\mathbb{T}}\nu(s)\right)\left(\alpha_i^+\eta_i^+\exp(\lambda\eta_i^+)+\sum_{j=1}^n D_{ij}^+L_j+\right.\right.$$

$$\sum_{j=1}^n(D_{ij}^\tau)^+L_j\exp(\lambda\tau_{ij}^+)+\sum_{j=1}^n\overline{D}_{ij}^+L_j\sigma_{ij}^+\exp(\lambda\sigma_{ij}^+)+$$

$$\left.\left.\left.\sum_{j=1}^n\widetilde{D}_{ij}^+L_j\zeta_{ij}^+\exp(\lambda\zeta_{ij}^+)\right)+B_i^+\right)\right\}$$

$$\leqslant cPM\hat{e}_{\ominus_\nu\lambda}(t_1,t_0)\|\psi-\psi^*\|_0,\tag{6.4.8}$$

且

$$|v_i(t_1)|\leqslant\hat{e}_{-c_i}(t_1,t_0)\|\psi-\psi^*\|_0+$$

$$cPM\hat{e}_{\ominus_\nu\lambda}(t_1,t_0)\|\psi-\psi^*\|_0\int_{t_0}^{t_1}\hat{e}_{-c_i}(t_1,\rho(s))\hat{e}_\lambda(t_1,\rho(s))\times$$

$$\left(c_i^+\int_{s-\varsigma_i(s)}^{s}\hat{e}_\lambda(\rho(u),u)\,\nabla u+E_i^+L_i\right)\nabla s$$

$$\leqslant\hat{e}_{-c_i}(t_1,t_0)\|\psi-\psi^*\|_0+cPM\hat{e}_{\ominus_\nu\lambda}(t_1,t_0)\|\psi-\psi^*\|_0\int_{t_0}^{t_1}\hat{e}_{-c_i\oplus_\nu\lambda}(t_1,\rho(s))\times$$

$$(c_i^+\varsigma_i^+\hat{e}_\lambda(\rho(s),s-\varsigma_i(s))+E_i^+L_i)\nabla s$$

$$\leqslant\hat{e}_{-c_i}(t_1,t_0)\|\psi-\psi^*\|_0+cPM\hat{e}_{\ominus_\nu\lambda}(t_1,t_0)\|\psi-\psi^*\|_0\int_{t_0}^{t_1}\hat{e}_{-c_i\oplus_\nu\lambda}(t_1,\rho(s))\times$$

$$\left(c_i^+\varsigma_i^+\exp\left[\lambda\left(\varsigma_i^++\sup_{s\in\mathbb{T}}\nu(s)\right)\right]+E_i^+L_i\right)\nabla s$$

$$<cPM\hat{e}_{\ominus_\nu\lambda}(t_1,t_0)\|\psi-\psi^*\|_0\left\{\frac{1}{M}\hat{e}_{-c_i\oplus_\nu\lambda}(t_1,t_0)+\right.$$

$$\left.\left[\exp\left(\lambda\sup_{s\in\mathbb{T}}\nu(s)\right)c_i^+\varsigma_i^+\exp(\lambda\varsigma_i^+)+E_i^+L_i\right]\frac{1-\hat{e}_{-c_i\oplus_\nu\lambda}(t_1,t_0)}{c_i^--\lambda}\right\}$$

$$\leqslant cPM\hat{e}_{\ominus_\nu\lambda}(t_1,t_0)\|\psi-\psi^*\|_0\times$$

$$\left\{\left[\frac{1}{M}-\frac{1}{c_i^--\lambda}\left(\exp\left(\lambda\sup_{s\in\mathbb{T}}\nu(s)\right)c_i^+\varsigma_i^+\exp(\lambda\varsigma_i^+)+E_i^+L_i\right)\right]\times\right.$$

$$\left.\hat{e}_{-c_i\oplus_\nu\lambda}(t_1,t_0)+\frac{1}{c_i^--\lambda}\left(\exp\left(\lambda\sup_{s\in\mathbb{T}}\nu(s)\right)c_i^+\varsigma_i^+\exp(\lambda\varsigma_i^+)+E_i^+L_i\right)\right\}$$

$$\leqslant cPM\hat{e}_{\ominus_\nu\lambda}(t_1,t_0)\|\psi-\psi^*\|_0. \tag{6.4.9}$$

考虑系统(6.4.2),对 $i=1,2,\cdots,n$,类似可得

$$|u_i^\nabla(t_1)|\leqslant\alpha_i^+\hat{e}_{-\alpha_i}(t_1,t_0)\|\psi-\psi^*\|_0+$$

$$cPM\hat{e}_{\ominus_\nu\lambda}(t_1,t_0)\|\psi-\psi^*\|_0\left(\alpha_i^+\int_{t_1-\eta_i(t_1)}^{t_1}\hat{e}_\lambda(t_1,u)\,\nabla u+\right.$$

$$\left.\sum_{j=1}^{n}D_{ij}^+L_j\hat{e}_\lambda(t_1,t_1)+\sum_{j=1}^{n}(D_{ij}^\tau)^+L_j\hat{e}_\lambda(t_1,t_1-\tau_{ij}(t_1))\right)+$$

$$\sum_{j=1}^{n}\overline{D}_{ij}^+L_j\int_{t_1-\sigma_{ij}(t_1)}^{t_1}\hat{e}_\lambda(\rho(u),u)\,\nabla u+$$

$$\sum_{j=1}^{n}\widetilde{D}_{ij}^+L_j\int_{t_1-\zeta_{ij}(t_1)}^{t_1}\hat{e}_\lambda(\rho(u),u)\,\nabla u+B_i^+)+$$

$$\alpha_i^+cPM\hat{e}_{\ominus_\nu\lambda}(t_1,t_0)\|\psi-\psi^*\|_0\int_{t_0}^{t_1}\hat{e}_{-\alpha_i}(t_1,\rho(s))\hat{e}_\lambda(t_1,\rho(s))\times$$

$$\left\{\alpha_i^+\int_{s-\eta_j(s)}^{s}\hat{e}_\lambda(\rho(u),u)\,\nabla u+\sum_{j=1}^{n}D_{ij}^+L_j\hat{e}_\lambda(\rho(s),s)+\right.$$

$$\sum_{j=1}^{n}(D_{ij}^\tau)^+L_j\hat{e}_\lambda(\rho(s),s-\tau_{ij}(t))+\sum_{j=1}^{n}\overline{D}_{ij}^+L_j\int_{s-\sigma_{ij}(s)}^{s}\hat{e}_\lambda(\rho(u),u)\,\nabla u+$$

$$\left.\sum_{j=1}^{n}\widetilde{D}_{ij}^+L_j\int_{s-\zeta_{ij}(s)}^{s}\hat{e}_\lambda(\rho(u),u)\,\nabla u+B_i^+\right\}\nabla s$$

$$
\begin{aligned}
&\leqslant \alpha_i^+ e_{-\alpha_i}(t_1,t_0)\|\psi-\psi^*\|_0 + cPM\hat{e}_{\ominus_\nu\lambda}(t_1,t_0)\|\psi-\psi^*\|_0\Big(\alpha_i^+\eta_i^+\exp(\lambda\eta_i^+) + \\
&\quad \sum_{j=1}^n D_{ij}^+L_j + \sum_{j=1}^n (D_{ij}^\tau)^+L_j\exp(\lambda\tau_{ij}^+) + \sum_{j=1}^n \overline{D}_{ij}^+L_j\sigma_{ij}^+\exp(\lambda\sigma_{ij}^+) + \\
&\quad \sum_{j=1}^n \widetilde{D}_{ij}^+L_j\zeta_{ij}^+\exp(\lambda\zeta_{ij}^+) + B_i^+\Big)\times \\
&\quad \Big(1+\alpha_i^+\exp\Big(\lambda\sup_{s\in\mathbb{T}}\nu(s)\Big)\int_{t_0}^{t_1}\hat{e}_{-\alpha_i\oplus\lambda}(t_1,\rho(s))\nabla s\Big) \\
&\leqslant cPM\hat{e}_{\ominus_\nu\lambda}(t_1,t_0)\|\psi-\psi^*\|_0\Bigg\{\Bigg[\frac{1}{M}-\frac{\exp\Big(\lambda\sup_{s\in\mathbb{T}}\nu(s)\Big)}{\alpha_i^- -\lambda}\Big(\alpha_i^+\eta_i^+\exp(\lambda\eta_i^+) + \\
&\quad \sum_{j=1}^n D_{ij}^+L_j + \sum_{j=1}^n (D_{ij}^\tau)^+L_j\exp(\lambda\tau_{ij}^+) + \sum_{j=1}^n \overline{D}_{ij}^+L_j\sigma_{ij}^+\exp(\lambda\sigma_{ij}^+) + \\
&\quad \sum_{j=1}^n \widetilde{D}_{ij}^+L_j\zeta_{ij}^+\exp(\lambda\zeta_{ij}^+) + B_i^+\Big)\Bigg]\alpha_i^+\hat{e}_{-\alpha_i\oplus_\nu\lambda}(t_1,t_0) + \\
&\quad \left(1+\frac{\alpha_i^+\exp\Big(\lambda\sup_{s\in\mathbb{T}}\nu(s)\Big)}{\alpha_i^- -\lambda}\right)\Big(\alpha_i^+\eta_i^+\exp(\lambda\eta_i^+) + \sum_{j=1}^n D_{ij}^+L_j + \\
&\quad \sum_{j=1}^n (D_{ij}^\tau)^+L_j\exp(\lambda\tau_{ij}^+) + \sum_{j=1}^n \overline{D}_{ij}^+L_j\sigma_{ij}^+\exp(\lambda\sigma_{ij}^+) + \sum_{j=1}^n \widetilde{D}_{ij}^+L_j\zeta_{ij}^+\exp(\lambda\zeta_{ij}^+) + B_i^+\Big)\Bigg\} \\
&< cPM\hat{e}_{\ominus_\nu\lambda}(t_1,t_0)\|\psi-\psi^*\|_0,
\end{aligned}
\tag{6.4.10}
$$

且

$$
\begin{aligned}
|v_i^\nabla(t_1)| &\leqslant c_i^+\hat{e}_{-c_i}(t_1,t_0)\|\psi-\psi^*\|_0 + \\
&\quad cPM\hat{e}_{\ominus_\nu\lambda}(t_1,t_0)\|\psi-\psi^*\|_0\Big(c_i^+\int_{t_1-\varsigma_i(t_1)}^{t_1}\hat{e}_\lambda(t_1,u)\nabla u + E_i^+L_i\Big) + \\
&\quad c_i^+cPM\hat{e}_{\ominus_\nu\lambda}(t_1,t_0)\|\psi-\psi^*\|_0\int_{t_0}^{t_1}\hat{e}_{-c_i}(t_1,\rho(s))\hat{e}_\lambda(t_1,\rho(s))\times \\
&\quad \Big\{c_i^+\int_{s-\varsigma_i(s)}^{s}\hat{e}_\lambda(\rho(u),u)\nabla u + E_i^+L_i\Big\}\nabla s \\
&\leqslant c_i^+e_{-c_i}(t_1,t_0)\|\psi-\psi^*\|_0 + \\
&\quad cPM\hat{e}_{\ominus_\nu\lambda}(t_1,t_0)\|\psi-\psi^*\|_0(c_i^+\varsigma_i^+\exp(\lambda\varsigma_i^+) + E_i^+L_i)\times \\
&\quad \Big(1+c_i^+\exp\Big(\lambda\sup_{s\in\mathbb{T}}\nu(s)\Big)\int_{t_0}^{t_1}\hat{e}_{-c_i\oplus\lambda}(t_1,\rho(s))\nabla s\Big) \\
&\leqslant cPM\hat{e}_{\ominus_\nu\lambda}(t_1,t_0)\|\psi-\psi^*\|_0\Bigg\{\Bigg[\frac{1}{M}-\frac{\exp\Big(\lambda\sup_{s\in\mathbb{T}}\nu(s)\Big)}{c_i^- -\lambda}(c_i^+\varsigma_i^+\exp(\lambda\varsigma_i^+) + E_i^+L_i)\Bigg]\times \\
&\quad c_i^+\hat{e}_{-c_i\oplus_\nu\lambda}(t_1,t_0) + \left(1+\frac{c_i^+\exp\Big(\lambda\sup_{s\in\mathbb{T}}\nu(s)\Big)}{c_i^- -\lambda}\right)\Big(c_i^+\varsigma_i^+\exp(\lambda\varsigma_i^+) + E_i^+L_i\Big)\Bigg\}
\end{aligned}
$$

$$< cPM\hat{e}_{\ominus_\nu \lambda}(t_1, t_0) \| \psi - \psi^* \|_0. \tag{6.4.11}$$

由式(6.4.8)至式(6.4.11)可得

$$\| Z(t_1) - Z^*(t_1) \| < cPM\hat{e}_{\ominus_\nu \lambda}(t_1, t_0) \| \psi - \psi^* \|_0,$$

这与式(6.4.6)矛盾,因此式(6.4.5)成立. 令 $p \to 1$,则有式(6.4.4)成立. 因此,系统(6.1.1)的概周期解是全局指数稳定的. 证毕.

6.5 数值例子

本节给出一个数值例子说明本章所得结果的可行性.

例 6.1 在系统(6.1.1)中,设 $i, j = 2$,取其激活函数如下:

$$\begin{bmatrix} f_1(x) \\ f_2(x) \end{bmatrix} = \begin{bmatrix} \sin \dfrac{x}{2} \\ \sin \dfrac{x}{2} \end{bmatrix},$$

其系数如下:

$$\alpha_1(\ ) = 0.895 + 0.005 \sin \sqrt{7}t, \alpha_2(t) = 0.79 + 0.01 \cos \sqrt{11}t,$$

$$\begin{bmatrix} D_{11}(t) & D_{12}(t) \\ D_{21}(t) & D_{22}(t) \end{bmatrix} = \begin{bmatrix} D_{11}^\tau(t) & D_{12}^\tau(t) \\ D_{21}^\tau(t) & D_{22}^\tau(t) \end{bmatrix} = \begin{bmatrix} \overline{D}_{11}(t) & \overline{D}_{12}(t) \\ \overline{D}_{21}(t) & \overline{D}_{22}(t) \end{bmatrix}$$

$$\begin{bmatrix} \widetilde{D}_{11}(t) & \widetilde{D}_{12}(t) \\ \widetilde{D}_{21}(t) & \widetilde{D}_{22}(t) \end{bmatrix} = \begin{bmatrix} \dfrac{\sin t}{20} & \dfrac{\sin t}{20} \\ \dfrac{\cos t}{20} & \dfrac{\cos t}{20} \end{bmatrix},$$

$$B_1(t) = \frac{\sin \sqrt{2}t}{\pi e^{2\pi}}, B_2(t) = \frac{\cos t}{\pi e^{2\pi}},$$

$$c_1(t) = 0.285 + 0.005 \sin \sqrt{5}t, c_2(t) = 0.275 + 0.005 \cos \sqrt{3}t,$$

$$E_1(t) = 0.21 \sin t, E_2(t) = 0.16 \cos \sqrt{3}t,$$

$$I_1(t) = 0.08 \sin \sqrt{7}t, I_2(t) = 0.1 \cos t,$$

$$J_1(t) = 0.01 \sin \sqrt{2}t, J_2(t) = 0.02 \cos \sqrt{3}t,$$

$$\eta_1(t) = 0.06 e^{-5 \left| \cos\left(\pi t + \frac{3\pi}{2}\right) \right|},$$

$$\eta_2(t) = 0.05 e^{-4 \left| \cos\left(\pi t + \frac{\pi}{2}\right) \right|},$$

$$\tau_{11}(t) = 0.01 e^{-3 \left| \cos\left(\pi t + \frac{3\pi}{2}\right) \right|}, \tau_{12}(t) = 0.02 e^{-2 \left| \sin\left(\pi t + \frac{\pi}{2}\right) \right|},$$

$$\tau_{21}(t) = 0.02 e^{- \left| \cos\left(\pi t + \frac{\pi}{2}\right) \right|}, \tau_{22}(t) = 0.01 e^{- \left| \sin\left(\pi t + \frac{\pi}{2}\right) \right|},$$

$$\sigma_{11}(t) = 0.08 e^{-4 |\sin \pi t|}, \sigma_{12}(t) = 0.07 e^{-5 \left| \cos\left(\pi t + \frac{3\pi}{2}\right) \right|},$$

$$\sigma_{21}(t) = 0.04 e^{-6 \left| \cos\left(\pi t - \frac{3\pi}{2}\right) \right|}, \sigma_{22}(t) = 0.02 e^{-4 |\sin 3\pi t|},$$

$$\zeta_{11}(t) = 0.06 e^{-7 |\sin 2\pi t|}, \zeta_{12}(t) = 0.05 e^{-5 |\sin 5\pi t|},$$

$$\zeta_{21}(t) = 0.02 e^{-4 \left| \cos\left(\pi t + \frac{5\pi}{2}\right) \right|}, \zeta_{22}(t) = 0.03 e^{-5 \left| \cos\left(\pi t + \frac{\pi}{2}\right) \right|},$$

$$\varsigma_1(t) = 0.04 e^{-4 \left| \cos\left(\pi t + \frac{3\pi}{2}\right) \right|}, \varsigma_2(t) = 0.05 e^{-7 |\sin 3\pi t|}.$$

由计算可得

$$\alpha_1^+ = 0.9, \alpha_1^- = 0.89, \alpha_2^+ = 0.8, \alpha_2^- = 0.78,$$

$$c_1^+ = 0.29, c_1^- = 0.28, c_2^+ = 0.28, c_2^- = 0.27,$$

$$\begin{bmatrix} D_{11}^+ & D_{12}^+ \\ D_{21}^+ & D_{22}^+ \end{bmatrix} = \begin{bmatrix} D_{11}^{\tau+} & D_{12}^{\tau+} \\ D_{21}^{\tau+} & D_{22}^{\tau+} \end{bmatrix} = \begin{bmatrix} \overline{D}_{11}^+ & \overline{D}_{12}^+ \\ \overline{D}_{21}^+ & \overline{D}_{22}^+ \end{bmatrix} = \begin{bmatrix} \widetilde{D}_{11}^+ & \widetilde{D}_{12}^+ \\ \widetilde{D}_{21}^+ & \widetilde{D}_{22}^+ \end{bmatrix} = \begin{bmatrix} \frac{1}{20} & \frac{1}{20} \\ \frac{1}{20} & \frac{1}{20} \end{bmatrix},$$

$$I_1^+ = 0.08, I_2^+ = 0.1, J_1^+ = 0.01, J_2^+ = 0.02,$$

$$B_1^+ = B_2^+ = \frac{1}{\pi e^{2\pi}}, E_1^+ = 0.21, E_2^+ = 0.16,$$

$$\eta_1^+ = 0.06, \eta_2^+ = 0.05, \sigma_{11}^+ = 0.08, \sigma_{12}^+ = 0.07,$$

$$\sigma_{21}^+ = 0.04, \sigma_{22}^+ = 0.02, \zeta_{11}^+ = 0.06, \zeta_{12}^+ = 0.05,$$

$$\zeta_{21}^+ = 0.02, \zeta_{22}^+ = 0.03, \varsigma_1^+ = 0.04, \varsigma_2^+ = 0.05.$$

取 $r=0.45, L_1 = L_2 = 1$，有

$$\begin{aligned}
P_1 &= \alpha_1^+\eta_1^+ r + \sum_{j=1}^{2} D_{1j}^+(L_j r + |f_j(0)|) + \sum_{j=1}^{2}(D_{1j}^{\tau})^+(L_j r + |f_j(0)|) + \\
&\quad \sum_{j=1}^{2}\overline{D}_{1j}^+\sigma_{1j}^+(L_j r + |f_j(0)|) + \sum_{j=1}^{2}\widetilde{D}_{1j}^+\zeta_{1j}^+(L_j r + |f_j(0)|) + B_1^+ r + I_1^+ \\
&= 0.9 \times 0.06 \times 0.45 + 1/20 \times (1 \times 0.45 + 0) \times 2 + 1/20 \times (1 \times 0.45 + 0) \times 2 + \\
&\quad 1/20 \times 0.08 \times (1 \times 0.45 + 0) + 1/20 \times 0.07 \times (1 \times 0.45 + 0) + 1/20 \times 0.06 \times \\
&\quad (1 \times 0.45 + 0) + 1/20 \times 0.05 \times (1 \times 0.45 + 0) + 1/(\pi e^{2\pi}) \times 0.45 + 0.08 \\
&= 0.2004,
\end{aligned}$$

$$\begin{aligned}
P_2 &= \alpha_2^+\eta_2^+ r + \sum_{j=1}^{2} D_{2j}^+(L_j r + |f_j(0)|) + \sum_{j=1}^{2}(D_{2j}^{\tau})^+(L_j r + |f_j(0)|) + \\
&\quad \sum_{j=1}^{2}\overline{D}_{2j}^+\sigma_{2j}^+(L_j r + |f_j(0)|) + \sum_{j=1}^{2}\widetilde{D}_{2j}^+\zeta_{2j}^+(L_j r + |f_j(0)|) + B_2^+ r + I_2^+ \\
&= 0.8 \times 0.05 \times 0.45 + 1/20 \times (1 \times 0.45 + 0) \times 2 + 1/20 \times (1 \times 0.45 + 0) \times 2 + \\
&\quad 1/20 \times 0.04 \times (1 \times 0.45 + 0) + 1/20 \times 0.02 \times (1 \times 0.45 + 0) + 1/20 \times 0.02 \times \\
&\quad (1 \times 0.45 + 0) + 1/20 \times 0.03 \times (1 \times 0.45 + 0) + 1/(\pi e^{2\pi}) \times 0.45 + 0.1 \\
&= 0.2107,
\end{aligned}$$

$$\begin{aligned}
Q_1 &= c_1^+ \varsigma_1^+ r + E_1^+(L_1 r + |f_1(0)|) + J_1^+ \\
&= 0.29 \times 0.04 \times 0.45 + 0.21 \times (0.45 + 0) + 0.01 \\
&= 0.1097,
\end{aligned}$$

$$\begin{aligned}
Q_2 &= c_2^+ \varsigma_2^+ r + E_2^+(L_2 r + |f_2(0)|) + J_2^+ \\
&= 0.28 \times 0.05 \times 0.45 + 0.16 \times (0.45 + 0) + 0.02 \\
&= 0.0983,
\end{aligned}$$

$$\overline{P}_1 = \alpha_1^+\eta_1^+ + \sum_{j=1}^{2} D_{1j}^+ L_j + \sum_{j=1}^{2}(D_{1j}^{\tau})^+ L_j + \sum_{j=1}^{2}\overline{D}_{1j}^+\sigma_{1j}^+ L_j + \sum_{j=1}^{2}\widetilde{D}_{1j}^+\zeta_{1j}^+ L_j + B_1^+$$

$$=0.9\times0.06+1/20\times2+1/20\times2+1/20\times0.08+1/20\times0.07+$$
$$1/20\times0.06+1/20\times0.05+1/(\pi e^{2\pi})=0.2676,$$

$$\overline{P}_2=\alpha_2^+\eta_2^++\sum_{j=1}^{2}D_{2j}^+L_j+\sum_{j=1}^{2}(D_{2j}^{\tau})^+L_j+\sum_{j=1}^{2}\overline{D}_{2j}^+\sigma_{2j}^+L_j+\sum_{j=1}^{2}\widetilde{D}_{2j}^+\zeta_{2j}^+L_j+B_2^+$$
$$=0.8\times0.05+1/20\times2+1/20\times2+1/20\times0.04+1/20\times0.02+$$
$$1/20\times0.02+1/20\times0.03+1/(\pi e^{2\pi})=0.2461,$$
$$\overline{Q}_1=c_1^+\varsigma_1^++E_1^+L_1=0.29\times0.04+0.21\times1=0.2216,$$
$$\overline{Q}_2=c_2^+\varsigma_2^++E_2^+L_2=0.28\times0.05+0.16\times1=0.174.$$

显然,条件(H_1)和(H_2)成立. 由于

$$\max_{1\leqslant i\leqslant2}\left\{\frac{P_i}{\alpha_i^-},\left(1+\frac{\alpha_i^+}{\alpha_i^-}\right)P_i,\frac{Q_i}{c_i^-},\left(1+\frac{c_i^+}{c_i^-}\right)Q_i\right\}\leqslant r,$$
$$\max_{1\leqslant i\leqslant2}\left\{\frac{\overline{P}_i}{\alpha_i^-},\left(1+\frac{\alpha_i^+}{\alpha_i^-}\right)\overline{P}_i,\frac{\overline{Q}_i}{c_i^-},\left(1+\frac{c_i^+}{c_i^-}\right)\overline{Q}_i\right\}<1,$$

即

$$\max_{1\leqslant i\leqslant2}\{0.2252,0.4031,0.2701,0.4268,0.3918,0.2233,0.3641,0.2002\}$$
$$=0.4031\leqslant r=0.45,$$
$$\max_{1\leqslant i\leqslant2}\{0.3007,0.5382,0.3155,0.4985,0.7914,0.4511,0.6444,0.3544\}$$
$$=0.7914<1.$$

故条件(H_3)成立. 定理 6.2 的所有条件满足. 由定理 6.2 知系统(6.1.1)有全局指数稳定的概周期解(图 6.1 至图 6.4).

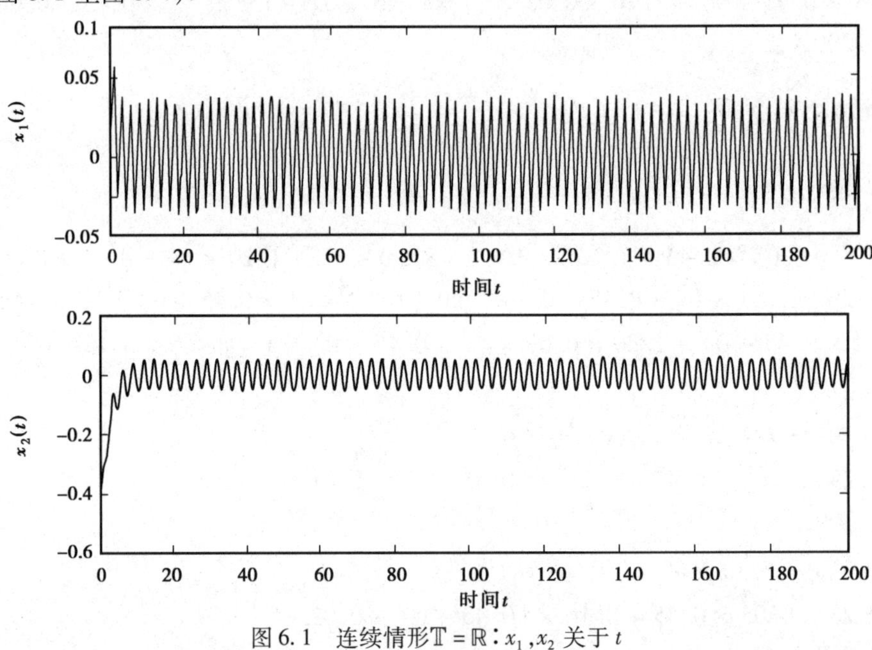

图 6.1 连续情形$\mathbb{T}=\mathbb{R}$:x_1,x_2 关于 t

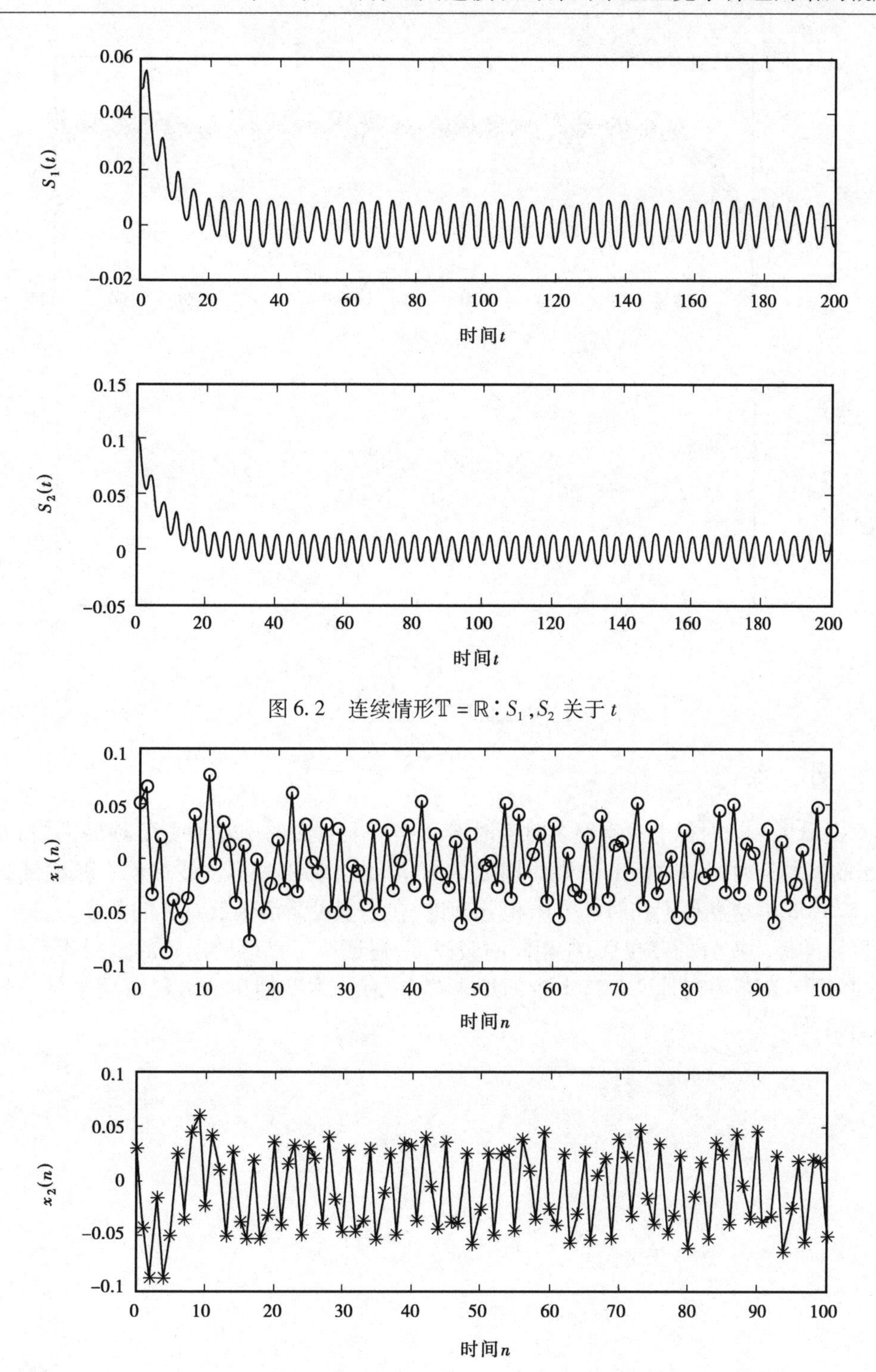

图 6.2　连续情形$\mathbb{T}=\mathbb{R}$：S_1, S_2 关于 t

图 6.3　离散情形$\mathbb{T}=\mathbb{Z}$：x_1, x_2 关于 n

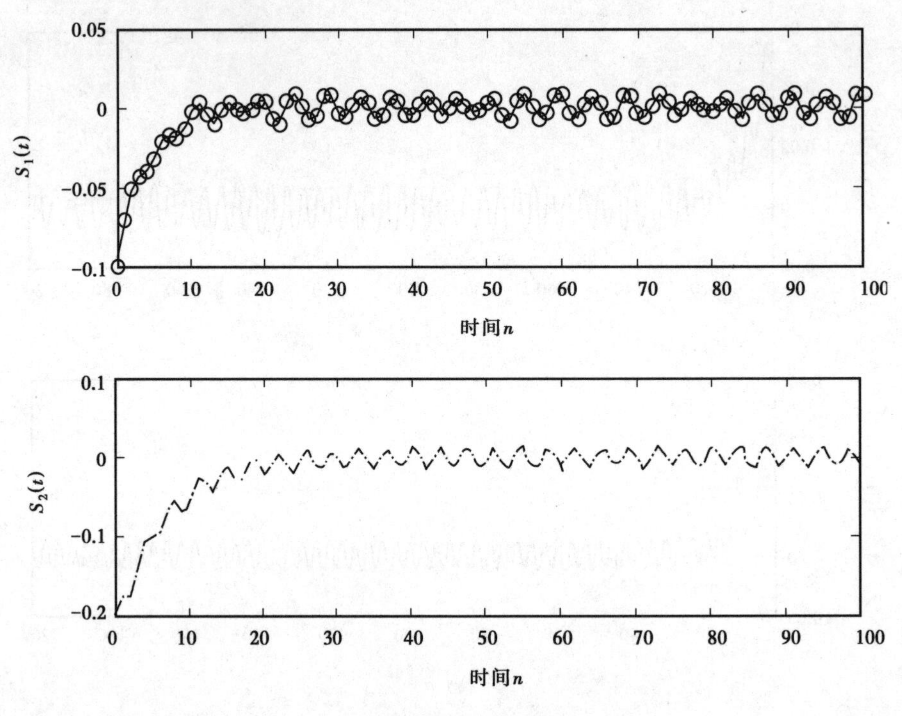

图 6.4　离散情形$\mathbb{T}=\mathbb{Z}$：S_1，S_2 关于 n

6.6　小　结

本章提出了一类时标上具有混合时变时滞和连接项时滞的中立型竞争神经网络，并在第 5 章给出的概周期时标和时标上的概周期函数的基础上，利用时标上线性动力系统的指数二分理论，Banach 不动点理论和时标上的积分理论，在不假设激活函数有界的条件下，证明了这类神经网络的概周期解的存在性. 在相同的假设下，还证明了该概周期解的全局指数稳定性. 无论是时标$\mathbb{T}=\mathbb{R}$ 或是时标$\mathbb{T}=\mathbb{Z}$，本章的结果都是新的. 本章使用的方法可用来进一步研究其他动力系统.

第7章 时标上具连接项时滞的中立型细胞神经网络的伪概周期解

7.1 引 言

神经网络是20世纪产生发展起来的一门交叉性和综合性都很强的新学科. 它是由大量的简单处理单元(神经元)构成的非线性动力系统,能解决许多信息方法难以处理或无法处理的问题. 众所周知,细胞神经网络(见文献[139,140])已被广泛研究和应用. 在细胞神经网络的众多应用中,图像处理可能是最普遍的,即使最近的研究表明它们也可以用于流体动力学和统计物理学的模拟. 由于细胞神经网络的动力学行为在其实现和应用中起着至关重要的作用. 近年来,许多学者研究了细胞神经网络的平衡点、周期解、概周期解和伪概周期解的存在性和稳定性. 在过去40年中,在研究动态系统的概周期问题及其相关主题方面,对概周期、渐近概周期和伪概周期解的存在性已成为微分方程定性理论中最具吸引力的热点问题,尤其是在生物学、经济学和物理学中(见文献[141,144]). 特别地,人们非常关注对具时变时滞和分布时滞的细胞神经网络的概周期解及伪概周期解的存在性与稳定性的研究,诸如信号处理、各种模式识别、化学过程、核反应堆、生物系统、静态图像处理、联想记忆、优化问题等方面的成功应用(见文献[145,148]).

另外,连续系统和离散系统在实现和应用中都非常重要,但分别研究这两种系统的动力学行为又过于烦琐. 因此,由 Hilger[2] 在他的博士论文里首创的时标理论得到了诸多学者的重视. 一方面它统一和推广了经典的微分和差分理论;另一方面,时标上动态方程的研究也应用于关于真实现象和过程的数学模型,例如,时标上的种群动力学、流行病模型、金融过程的数学模型等. 总之,时标上的动态方程理论能很好地将连续系统和离散系统统一起来,在时标上研究动态方程更能接近实际.

此外,时滞就是信号之间的传输的延迟,它是自然界中广泛存在的一种物理现象,普遍存在于各种系统中. 在细胞神经网络的实现电路中,时滞因素是不可避免的,它可以引发神经网络出现不稳定和震荡现象甚至出现混沌. 这就要求学者们来研究带时滞的细胞神经网络为实际应用提供理论依据,所以说研究带时滞神经网络不仅具有理论价值,也是现实系统设计和应用的迫切要求. 众多研究表明,连接项时滞对神经网络的动态行为有很大的影响[149-151]. 近年来,中立型时滞也受到大量的关注,并且有了很多关于中立型时滞微分系统的稳定性分析的研究成果[152-155]。最近,将中立型时滞和连接项时滞共同考虑进神经网络中受到很多学者的青睐[156-161]。因此,研究具有连接项时滞的中立型细胞神经网络具有重要意义.

一方面,在20世纪90年代初,张传义教授在文献[162,163]中提出了伪概周期函数的概念. 伪概周期解比周期概和概周期解更一般、更复杂. 在微分方程的背景下,许多学者们在文献[164,172]中研究了微分方程的伪概周期解. 例如,文献[168]的作者研究了正伪概周期解的存在性和全局指数稳定性,它比周期和概周期解更普遍、更复杂;文献[169]的作者考虑了具有时变连接项时滞的分流抑制细胞神经网络的伪概周期解的存在性和唯一性. 近几年间,李永昆教授在文献[173]中引入了时标上伪概周期函数的概念. 在此基础上,文献[174]研究了一类具有混合时变时滞和连接项时滞的中立型高阶 Hopfield 神经网络的伪周期解的存在性和稳定性.

另一方面,为了研究时标上的概周期动力学方程,第 5 章提出了概周期时标的一种新的定义,给出时标上的概周期函数的 3 种新定义以及一些基本性质的研究. 基于这一概念,本文提出了一种近似周期函数的伪概周期函数概念. 然后,我们建立了一些关于伪概周期解的存在唯一性的结果. 最后,作为一种应用,将研究以下具连接项时滞的中立型细胞神经网络的伪概周期解的存在性与全局指数稳定性.

$$x_i^{\nabla}(t) = -a_i(t)x_i(t-\delta_i(t)) + \sum_{j=1}^{n} b_{ij}(t)f_j(x_j(t-\tau_{ij}(t))) + \sum_{j=1}^{n} c_{ij}(t)g_j(x_j^{\nabla}(t-\eta_{ij}(t))) + \sum_{j=1}^{n} d_{ij}(t)\int_0^{\infty} K_{ij}(u)h_j(x_j(t-u))\nabla u + I_i(t), \tag{7.1.1}$$

其中 $t\in\mathbb{T}$,$\mathbb{T}$是定义 5.1 意义下的概周期时标,$i\in\{1,2,\cdots,n\}:=J$;$x_i(t)$表示在时刻 t 第 i 条神经元的状态;$a_i(t)>0$ 表示在时刻 t,当断开神经网络和外部输入时,第 i 条神经元可能会出现重置而导致静止孤立状态的比例;b_{ij},c_{ij}与 d_{ij}表示神经网络的连接权重函数;f_j,g_j 与 h_j 是信号传输过程中的作用函数;$I_i(t)$表示第 i 条神经元在时刻 t 的外部输入;$\delta_i(t)>0$ 满足 $t-\delta_i(t)\in\mathbb{T}$对 $t\in\mathbb{T}$成立的连接项时滞; $\tau_{ij}(t)\geqslant 0$ 与 $\eta_{ij}(t)\geqslant 0$ 为对 $t\in\mathbb{T}$满足 $t-\tau_{ij}(t)\in\mathbb{T}$,$t-\eta_{ij}(t)\in\mathbb{T}$的传输时滞.

系统(7.1.1)的初始条件如下:

$$x_i(s)=\varphi_i(s), x_i^{\nabla}(s)=\varphi_i^{\nabla}(s), s\in(-\infty,0]_{\mathbb{T}}, \tag{7.1.2}$$

其中,$\varphi_i(\cdot)$为定义在$(-\infty,0]_{\mathbb{T}}$上的一个有界的实值左稠连续函数.

注 7.1 本章在第 5 章的概周期时标的理论基础上,首次提出了概周期时标上的伪概周期函数的概念,一些结果和基本性质被包含. 应用这些结论,得到了 Nabla 动力方程的伪概周期解的存在性及稳定性. 用类似的方法,也可以推广到 Delta 动力方程的情形. 本章中以讨论 Nabla 动力方程为主.

本章的结构安排如下:在 7.2 节中,引入了一些基本定义为后面的部分做准备,并将时标上的 Nabla 倒数扩展到伪概周期理论中. 在 7.3 节中,引入了概周期时标上的伪概周期函数的概念,并给出一些相关性质. 在 7.4 节中,研究了在时标上的线性动力方程的伪概周期解的存在性. 在 7.5 节中,作为前面所得结论的一个应用,我们研究了在时标上具有连接项时滞的中立型细胞神经网络的伪概周期解的存在性和全局指数稳定性. 最后,在 7.6 节中,给出一个例子来证明其结果的可行性.

7.2 准备工作

在第 5 章的定义 5.1 和定义 5.3 所定义的概周期时标和概周期函数的意义下,给出两个例子说明在定义 5.1 意义下的概周期时标比定义 2.11 意义下的更一般.

例 7.1 设$\mathbb{T}=\mathbb{Z}\cup\left[\frac{1}{2}+n,\frac{2}{3}+n\right]_{\mathbb{T}}$,$n\in\mathbb{N}$. 在定义 5.1 中,取 $\Lambda=\{\tau\in\mathbb{T}:\mathbb{T}_\tau\neq\varnothing$,

$\mathbb{T}_\tau \neq \{0\}\} \subseteq \Lambda_0$. 因为,对任意 $\tau \in \mathbb{Z} \setminus \{0\}$,有$\mathbb{T}_\tau = \mathbb{Z}$. 且$\mathbb{T}_k = \mathbb{T}, k \in \mathbb{Z}$,取 $n-0$,$\mathbb{T}_{\frac{1}{2}} = \{0\}$,$\mathbb{T}_{\frac{2}{3}} = \{0\}$,则$\mathbb{T}_{[\frac{1}{2},\frac{2}{3}]_{\mathbb{T}}} = \{0\}$. 因此,$\Pi = \Lambda = \mathbb{Z}$ 且$\widetilde{\mathbb{T}} = \bigcap_{\tau \in \Pi} \mathbb{T}_\tau = \mathbb{Z} \neq \varnothing$. 所以,$\mathbb{T}$是定义 5.1 意义下的概周期时标. 值得注意的是,这里没有任何$\tau \in \mathbb{R}$ 使得 $t \pm \tau \in \mathbb{T}$对所有的 $t \in \mathbb{T}$成立. 因此,$\mathbb{T}$不是定义 2.11 意义下的概周期时标.

例 7.2　设$\mathbb{T} = \mathbb{Z} \cup \{\sqrt{n} : n \in \mathbb{N}_0\}$. 在定义 5.1 中,取 $\Lambda = \{\tau \in \mathbb{T} : \mathbb{T}_\tau \neq \varnothing, \mathbb{T}_\tau \neq \{0\}\} \subseteq \Lambda_0$,则对任意的$\tau \in \mathbb{Z} \setminus \{0\}$,有$\mathbb{T}_\tau = \mathbb{Z}$,$\mathbb{T}_k = \mathbb{T}, k \in \mathbb{Z}$. 对 $n \in \mathbb{N}_0$,有$\mathbb{T}_{\sqrt{1}} = \mathbb{T}$,$\mathbb{T}_{\sqrt{2}} = \{0\}$,$\mathbb{T}_{\sqrt{3}} = \{0\}$,$\mathbb{T}_{\sqrt{4}} = \mathbb{T}$,$\mathbb{T}_{\sqrt{5}} = \{0\}$,等等. 因此,$\Pi = \Lambda = h\mathbb{Z}$,$h > 0$ 且$\widetilde{\mathbb{T}} = \bigcap_{\tau \in \Pi} \mathbb{T}_\tau = h\mathbb{Z} \neq \varnothing$. 所以,$\mathbb{T}$是定义 5.1 意义下的概周期时标. 值得注意的是,这里没有任何$\tau \in \mathbb{R}$ 使得 $t \pm \tau \in \mathbb{T}$ 对所有的 $t \in \mathbb{T}$成立. 因此,$\mathbb{T}$不是定义 2.11 意义下的概周期时标.

引理 7.1　设$\mathbb{T}$是定义 5.1 意义下的概周期时标. 若对任意的 $\tau \in \Pi$,存在常数$l(\varepsilon) > 0$ 使得每个长度为 $l(\varepsilon)$的区间内总有 $\tau(\varepsilon) \in \Pi(\varepsilon)$满足

$$|\rho(t) + \tau - \rho(t+\tau)| < \varepsilon, \forall t \in \widetilde{\mathbb{T}}. \tag{7.2.1}$$

证明　对任意的$\tau \in \Pi$且 $t \in \widetilde{\mathbb{T}}$,若 t 是左稠的,则存在 $t_n \in \mathbb{T}$,使得

$$\lim_{n \to -\infty} t_n = t, t_n < t.$$

若存在序列$\{t_{n_k}\}, \subset \{t_n\}$,使得$\{t_{n_k}\} \subset \widetilde{\mathbb{T}}$,则$\{t_{n_k} + \tau\} \subset \mathbb{T}$,且$\lim\limits_{k \to -\infty} (t_{n_k} + \tau) = t + \tau$,即 $t + \tau$ 是左稠的. 在这种情况下,有 $\rho(t) = t, \rho(t+\tau) = t + \tau$. 若$\{t_n\}$没有包含在$\widetilde{\mathbb{T}}$中的子序列,则存在子序列$\{s_n\} \subset \widetilde{\mathbb{T}}$,使得

$$|s_n - t_n| < \varepsilon, \lim_{n \to -\infty} s_n = t.$$

因此,$\{s_n + \tau\} \subset \mathbb{T}$且 $\lim\limits_{n \to -\infty} (s_n + \tau) = t + \tau$,即 $t + \tau$ 是左稠的. 在这种情况下,有 $\rho(t) = t$,$\rho(t + \tau) = t + \tau$.

另一方面,若 t 是左散的,则存在 $s(<t) \in \mathbb{T}$使得 $\rho(t) = s$. 若 $s + \tau \in \mathbb{T}$,则 $\rho(t+\tau) \geqslant s + \tau$ 且

$$\rho(t) + \tau - \rho(t+\tau) \leqslant s + \tau - s - \tau = 0. \tag{7.2.2}$$

若 $s + \tau \notin \mathbb{T}$,则存在 $s'(<s) \in \widetilde{\mathbb{T}}$使得 $s' + \tau \in \mathbb{T}$且 $|s - s'| < \varepsilon$. 因此,$\rho(t+\tau) \geqslant s' + \tau$. 故

$$\rho(t) + \tau - \rho(t+\tau) \geqslant s + \tau - s' - \tau = s - s'. \tag{7.2.3}$$

由后跃算子的定义,有 $\rho(t+\tau) \leqslant t + \tau$,则 $\rho(t+\tau) - \tau \leqslant t$. 再由后跃算子的定义,有

$$\rho(t) + \tau \geqslant \rho(t+\tau). \tag{7.2.4}$$

由式(7.2.2)、式(7.2.3)和式(7.2.4)可推出不等式(7.2.1)成立. 证毕.

由引理 7.1 和后跃粗细度函数 $\nu(t)$的定义,可得以下推论:

推论 7.1　设$\mathbb{T}$是定义 5.1 意义下的概周期时标. 则对任意的 $\varepsilon > 0$,有

$$E(\varepsilon, \nu) = \{\tau \in \Pi : |\nu(t+\tau) - \nu(t)| < \varepsilon, \forall t \in \widetilde{\mathbb{T}}\}$$

是相对稠密的. 显然,后跃粗细度函数 $\nu(t)$ 在$\mathbb{T}$上是有界的.

7.3 时标上的伪概周期解

令

$$PAP_0(\mathbb{T},\mathbb{R}^n)=\{\varphi\in BC(\mathbb{T},\mathbb{R}^n):\lim_{r\to+\infty}\frac{1}{2r}\int_{t_0-r}^{t_0+r}\|\varphi(s)\|\ \nabla s=0,t\in\widetilde{\mathbb{T}},r\in\Pi\}$$

且

$$PAP_0(\mathbb{T}\times D,\mathbb{R}^n)=\{\varphi\in BUC(\mathbb{T}\times D,\mathbb{R}^n):\lim_{r\to+\infty}\frac{1}{2r}\int_{t_0-r}^{t_0+r}\|\varphi(s,x)\|\ \nabla s=0,$$

$$\text{对}\ x\in D\ \text{一致成立,其中}\ t\in\widetilde{\mathbb{T}},r\in\Pi\}.$$

定义 7.1　设$\mathbb{T}$是定义 5.1 意义下的概周期时标. 称函数$f\in BUC(\mathbb{T}\times D,\mathbb{R}^n)$是$t$的伪概周期函数且关于$x\in D$是一致的,若$f=g+\varphi$,其中,$g\in AP(\mathbb{T}\times D,\mathbb{R}^n)$且$\varphi\in PAP_0(\mathbb{T}\times D,\mathbb{R}^n)$. 函数$g$和$\varphi$分别表示函数$f$的概周期分量和遍历扰动项.

记时标T上所有伪概周期函数的集合为$PAP(\mathbb{T}\times D,\mathbb{R}^n)$.

定义 7.2　设$\mathbb{T}$是定义 5.1 意义下的概周期时标. 称函数$f\in BC(\mathbb{T},\mathbb{R}^n)$是伪概周期函数,若$f=g+\varphi$,其中,$g\in AP(\mathbb{T},\mathbb{R}^n)$且$\varphi\in PAP_0(\mathbb{T},\mathbb{R}^n)$.

记此类函数的集合为$PAP(\mathbb{T},\mathbb{R}^n)$.

根据定义 7.1,易证明以下引理.

引理 7.2　若$f_1,f_2\in PAP(\mathbb{T}\times D,\mathbb{R}^n)$且$\inf\limits_{t\in\mathbb{T}}|f_2(t,x)|\geqslant M>0$,则$f_1+f_2,f_1f_2,f_1/f_2\in PAP(\mathbb{T}\times D,\mathbb{R}^n)$;若$f\in PAP(\mathbb{T}\times D,\mathbb{R}^n)$,$g\in AP(\mathbb{T}\times D,\mathbb{R}^n)$,则$fg\in PAP(\mathbb{T}\times D,\mathbb{R}^n)$.

引理 7.3　若$f\in PAP(\mathbb{T}\times D,\mathbb{R}^n)$,则存在唯一的$g\in AP(\mathbb{T}\times D,\mathbb{R}^n)$和唯一的$\varphi\in PAP_0(\mathbb{T}\times D,\mathbb{R}^n)$,使得$f=g+\varphi$.

引理 7.4　若$f=g+\varphi\in PAP(\mathbb{T}\times D,\mathbb{R}^n)$且若$g$是其概周期分量,对$D$的任意紧子集$S$,有$g(\mathbb{T}\times S)\subset\overline{f(\mathbb{T}\times S)}$且$\|f\|_\infty\geqslant\|g\|_\infty$.

证明:若假设$g(\mathbb{T}\times S)\subset\overline{f(\mathbb{T}\times S)}$不成立,则存在$t_0\in\mathbb{T}$以及$\varepsilon>0$,使得

$$\inf_{S\in\mathbb{T}}\|g(t_0,x)-f(s,x)\|>\varepsilon,$$

对所有的$x\in S$成立. 因为函数$g(t,x)$在$\mathbb{T}\times D$上是一致连续的,因此,存在正常数$\delta=\delta\left(\frac{\varepsilon}{3},S\right)$,对任意的$t\in(t_0-\delta,t_0+\delta)\cap\mathbb{T}$,有

$$\|g(t,x)-g(t_0,x)\|<\frac{\varepsilon}{3},\forall x\in S.$$

此外,因为$g\in AP(\mathbb{T}\times D,\mathbb{R}^n)$,所以对任意的$\varepsilon>0$,存在常数$l\left(\frac{\varepsilon}{3},S\right)>0$,使得每一个长度为$l\left(\frac{\varepsilon}{3},S\right)$的区间都至少包含一点$\tau\in\Pi$,满足

$$\|g(t+\tau,x)-g(t,x)\|<\frac{\varepsilon}{3},\forall(t,x)\in\widetilde{\mathbb{T}}\times S.$$

故

$$\begin{aligned}\|\varphi(t+\tau,x)\|&=\|f(t+\tau,x)-g(t+\tau,x)\|\\&\geqslant\|f(t+\tau,x)-g(t,x)\|-\|g(t,x)-g(t+\tau,x)\|\end{aligned}$$

$$\geqslant \|f(t+\tau,x)-g(t_0,x)\|-\|g(t_0,x)-g(t,x)\|-\|g(t,x)-g(t+\tau,x)\|$$

$$>\frac{\varepsilon}{3},\forall t\in(t_0-\delta,t_0+\delta)\cap\mathbb{T}.$$

这意味着 $\lim\limits_{r\to+\infty}\frac{1}{2r}\int_{t_0-r}^{t_0+r}|\varphi(t+\tau,x)|\nabla t\geqslant\frac{\varepsilon}{3}>0$,矛盾. 证毕.

引理 7.5　若 $f_n\in PAP(\mathbb{T}\times D,\mathbb{R}^n)(n=1,2,\cdots)$,且序列 $\{f_n\}$ 在 $\mathbb{T}\times S$ 上一致收敛于 f,则 $f\in PAP(\mathbb{T}\times D,\mathbb{R}^n)$.

证明:因为 $f_n\in PAP(\mathbb{T}\times D,\mathbb{R}^n)$,对每个 $n\in\mathbb{N}$,存在 $g_n\in AP(\mathbb{T}\times D,\mathbb{R}^n)$ 且 $\varphi_n\in PAP_0(\mathbb{T}\times D,\mathbb{R}^n)$ 满足集合 $f_n(t,x)=g_n(t,x)+\varphi_n(t,x),(t,x)\in\mathbb{T}\times S$. 由引理 7.4,有 $\|g_n\|_\infty\leqslant\|f_n\|_\infty$,考虑 $g_m-g_n\in AP(\mathbb{T}\times D,\mathbb{R}^n)$,$f_m-f_n\in PAP(\mathbb{T}\times D,\mathbb{R}^n)$,所以 $\|g_m-g_n\|_\infty\leqslant\|f_m-f_n\|_\infty$. 由 $\lim\limits_{n\to\infty}\|f_n-f\|_\infty=0$,可得 $\{f_n\}$ 是一个柯西序列,且当 $m,n\to+\infty$,也有 $\|g_m-g_n\|_\infty\to0$ 成立,这也意味着 $\{g_n\}$ 是一个柯西序列. 又因为 $(AP(\mathbb{T}\times D,\mathbb{R}^n),\|\cdot\|_\infty)$ 是一个 Banach 空间,所以存在 $g\in AP(\mathbb{T}\times D,\mathbb{R}^n)$,使得 $\lim\limits_{n\to\infty}\|g_n-g\|_\infty=0$. 因此,类似可得 $\{\varphi_n\}$ 收敛于 $\varphi\in BUC(\mathbb{T}\times D,\mathbb{R}^n)$. 另一方面,

$$\frac{1}{2r}\int_{t_0-r}^{t_0+r}|\varphi(t,x)|\nabla t\leqslant\frac{1}{2r}\int_{t_0-r}^{t_0+r}|\varphi_n(t,x)-\varphi(t,x)|\nabla t+\frac{1}{2r}\int_{t_0-r}^{t_0+r}|\varphi_n(t,x)|\nabla t,t_0\in\widetilde{\mathbb{T}},r\in\Pi,$$

令 $r\to+\infty$ 时,可得 $\varphi\in PAP_0(\mathbb{T}\times D,\mathbb{R}^n)$. 因此,$f\in PAP(\mathbb{T}\times D,\mathbb{R}^n)$. 证毕.

由 Stone-Weierstrass 定理和引理 3,易得以下推论.

推论 7.2　设 Φ 在 $\mathbb{Y}\subset\mathbb{C}^n$ 上是一致连续函数. 若 $f\in PAP(\mathbb{T},\mathbb{R}^n)$,对所有的 $x\in\mathbb{R}$,使得 $f(x)\in\mathbb{Y}$,则函数 $\Phi\circ f\in PAP(\mathbb{T},\mathbb{Y})$.

定理 7.1　以下几条成立:

(i) 函数 $\varphi\in PAP_0(\mathbb{T}\times D,\mathbb{R})$ 当且仅当 $|\varphi^2|\in PAP_0(\mathbb{T}\times D,\mathbb{R})$.

(ii) $\Phi\in PAP_0(\mathbb{T}\times D,\mathbb{R}^n)$ 当且仅当范数函数 $|\Phi(\cdot,x)|$ 在 $PAP_0(\mathbb{T}\times D,\mathbb{R})$ 中.

证明:(i) 充分性如下:

$$\frac{1}{2r}\int_{t_0-r}^{t_0+r}|\varphi(s,x)|\nabla s\leqslant\frac{1}{2r}\Big[\int_{t_0-r}^{t_0+r}|\varphi(s,x)|^2\nabla s\Big]^{\frac{1}{2}}\Big[\int_{t_0-r}^{t_0+r}1\nabla s\Big]^{\frac{1}{2}}$$

$$=\Big[\frac{1}{2r}\int_{t_0-r}^{t_0+r}|\varphi(s,x)|^2\nabla s\Big]^{\frac{1}{2}}.$$

下面说明必要性:

$$\frac{1}{2r}\int_{t_0-r}^{t_0+r}|\varphi(s,x)|^2\nabla s\leqslant\|\varphi\|\frac{1}{2r}\int_{t_0-r}^{t_0+r}|\varphi(s,x)|^2\nabla s,$$

因为 φ 在 $\mathbb{T}$ 上有界. 因此,易知(i)是成立的.

(ii) 由(i)知,$\Phi=(\varphi_1,\varphi_2,\cdots,\varphi_n)\in PAP_0(\mathbb{T}\times D,\mathbb{R}^n)$ 当且仅当 $\varphi_i\overline{\varphi_i}\in PAP_0(\mathbb{T}\times D,\mathbb{R})$,$i=1,2,\cdots,n$. 后者等价于 $|\Phi(\cdot,x)|^2=\sum\limits_{i=1}^{n}|\varphi(\cdot,x)|^2\in PAP_0(\mathbb{T}\times D,\mathbb{R})$,再次由(i),等价于 $|\Phi(\cdot,x)|\in PAP_0(\mathbb{T}\times D,\mathbb{R})$. 证毕.

引理 7.6　假设 f 和其 Nabla 导数 f^∇ 都在 $PAP(\mathbb{T},\mathbb{R})$ 中. 即 $f=g+\varphi$ 且 $f^\nabla=\alpha+\beta$,其中,$g,\alpha\in AP(\mathbb{T},\mathbb{R})$ 且 $\varphi,\beta\in PAP_0(\mathbb{T},\mathbb{R})$. 则函数 g 和 φ 是 Nabla 可微的,使得 $g^\nabla=\alpha,\varphi^\nabla=\beta$.

证明:注意,对 $h\in\mathbb{T}$,

$$f(t+h)-f(t)=\int_t^{t+h} f^{\nabla}(s)\nabla s$$

$$=\int_t^{t+h} \alpha(s)\nabla s+\int_t^{t+h} \beta(s)\nabla s=I_1(t)+I_2(t).$$

断言 $I_1 \in AP(\mathbb{T},\mathbb{R})$ 且 $I_2 \in PAP_0(\mathbb{T},\mathbb{R})$. 只针对 $h>0$ 断言. 类似地,对 $h<0$ 断言. 若 $\tau \in \Pi$ 是数 α 的一个 ε 移位数,则

$$I_1(t+\tau)-I_1(t) \leqslant \int_t^{t+h} |\alpha(s+\tau)-\alpha(s)| \nabla s \leqslant \varepsilon h, \forall t \in \widetilde{\mathbb{T}}.$$

因此,$I_1 \in AP(\mathbb{T},\mathbb{R})$. 可知 $I_2 \in PAP_0(\mathbb{T},\mathbb{R})$,

$$\frac{1}{2r}\int_{t_0-r}^{t_0+r} |I_2(t)| \nabla t$$

$$\leqslant \frac{1}{2r}\int_{t_0-r}^{t_0+r} \nabla t \int_t^{t+h} |\beta(s)| \nabla s$$

$$=\frac{1}{2r}\Big(\int_{t_0-r}^{t_0-r+h}\int_{t_0-r}^{s} |\beta(s)| \nabla t \nabla s+\int_{t_0-r+h}^{t_0+r}\int_{s-h}^{s} |\beta(s)| \nabla t \nabla s+$$

$$\int_{t_0+r}^{t_0+r+h}\int_{s-h}^{t_0+r} |\beta(s)| \nabla t \nabla s\Big)$$

$$=\frac{1}{2r}\Big(\int_{t_0-r}^{t_0-r+h} |\beta(s)|(s-t_0+r)\nabla s+\int_{t_0-r+h}^{t_0+r} h|\beta(s)| \nabla s+$$

$$\int_{t_0+r}^{t_0+r+h}(t_0+r-s+h)|\beta(s)| \nabla s\Big)$$

$$\leqslant \frac{1}{2r}\Big(\int_{t_0-r}^{t_0-r+h} |\beta(s)|(t_0-r+h-t_0+r)\nabla s+\int_{t_0-r+h}^{t_0+r} h|\beta(s)| \nabla s+$$

$$\int_{t_0+r}^{t_0+r+h}(t_0+r-(t_0+r)+h)|\beta(s)| \nabla s\Big)$$

$$=\frac{1}{2r}\int_{t_0-r}^{t_0+r+h} |\beta(s)| h\nabla s, t_0 \in \widetilde{\mathbb{T}}, r \in \Pi.$$

由 $\beta \in PAP_0(\mathbb{T},\mathbb{R})$ 可知,$I_2 \in PAP_0(\mathbb{T},\mathbb{R})$. 注意

$$f(t+h)-f(t)=(g(t+h)-g(t))+(\varphi(t+h)-\varphi(t)).$$

由引理 7.3,有 $g^{\nabla}=\alpha, \varphi^{\nabla}=\beta$. 证毕.

7.4 时标上线性动力方程的伪概周期解

考虑下面的伪概周期线性非齐次系统

$$x^{\nabla}(t)=A(t)x(t)+F(t), t \in \mathbb{T}, \tag{7.4.1}$$

和与其对应的线性齐次系统

$$x^{\nabla}(t)=A(t)x(t), t \in \mathbb{T}, \tag{7.4.2}$$

其中,$n \times n$ 系数矩阵 $A(t)$ 在$\mathbb{T}$上是连续的且列向量 $F=(f_1,f_2,\cdots,f_n)^{\mathrm{T}}:\mathbb{T}\to\mathbb{R}^n$. 定义 $\|F\|=\sup\limits_{t\in\mathbb{T}}\|F(t)\|$. 称 $A(t)$ 是概周期的,若它的所有项都是概周期的.

类似于文献[47]中引理 2.13 的证明,易得以下引理:

引理 7.7[49] 若线性齐次系统(7.4.2)容许指数二分,则线性非齐次系统(7.4.1)存在以

下形式的有界解

$$x(t)=\int_{-\infty}^{t}X(t)PX^{-1}(\rho(s))f(s)\nabla s-\int_{t}^{+\infty}X(t)(I-P)X^{-1}(\rho(s))f(s)\nabla s,t\in\mathbb{T}$$

其中,$X(t)$为系统(7.4.2)的基解矩阵.

引理 7.8[49]　设 $c_i(t)$为$\mathbb{T}$上的概周期函数,其中 $c_i\in\mathcal{R}_\nu^+$,且$\min\limits_{1\leqslant i\leqslant n}\{\inf\limits_{t\in\mathbb{T}}c_i(t)\}=\widetilde{m}>0$,则线性系统

$$x^{\nabla}(t)=\operatorname{diag}(-c_1(t),-c_2(t),\cdots,-c_n(t))x(t)\tag{7.4.3}$$

在$\mathbb{T}$上容许指数二分.

定理 7.2　设 $A(t)$为概周期矩阵函数,则系统(7.4.2)容许指数二分且函数 $F\in PAP_0(\mathbb{T},\mathbb{R}^n)$. 则系统(7.4.1)有唯一的有界解 $x\in PAP_0(\mathbb{T},\mathbb{R}^n)$.

证明:由直接检查,易知函数

$$x(t)=\int_{-\infty}^{t}X(t)PX^{-1}(\rho(s))F(s)\nabla s-\int_{t}^{+\infty}X(t)(I-P)X^{-1}(\rho(s))F(s)\nabla s\tag{7.4.4}$$

是系统(7.4.1)的一个解. 现在要说明解是有界的. 由(7.4.4)可知

$$\begin{aligned}|x(t)|&=\sup_{t\in\mathbb{T}}\left|\int_{-\infty}^{t}X(t)PX^{-1}(\rho(s))F(s)\nabla s-\int_{t}^{+\infty}X(t)(I-P)X^{-1}(\rho(s))F(s)\nabla s\right|\\&\leqslant\sup_{t\in\mathbb{T}}\left(\left|\int_{-\infty}^{t}\hat{e}_{\ominus_\nu\alpha}(t,\rho(s))\nabla s\right|+\left|\int_{t}^{+\infty}\hat{e}_{\ominus_\nu\alpha}(\rho(s),t)\nabla s\right|\right)K\|F\|\\&=\sup_{t\in\mathbb{T}}\left(\left|\int_{-\infty}^{t}\frac{1-\nu(s)\alpha}{\alpha}(\hat{e}_{\ominus_\nu\alpha}(t,s))^{\nabla_s}\nabla s\right|+\left|\int_{t}^{+\infty}\frac{1}{-\alpha}(\hat{e}_{\ominus_\nu\alpha}(s,t))^{\nabla_s}\nabla s\right|\right)K\|F\|\\&\leqslant\frac{2-\underline{\nu}\alpha}{\alpha}K\|F\|,\end{aligned}$$

其中,$\underline{\nu}=\inf\limits_{t\in\mathbb{T}}\nu(t)$. 因为 F 是有界的,所以解 x 是有界的. 由文献[46]中的引理 4.13 知,因为齐次方程(7.4.2)没有非平凡的有界解,所以有界解是唯一的.

其次,要证明 $x\in PAP_0(\mathbb{T},\mathbb{R}^n)$. 设 $I(t)=\int_{-\infty}^{t}X(t)PX^{-1}(\rho(s))F(s)\nabla s$ 且 $H(t)=\int_{t}^{+\infty}X(t)(I-P)X^{-1}(\rho(s))F(s)\nabla s$. 则 $x=I+H$. 由 Nabla 意义下指数二分的定义可知:

$$\begin{aligned}\frac{1}{2r}\int_{t_0-r}^{t_0+r}|I(t)\nabla t&\leqslant\frac{1}{2r}\int_{t_0-r}^{t_0+r}\nabla t\int_{-\infty}^{t}|X(t)PX^{-1}(\rho(s))\|F(s)|\nabla s\\&\leqslant\frac{1}{2r}\int_{t_0-r}^{t_0+r}\nabla t\int_{-\infty}^{t}K\hat{e}_{\ominus_\nu\alpha}(t,\rho(s))|F(s)|\nabla s\\&=\frac{1}{2r}\int_{t_0-r}^{t_0+r}\nabla t\left(\int_{-\infty}^{t_0-r}K\hat{e}_{\ominus_\nu\alpha}(t,\rho(s))|F(s)|\nabla s+\right.\\&\left.\int_{t_0-r}^{t}K\hat{e}_{\ominus_\nu\alpha}(t,\rho(s))|F(s)|\nabla s\right)\\&=\frac{1}{2r}\int_{-\infty}^{t_0-r}|F(s)|\nabla s\int_{t_0-r}^{t_0+r}K\hat{e}_{\ominus_\nu\alpha}(t,\rho(s))\nabla t+\\&\frac{1}{2r}\int_{t_0-r}^{t_0+r}|F(s)|\nabla s\int_{s}^{t_0+r}K\hat{e}_{\ominus_\nu\alpha}(t,\rho(s))\nabla t=I_1+I_2.\end{aligned}$$

要证明 $I\in PAP_0(\widetilde{\mathbb{T}},\mathbb{E}^n)$，只需证明当 $r\to+\infty$ 时，$I_1\to0$ 与 $I_2\to0$. 由文献[173]中的引理 5.1 知，当$r\to+\infty$ 时，有

$$\begin{aligned}
I_1 &=\frac{1}{2r}\int_{-\infty}^{t_0-r}|F(s)|\nabla s\int_{t_0-r}^{t_0+r}K\hat{e}_{\ominus_\nu\alpha}(t,\rho(s))\nabla t\\
&=\frac{1}{2r}\int_{-\infty}^{t_0-r}|F(s)|\nabla s\int_{t_0-r}^{t_0+r}\frac{K}{1-\nu(\ominus_\nu\alpha)}\hat{e}_{\ominus_\nu\alpha}(\rho(t),\rho(s))\nabla t\\
&=\frac{1}{2r}\int_{-\infty}^{t_0-r}|F(s)|\nabla s\int_{t_0-r}^{t_0+r}\frac{K(1-\nu(t)\alpha)}{-\alpha}(\hat{e}_\alpha(\rho(s),t))^{\nabla_t}\nabla t\\
&\leqslant\frac{1}{2r}\frac{K(1-\underline{\nu}\alpha)}{\alpha}\int_{-\infty}^{t_0-r}|F(s)|(\hat{e}_\alpha(\rho(s),t_0-r)-\hat{e}_\alpha(\rho(s),t_0+r))\nabla s\\
&\leqslant\frac{1}{2r}\frac{K(1-\underline{\nu}\alpha}{\alpha}\|F\|\left(\int_{-\infty}^{t_0-r}\hat{e}_\alpha(\rho(s),t_0-r)\nabla s-\int_{-\infty}^{t_0-r}\hat{e}_\alpha(\rho(s),t_0+r)\nabla s\right)\\
&=\frac{1}{2r}\frac{K(1-\underline{\nu}\alpha)}{\alpha}\|F\|\frac{1}{\ominus_\nu\alpha}(\hat{e}_{\ominus_\nu\alpha}(t_0-r,-\infty)-\hat{e}_{\ominus_\nu\alpha}(t_0-r,t_0-r)-\\
&\quad\hat{e}_{\ominus_\nu\alpha}(t_0+r,-\infty)+\hat{e}_{\ominus_\nu\alpha}(t_0+r,t_0-r))\to0;
\end{aligned}$$

且

$$\begin{aligned}
I_2 &=\frac{1}{2r}\int_{t_0-r}^{t_0+r}|F(s)|\nabla s\int_{s}^{t_0+r}K\hat{e}_{\ominus_\nu\alpha}(t,\rho(s))\nabla t\\
&=\frac{1}{2r}\int_{t_0-r}^{t_0+r}|F(s)|\nabla s\int_{s}^{t_0+r}\frac{K}{1-\nu(\ominus_\nu\alpha)}\hat{e}_{\ominus_\nu\alpha}(\rho(t),\rho(s))\nabla t\\
&=\frac{1}{2r}\int_{t_0-r}^{t_0+r}|F(s)|\nabla s\int_{s}^{t_0+r}\frac{K(1-\nu(t)\alpha)}{-\alpha}(\hat{e}_\alpha(\rho(s),t))^{\nabla_t}\nabla t\\
&\leqslant\frac{1}{2r}\frac{K(1-\underline{\nu}\alpha)}{\alpha}\int_{t_0-r}^{t_0+r}|F(s)|(\hat{e}_\alpha(\rho(s),s)-\hat{e}_\alpha(\rho(s),t_0+r))\nabla s\\
&\leqslant\frac{1}{2r}\frac{K(1-\underline{\nu}\alpha)^2}{\alpha}\int_{t_0-r}^{t_0+r}|F(s)|\nabla s,
\end{aligned}$$

因此，由定理 7.1 中的(ii)，$|F(\cdot)|\in PAP_0(\mathbb{T},\mathbb{E})$，因此，当 $r\to+\infty$ 时，$I_2\to0$. 类似地，有 $H\in PAP_0(\mathbb{T},\mathbb{R}^n)$. 证毕.

定理 7.3 若线性系统(7.4.2)容许指数二分. 则对每个 $F\in PAP(\mathbb{T},\mathbb{R}^n)$，系统(7.4.1)有唯一的有界解 $x_F\in PAP(\mathbb{T},\mathbb{R}^n)$.

证明：因为 $F\in PAP(\mathbb{T},\mathbb{R}^n)$，$F=G+\Phi$，其中，$G\in AP(\mathbb{T},\mathbb{R}^n)$ 且 $\Phi\in PAP_0(\mathbb{T},\mathbb{R}^n)$. 通过定理 7.2 的证明，函数

$$\begin{aligned}
x_F &=\int_{-\infty}^{t}X(t)PX^{-1}(\rho(s))F(s)\nabla s-\int_{t}^{+\infty}X(t)(I-P)X^{-1}(\rho(s))F(s)\nabla s\\
&=\left(\int_{-\infty}^{t}X(t)PX^{-1}(\rho(s))G(s)\nabla s-\int_{t}^{+\infty}X(t)(I-P)X^{-1}(\rho(s))G(s)\nabla s\right)\\
&=\left(\int_{-\infty}^{t}X(t)PX^{-1}(\rho(s))\Phi(s)\nabla s-\int_{t}^{+\infty}X(t)(I-P)X^{-1}(\rho(s))\Phi(s)\nabla s\right)\\
&:=x_G+x_\Phi
\end{aligned}$$

是系统(7.4.1)的一个有界解,其中

$$x_G :=\left(\int_{-\infty}^{t} X(t)PX^{-1}(\rho(s))G(s)\ \nabla s - \int_{t}^{+\infty} X(t)(I-P)X^{-1}(\rho(s))G(s)\ \nabla s\right),$$

$$x_\Phi :=\left(\int_{-\infty}^{t} X(t)PX^{-1}(\rho(s))\Phi(s)\ \nabla s - \int_{t}^{+\infty} X(t)(I-P)X^{-1}(\rho(s))\Phi(s)\ \nabla s\right).$$

由文献[46]中的定理4.19,$x_G \in AP(\mathbb{T},\mathbb{R}^n)$. 由定理7.2,$x_\Phi \in PAP_0(\mathbb{T},\mathbb{R}^n)$. 因此,$x_F \in PAP(\mathbb{T},\mathbb{R}^n)$. 证毕.

7.5　伪概周期解的存在性和全局指数稳定性

在本节中,其主要目的是研究系统(7.1.1)的伪概周期解的存在性和全局指数稳定性.

记$[a,b]_{\mathbb{T}} = \{t \mid t\in[a,b]\cap\mathbb{T}\}$,并且我们的讨论是限制在定义5.1意义下的概周期时标. 为方便起见,引入以下记号:

$$h^+ = \sup_{t\in\mathbb{T}} |h(t)|, h^- = \inf_{t\in\mathbb{T}} |h(t)|,$$

其中,$h(t)$是有界连续函数.

设$\mathbb{B} = \{\varphi(t) = (\varphi_1(t),\varphi_2(t),\cdots,\varphi_n(t))^{\mathrm{T}} : \varphi_i(t),\varphi_i^{\nabla}(t) \in PAP(\mathbb{T},\mathbb{R}), i\in J\}$具有范数$\|\varphi\|_{\mathbb{B}} = \sup\limits_{t\in\mathbb{T}} \|\varphi(t)\|$,其中,$\|\varphi(t)\| = \max\limits_{i\in J}\{|\varphi_i(t)|, |\varphi_i^{\nabla}(t)|\}$,则$\mathbb{B}$为Banach空间.

在本章的后面部分,假设以下条件成立:

(H_1) $a_i \in C(\mathbb{T},\mathbb{R}^+)$满足$a_i \in \mathcal{R}_v^+$且$a_i^- > 0$是一个概周期函数,$b_{ij},c_{ij},d_{ij} \in AP(\mathbb{T},\mathbb{R})$, $I_i \in PAP(\mathbb{T},\mathbb{R})$,$\delta_i \in C(\mathbb{T},\Pi)$, $\tau_{ij},\eta_{ij} \in C^1(\mathbb{T},\Pi)$,$\inf_{t\in\mathbb{T}}(1-\tau_{ij}^{\nabla}(t)) > 0$,$\inf_{t\in\mathbb{T}}(1-\eta_{ij}^{\nabla}(t)) > 0$.

(H_2) 对$i,j\in J$,时滞核函数$K_{ij} : [0,\infty)_{\mathbb{T}} \to \mathbb{R}$是左稠连续函数,且

$$0 \leqslant \int_0^{\infty} |K_{ij}(u)|\ \nabla u \leqslant K_{ij}^+.$$

(H_3) 函数$f_j,g_j,h_j \in C(\mathbb{R},\mathbb{R})$,且存在正常数$L_j^f,L_j^g,L_j^h,M_j^f,M_j^g,M_j^h$,使得

$$|f_j(u)-f_j(v)| \leqslant L_j^f |u-v|, |f_j(u)| \leqslant M_j^f,$$
$$|g_j(u)-g_j(v)| \leqslant L_j^g |u-v|, |g_j(u)| \leqslant M_j^g,$$
$$|h_j(u)-h_j(v)| \leqslant L_j^h |u-v|, |h_j(u)| \leqslant M_j^h,$$

对所有的$u,v\in\mathbb{R}$,$j\in J$成立.

(H_4) 存在一个常数κ,使得

$$\max\left\{\frac{E_i + I_i^+}{a_i^-}, \left(1+\frac{a_i^+}{a_i^-}\right)(E_i + I_i^+)\right\} \leqslant \kappa, i\in J,$$

$$\max\left\{\frac{F_i}{a_i^-}, \left(1+\frac{a_i^+}{a_i^-}\right)F_i\right\} := \rho < 1, i\in J,$$

其中

$$E_i = \left(a_i^+\delta_i^+ + \sum_{j=1}^n b_{ij}^+ M_j^f + \sum_{j=1}^n c_{ij}^+ M_j^g + \sum_{j=1}^n d_{ij}^+ K_{ij}^+ M_j^h\right)\kappa,\ i\in J$$

$$F_i = a_i^+\delta_i^+ + \sum_{j=1}^n b_{ij}^+ L_j^f + \sum_{j=1}^n c_{ij}^+ L_j^g + \sum_{j=1}^n d_{ij}^+ K_{ij}^+ L_j^h,\ i\in J.$$

引理7.9　假设条件(H_1)与(H_2)成立. 则对$\varphi(\cdot) \in PAP(\mathbb{T},\mathbb{R})$,函数$\int_0^{\infty} K_{ij}(u)h_j(\varphi(t-$

$u))\nabla u$ 属于 $PAP(\mathbb{T},\mathbb{R})$，其中 $i,j\in J$.

证明：设 $\varphi(\cdot)\in PAP(\mathbb{T},\mathbb{R})$. 显然，由条件($H_3$)可知，$h_j$ 在$\mathbb{T}$上是一致连续函数. 由推论3，可得以下结论：

$$h_j(\varphi(t))=\chi_1(t)+\chi_2(t)\in PAP(\mathbb{T},\mathbb{R}),$$

其中，$\chi_1\in AP(\mathbb{T},\mathbb{R})$且$\chi_2\in PAP_0(\mathbb{T},\mathbb{R})$. 则对任意的 $\varepsilon>0$，存在常数 $l=l(\varepsilon)>0$，使得每个长度为 l 的区间内总有 $\tau=\tau(\varepsilon)$满足

$$|\chi_1(t+\tau)-\chi_1(t)|<\frac{\varepsilon}{K_{ij}^+},\forall t\in\widetilde{\mathbb{T}},i,j\in J,$$

$$\lim_{r\to+\infty}\frac{1}{2r}\int_{t_0-r}^{t_0+r}|\chi_2(v)|\nabla v=0,t_0\in\widetilde{\mathbb{T}},r\in\Pi.$$

由此可知

$$\begin{aligned}
&\left|\int_0^\infty K_{ij}(u)\chi_1(t+\tau-u)\nabla u-\int_0^\infty K_{ij}(u)\chi_1(t-u)\nabla u\right|\\
\leqslant&\int_0^\infty|K_{ij}(u)||\chi_1(t+\tau-u)-\chi_1(t-u)|\nabla u\\
<&\int_0^\infty|K_{ij}(u)|\nabla u\frac{\varepsilon}{K_{ij}^+}<\varepsilon,\forall t\in\widetilde{\mathbb{T}},i,j\in J,
\end{aligned}$$

$$\begin{aligned}
&\lim_{r\to+\infty}\frac{1}{2r}\int_{t_0-r}^{t_0+r}\left|\int_0^\infty K_{ij}(u)\chi_2(v-u)\nabla u\right|\nabla v\\
\leqslant&\lim_{r\to+\infty}\frac{1}{2r}\int_{t_0-r}^{t_0+r}\int_0^\infty|K_{ij}(u)||\chi_2(v-u)|\nabla u\nabla v\\
=&\lim_{r\to+\infty}\frac{1}{2r}\int_0^\infty|K_{ij}(u)|\int_{t_0-r}^{t_0+r}|\chi_2(v-u)|\nabla v\nabla u\\
=&\lim_{r\to+\infty}\frac{1}{2r}\int_0^\infty|K_{ij}(u)|\int_{t_0-r-u}^{t_0+r-u}|\chi_2(z)|\nabla z\nabla u\\
\leqslant&\lim_{r\to+\infty}\frac{1}{2r}\int_0^\infty|K_{ij}(u)|\int_{t_0-r-u}^{t_0+r+u}|\chi_2(z)|\nabla z\nabla u\\
\leqslant&\lim_{r\to+\infty}\int_0^\infty|K_{ij}(u)|\left(1+\frac{u}{r}\right)\frac{1}{2(r+u)}\int_{t_0-r-u}^{t_0+r+u}|\chi_2(z)|\nabla z\nabla u\\
=&0,i,j\in J.
\end{aligned}$$

因此，有

$$\int_0^\infty K_{ij}(u)\chi_1(t-u)\nabla u\in AP(\mathbb{T},\mathbb{R}),$$

$$\int_0^\infty K_{ij}(u)\chi_2(t-u)\nabla u\in PAP_0(\mathbb{T},\mathbb{R}),$$

这意味着

$$\begin{aligned}
&\int_0^\infty K_{ij}(u)h_j(\varphi(t-u))\nabla u\\
=&\int_0^\infty K_{ij}(u)\chi_1(t-u)\nabla u+\int_0^\infty K_{ij}(u)\chi_2(t-u)\nabla u\in PAP(\mathbb{T},\mathbb{R}),i,j\in J.
\end{aligned}$$

证毕.

引理 7.10　设 $\varphi_1(\cdot),\theta(\cdot)\in AP(\mathbb{T},\mathbb{R}),\theta^{\nabla}(\cdot)\in BC(\mathbb{T},\mathbb{R})$ 且 $\varphi_2(\cdot)\in PAP_0(\mathbb{T},\mathbb{R})$. 则以下成立:

(i) $\varphi_1(t-\theta(t))\in AP(\mathbb{T},\mathbb{R})$;

(ii) 若 $\theta\in C^1(\mathbb{T},\Pi)$ 以及 $\omega:=\inf\limits_{t\in\mathbb{T}}(1-\theta^{\nabla}(t))>0$, 有 $\varphi_2(t-\theta(t))\in PAP_0(\mathbb{T},\mathbb{R})$.

证明:(i) 对任意的 $\varepsilon>0$, 由 $\varphi_1(\cdot)$ 的一致连续性, 可以找到一个常数 $0<\delta=\delta(\varepsilon)<\dfrac{\varepsilon}{2}$, 使得

$$|\varphi_1(t_1)-\varphi_2(t_2)|<\frac{\varepsilon}{2},\forall t_1,t_2\in\mathbb{T},|t_1-t_2|<\delta. \tag{7.5.1}$$

由时标上的概周期函数的理论, 对 $\delta>0$, 可以找到一个实数 $l=l(\delta)=l(\delta(\varepsilon))>0$, 且对每个长度为 l 的区间内总有 $\tau=\tau(\varepsilon)$ 满足

$$|\theta(t+\tau)-\theta(t)|<\delta,|\varphi_1(t+\tau)-\varphi_1(t)|<\delta<\frac{\varepsilon}{2},\forall t\in\widetilde{\mathbb{T}},\ \tau\in\Pi. \tag{7.5.2}$$

结合式(7.5.1)与式(7.5.2), 包含

$$|\varphi_1(t+\tau-\theta(t+\tau))-\varphi_1(t-\theta(t))|\leqslant|\varphi_1(t+\tau-\theta(t+\tau))-\varphi_1(t+\tau-\theta(t))|+|\varphi_1(t+\tau-\theta(t))-\varphi_1(t-\theta(t))|<\frac{\varepsilon}{2}+\frac{\varepsilon}{2}=\varepsilon,\forall t\in\widetilde{\mathbb{T}},\ \tau\in\Pi,$$

意味着 $\varphi_1(t-\theta(t))\in AP(\mathbb{T},\mathbb{R})$.

(ii) 包含

$$\begin{aligned}0&\leqslant\frac{1}{2r}\int_{t_0-r}^{t_0+r}|\varphi_2(t-\theta(t))|\ \nabla t\\&\leqslant\frac{1}{2r}\int_{t_0-r-\theta(t_0-r)}^{t_0+r-\theta(t_0+r)}\frac{1}{1-\theta^{\nabla}(t)}|\varphi_2(s)|\ \nabla s\\&\leqslant\frac{1}{\omega}\frac{r+\theta^+}{2(r+\theta^+)}\int_{t_0-(r+\theta^+)}^{t_0+r+\theta^+}|\varphi_2(s)|\ \nabla s=0,\end{aligned}$$

其中, $\theta^+=\sup\limits_{t\in\mathbb{T}}\theta(t)$, 意味着 $\varphi_2(t-\theta(t))\in PAP_0(\mathbb{T},\mathbb{R})$. 证毕.

由上理 7.10 易得以下引理.

引理 7.11　设 $f\in C(\mathbb{R},\mathbb{R})$ 满足利普希茨条件, $\varphi\in PAP(\mathbb{T},\mathbb{R}),\theta\in C^1(\mathbb{T},\Pi)$ 且 $\omega:=\inf\limits_{t\in\mathbb{T}}(1-\theta^{\nabla}(t))>0$, 则 $f(\varphi(t-\theta(t)))\in PAP(\mathbb{T},\mathbb{R})$.

定理 7.4　假设条件(H_1)—(H_4)成立. 则系统(7.1.1)在 $\mathbb{B}^*=\{\varphi\mid\varphi\in\mathbb{B},\|\varphi\|_{\mathbb{B}}\leqslant\kappa\}$ 中存在唯一的伪概周期解.

证明:对任意的 $\varphi\in\mathbb{B}$, 考虑以下伪概周期微分方程:

$$x_i^{\nabla}(t)=-a_i(t)x_i(t)+W_i(t,\varphi)+I_i(t),\ t\in\mathbb{T},i\in J, \tag{7.5.3}$$

其中

$$W_i(t,\varphi)=a_i(t)\int_{t-\delta_i(t)}^{t}\varphi_i^{\nabla}(s)\ \nabla s+\sum_{j=1}^{n}b_{ij}(t)f_j(\varphi_j(t-\tau_{ij}(t)))+\sum_{j=1}^{n}c_{ij}(t)g_j(\varphi_j^{\nabla}(t-\eta_{ij}(t)))+\sum_{j=1}^{n}d_{ij}(t)\int_0^{\infty}K_{ij}(u)h_j(\varphi_j(t-u))\ \nabla u.$$

因为 $a_i \in \mathcal{R}_\nu^+$, $\min_{i\in J}\{\inf_{t\in\mathbb{T}} a_i(t)\} > 0$,则由引理 7.8 可得以下线性系统:

$$x_i^\nabla(t) = -a_i(t)x_i(t),\ i \in J \tag{7.5.4}$$

在$\mathbb{T}$上容许指数二分.

因此,由引理 7.7,可得系统(7.5.3)至少有一个可表示为以下形式的伪概周期解:

$$x_\varphi = (x_{\varphi_1}, x_{\varphi_2}, \cdots, x_{\varphi_n})^{\mathrm{T}}$$

其中

$$x_{\varphi_i}(t) = \int_{-\infty}^{t} \hat{e}_{-a_i}(t,\rho(s))(W_i(s,\varphi) + I_i(s))\nabla s, i \in J.$$

定义以下算子

$$\Phi: \mathbb{B}^* \to \mathbb{B}^*$$
$$(\varphi_1, \varphi_2, \cdots, \varphi_n)^{\mathrm{T}} \to (x_{\varphi_1}, x_{\varphi_2}, \cdots, x_{\varphi_n})^{\mathrm{T}}.$$

接下来,验证 Φ 是从$\mathbb{B}^*$到$\mathbb{B}^*$的一个自映射. 此时只需证明:对任意给定的 $\varphi \in \mathbb{B}^*$,有 $\Phi\varphi \in \mathbb{B}^*$. 注意到,

$$\begin{aligned}
|W_i(s,\varphi)| &= \Big| a_i(s)\int_{s-\delta_i(s)}^{s} \varphi_i^\nabla(u)\nabla u + \sum_{j=1}^{n} b_{ij}(s)f_j(\varphi_j(s-\tau_{ij}(s))) + \\
&\quad \sum_{j=1}^{n} c_{ij}(s)g_j(\varphi_j^\nabla(s-\eta_{ij}(s))) + \sum_{j=1}^{n} d_{ij}(s)\int_0^\infty K_{ij}(u)h_j(\varphi_j(s-u))\nabla u \Big| \\
&\leqslant a_i^+ \Big| \int_{s-\delta_i(s)}^{s} \varphi_i^\nabla(u)\nabla u \Big| + \sum_{j=1}^{n} b_{ij}^+ |f_j(\varphi_j(s-\tau_{ij}(s)))| + \\
&\quad \sum_{j=1}^{n} c_{ij}^+ |g_j(\varphi_j^\nabla(s-\eta_{ij}(s)))| + \sum_{j=1}^{n} d_{ij}^+ \Big| \int_0^\infty K_{ij}(u)h_j(\varphi_j(s-u))\nabla u \Big| \\
&\leqslant a_i^+\delta_i^+ |\varphi_i^\nabla(s)| + \sum_{j=1}^{n} b_{ij}^+ M_j^f |\varphi_j(s-\tau_{ij}(s))| + \sum_{j=1}^{n} c_{ij}^+ M_j^g |\varphi_j^\nabla(s-\eta_{ij}(s))| + \\
&\quad \sum_{j=1}^{n} d_{ij}^+ M_j^h \int_0^\infty |K_{ij}(u)| |\varphi_j(s-u)| \nabla u \\
&\leqslant \Big(a_i^+\delta_i^+ + \sum_{j=1}^{n} b_{ij}^+ M_j^f + \sum_{j=1}^{n} c_{ij}^+ M_j^g + \sum_{j=1}^{n} d_{ij}^+ K_{ij}^+ M_j^h \Big) \|\varphi\|_{\mathbb{B}} \\
&\leqslant \Big(a_i^+\delta_i^+ + \sum_{j=1}^{n} b_{ij}^+ M_j^f + \sum_{j=1}^{n} c_{ij}^+ M_j^g + \sum_{j=1}^{n} d_{ij}^+ K_{ij}^+ M_j^h \Big) \kappa \\
&= E_i, i \in J.
\end{aligned}$$

因此,由条件(H_4),有

$$\begin{aligned}
\sup_{t\in\mathbb{T}} |x_{\varphi_i}(t)| &= \sup_{t\in\mathbb{T}} \Big| \int_{-\infty}^{t} \hat{e}_{-a_i}(t,\rho(s))(W_i(s,\varphi) + I_i(s))\nabla s \Big| \\
&\leqslant \sup_{t\in\mathbb{T}} \Big| \int_{-\infty}^{t} \hat{e}_{-a_i^-}(t,\rho(s)) |W_i(s,\varphi)| \nabla s + \frac{I_i^+}{a_i^-} \\
&\leqslant \frac{E_i}{a_i^-} + \frac{I_i^+}{a_i^-} \leqslant \kappa,\ i \in J.
\end{aligned}$$

另一方面,由条件(H_4),有

$$\sup_{t\in\mathbb{T}}|x_{\varphi_i}^{\nabla}(t)| = \sup_{t\in\mathbb{T}}\left|W_i(t,\varphi) + I_i(t) - a_i(t)\int_{-\infty}^{t}\hat{e}_{-a_i}(t,\rho(s))(W_i(s,\varphi) + I_i(s))\nabla s\right|$$
$$\leqslant \left(a_i^+\delta_i^+ + \sum_{j=1}^{n}b_{ij}^+M_j^f + \sum_{j=1}^{n}c_{ij}^+M_j^g + \sum_{j=1}^{n}d_{ij}^+K_{ij}^+M_j^h\right)\kappa +$$
$$I_i^+ + a_i^+\left(\int_{-\infty}^{t}\hat{e}_{-a_i^-}(t,\rho(s))\left(a_i^+\delta_i^+ + \sum_{j=1}^{n}b_{ij}^+M_j^f + \sum_{j=1}^{n}c_{ij}^+M_j^g +\right.\right.$$
$$\left.\left.\sum_{j=1}^{n}d_{ij}^+K_{ij}^+M_j^h\right)\kappa\nabla s + \frac{I_i^+}{a_i^-}\right)$$
$$\leqslant \frac{a_i^+ + a_i^-}{a_i^-}E_i + \frac{a_i^+ + a_i^-}{a_i^-}I_i^+ \leqslant \kappa, i\in J.$$

从而可得

$$\|\Phi(\varphi)\|_{\mathbb{B}} = \max_{i\in J}\{\sup_{t\in\mathbb{T}}|x_{\varphi_i}(t)|, \sup_{t\in\mathbb{T}}|x_{\varphi_i}^{\nabla}(t)|\} \leqslant \kappa,$$

上式表明 $\Phi\varphi\in\mathbb{B}^*$. 所以,映射 Φ 是从$\mathbb{B}^*$到$\mathbb{B}^*$的一个自映射.

接下来,要证明 Φ 是压缩映射. 对任意的 $\varphi,\psi\in\mathbb{B}^*$,记

$$V_i(s,\varphi,\psi) = a_i(s)\int_{s-\delta_i(s)}^{s}[\varphi_i^{\nabla}(u) - \psi_i^{\nabla}(u)]\nabla u +$$
$$\sum_{j=1}^{n}b_{ij}(s)[f_j(\varphi_j(s-\tau_{ij}(s))) - f_j(\psi_j(s-\tau_{ij}(s)))] +$$
$$\sum_{j=1}^{n}c_{ij}(s)[g_j(\varphi_j^{\nabla}(s-\eta_{ij}(s))) - g_j(\psi_j^{\nabla}(s-\eta_{ij}(s)))] +$$
$$\sum_{j=1}^{n}d_{ij}(t)\int_{0}^{\infty}K_{ij}(u)[h_j(\varphi_j(t-u)) - h_j(\psi_j(t-u))]\nabla u,\ i\in J.$$

因此,对 $i\in J$,有

$$\sup_{t\in\mathbb{T}}|x_{\varphi_i}(t) - x_{\psi_i}(t)| = \sup_{t\in\mathbb{T}}\left|\int_{-\infty}^{t}\hat{e}_{-a_i}(t,\rho(s))V_i(s,\varphi,\psi)\nabla s\right|$$
$$\leqslant \sup_{t\in\mathbb{T}}\int_{-\infty}^{t}\hat{e}_{-a_i^-}(t,\rho(s))\left(a_i^+\delta_i^+ + \sum_{j=1}^{n}b_{ij}^+L_j^f + \sum_{j=1}^{n}c_{ij}^+L_j^g +\right.$$
$$\left.\sum_{j=1}^{n}d_{ij}^+K_{ij}^+L_j^h\right)\nabla s\|\varphi-\psi\|_{\mathbb{B}}$$
$$\leqslant \frac{F_i}{a_i^-}\|\varphi-\psi\|_{\mathbb{B}},$$

且

$$\sup_{t\in\mathbb{T}}|(x_{\varphi_i}(t) - x_{\psi_i}(t))^{\nabla}| = \sup_{t\in\mathbb{T}}\left|\left(\int_{-\infty}^{t}\hat{e}_{-a_i}(t,\rho(s))V_i(s,\varphi,\psi)\nabla s\right)^{\nabla}\right|$$
$$= \sup_{t\in\mathbb{T}}\left|H_i(t,\varphi,\psi) - a_i(t)\int_{-\infty}^{t}\hat{e}_{-a_i}(t,\rho(s))V_i(s,\varphi,\psi)\nabla s\right|$$
$$\leqslant |V_i(t,\varphi,\psi)| + a_i^+\sup_{t\in\mathbb{T}}\left|\int_{-\infty}^{t}\hat{e}_{-a_i^-}(t,\rho(s))V_i(s,\varphi,\psi)\nabla s\right|$$
$$\leqslant \left(a_i^+\delta_i^+ + \sum_{j=1}^{n}b_{ij}^+L_j^f + \sum_{j=1}^{n}c_{ij}^+L_j^g + \sum_{j=1}^{n}d_{ij}^+K_{ij}^+L_j^h\right)\|\varphi-\psi\|_{\mathbb{B}} +$$

$$\frac{a_i^+}{a_i^-}\left(a_i^+\delta_i^+ + \sum_{j=1}^n b_{ij}^+L_j^f + \sum_{j=1}^n c_{ij}^+L_j^g + \sum_{j=1}^n d_{ij}^+K_{ij}^+L_j^h\right)\|\varphi-\psi\|_{\mathbb{B}}$$

$$=\frac{(a_i^+ + a_i^-)F_i}{a_i^-}\|\varphi-\psi\|_{\mathbb{B}}.$$

由条件(H_4),可得

$$\|\Phi(\varphi)-\Phi(\psi)\|_{\mathbb{B}}\leqslant\rho\|\varphi-\psi\|_{\mathbb{B}}.$$

从而得出 Φ 是一个压缩映射. 因此,由 Banach 空间上的不动点定理,Φ 在$\mathbb{B}^*$中有唯一不动点,即系统(7.1.1)在$\mathbb{B}^*$中有唯一的伪概周期解. 证毕.

定义 7.3 设 $x^*(t)=(x_1^*(t),x_2^*(t),\cdots,x_n^*(t))^{\mathrm{T}}$ 为系统(7.1.1)满足初值条件 $\varphi^*(t)=(\varphi_1^*(t),\varphi_2^*(t),\cdots,\varphi_n^*(t))^{\mathrm{T}}$ 的伪概周期解,若存在正常数 λ 满足$\ominus_\nu\lambda\in\mathcal{R}_\nu^+$ 且 $M>1$,使得对系统(7.1.1)满足初值条件 $\varphi(t)=(\varphi_1(t),\varphi_2(t),\cdots,\varphi_n(t))^{\mathrm{T}}$ 的任意解$x(t)=(x_1(t),x_2(t),\cdots,x_n(t))^{\mathrm{T}}$ 有

$$\|x(t)-x^*(t)\|\leqslant Me_{\ominus_\nu\lambda}(t,0)\|\psi\|,\ \forall t\in(0,+\infty)_{\mathbb{T}},$$

其中,$\|\psi\|=\sup\limits_{t\in(-\infty,0]_{\mathbb{T}}}\max\limits_{i\in J}\{|\varphi_i(t)-\varphi_i^*(t)|,|\varphi_i^\nabla(t)-(\varphi_i^*)^\nabla(t)|\}$,则称解 $x^*(t)$是全局指数稳定的.

定理 7.5 假设条件(H_1)—(H_4)成立,则系统(7.1.1)有唯一的全局指数稳定的伪概周期解.

证明:由定理 7.4,系统(7.1.1)有一个伪概周期解 $x^*(t)=(x_1^*(t),x_2^*(t),\cdots,x_n^*(t))^{\mathrm{T}}$ 满足初值条件 $\varphi^*(t)=(\varphi_1^*(t),\varphi_2^*(t),\cdots,\varphi_n^*(t))^{\mathrm{T}}$. 假设 $x(t)=(x_1(t),x_2(t),\cdots,x_n(t))^{\mathrm{T}}$ 是系统(7.1.1)满足初值条件 $\varphi(t)=(\varphi_1(t),\varphi_2(t),\cdots,\varphi_n(t))^{\mathrm{T}}$ 的任意一个解.

则由系统(7.1.1)可得

$$\begin{aligned}y_i^\nabla(t)=&-a_i(t)y_i(t)+a_i(t)\int_{t-\delta_i(t)}^t y_i^\nabla(s)\,\nabla s+\sum_{j=1}^n b_{ij}(t)[f_j(x_j(t-\tau_{ij}(t)))-\\&f_j(x_j^*(t-\tau_{ij}(t)))]+\sum_{j=1}^n c_{ij}(t)[g_j(x_j^\nabla(t-\eta_{ij}(t)))-\\&g_j((x_j^*)^\nabla(t-\eta_{ij}(t)))]+\sum_{j=1}^n d_{ij}(t)\int_0^\infty K_{ij}(u)[h_j(x_j(t-u))-\\&h_j(x_j^*(t-u))]\,\nabla u,\ i\in J.\end{aligned}\tag{7.5.5}$$

系统(7.5.5)的初值条件是

$$\psi_i(s)=\varphi_i(s)-\varphi_i^*(s),s\in(-\infty,0]_{\mathbb{T}},\ i\in J.$$

将系统(7.5.5)两边同时乘以$\hat{e}_{-a_i}(0,\rho(t))$之后,再在$[0,t]_{\mathbb{T}}$上积分,可得

$$\begin{aligned}y_i(t)=&y_i(0)\hat{e}_{-a_i}(t,0)+\int_0^t\hat{e}_{-a_i}(t,\rho(s))(a_i(s)\int_{s-\delta_i(s)}^s y_i^\nabla(u)\,\nabla u+\sum_{j=1}^n b_{ij}(s)\times\\&[f_j(x_j(s-\tau_{ij}(s)))-f_j(x_j^*(s-\tau_{ij}(s)))]+\sum_{j=1}^n c_{ij}(s)[g_j(x_j^\nabla(s-\eta_{ij}(s)))-\\&g_j((x_j^*)^\nabla(s-\eta_{ij}(s)))]+\sum_{j=1}^n d_{ij}(s)\int_0^\infty K_{ij}(u)[h_j(x_j(s-u))-\end{aligned}$$

$$h_j(x_j^*(s-u))]\nabla u)\nabla s. \tag{7.5.6}$$

定义函数 $\Gamma_i(\omega)$ 以及函数 $\Pi_i(\omega)$ 如下：

$$\Gamma_i(\omega)=a_i^- -\omega-\exp\left(\omega\sup_{s\in\mathbb{T}}\nu(s)\right)\left(a_i^+\delta_i^+\exp(\omega\delta_i^+)+\sum_{j=1}^n b_{ij}^+L_j^f\exp(\omega\tau_{ij}^+)+\sum_{j=1}^n c_{ij}^+L_j^g\exp(\omega\eta_{ij}^+)+\sum_{j=1}^n d_{ij}^+K_{ij}^+L_j^h\right),$$

$$\Pi_i(\omega)=a_i^- -\omega-\left(a_i^+\exp\left(\omega\sup_{s\in\mathbb{T}}\nu(s)\right)+a_i^- -\omega\right)\left(a_i^+\delta_i^+\exp(\omega\delta_i^+)+\sum_{j=1}^n b_{ij}^+L_j^f\exp(\omega\tau_{ij}^+)+\sum_{j=1}^n c_{ij}^+L_j^g\exp(\omega\eta_{ij}^+)+\sum_{j=1}^n d_{ij}^+K_{ij}^+L_j^h\right),i\in J.$$

由条件(H_4)，可得

$$\Gamma_i(0)=a_i^- -\left(a_i^+\delta_i^+ +\sum_{j=1}^n b_{ij}^+L_j^f+\sum_{j=1}^n c_{ij}^+L_j^g+\sum_{j=1}^n d_{ij}^+K_{ij}^+L_j^h\right)>0$$

以及

$$\Pi_i(0)=a_i^- -(a_i^+ +a_i^-)\left(a_i^+\delta_i^+ +\sum_{j=1}^n b_{ij}^+L_j^f+\sum_{j=1}^n c_{ij}^+L_j^g+\sum_{j=1}^n d_{ij}^+K_{ij}^+L_j^h\right)>0,\ i\in J.$$

因为 Γ_i 与 Π_i 都是定义在区间 $[0,+\infty)$ 上的连续函数，当 $\omega\to+\infty$ 时，有 $\Gamma_i(\omega),\Pi_i(\omega)\to-\infty$ 成立，所以存在常数 $\xi_i,\gamma_i>0$，使得 $\Gamma_i(\xi_i)=\Pi_i(\gamma_i)=0$. 当 $\omega\in(0,\xi)$ 时，有 $\Gamma_i(\omega)>0$ 成立；当 $\omega\in(0,\gamma_i)$ 时，有 $\Pi_i(\omega)>0$ 成立. 取 $r=\min_{i\in J}\{\xi_i,\gamma_i\}$，有 $\Gamma_i(r)\geqslant0,\Pi_i(r)\geqslant0$. 因此，可以选择一个正数 $0<\lambda<\min\{r,\min_{i\in J}\{a_i^-\}\}$，满足下式：

$$\Gamma_i(\lambda)>0,\ \Pi_i(\lambda)>0,i\in J,$$

这也意味着

$$\frac{\exp\left(\lambda\sup_{s\in\mathbb{T}}\nu(s)\right)}{a_i^- -\lambda}\left(a_i^+\delta_i^+ +\sum_{j=1}^n b_{ij}^+L_j^f+\sum_{j=1}^n c_{ij}^+L_j^g+\sum_{j=1}^n d_{ij}^+K_{ij}^+L_j^h\right)<1$$

以及

$$\left(1+\frac{a_i^+\exp\left(\lambda\sup_{s\in\mathbb{T}}\nu(s)\right)}{a_i^- -\lambda}\right)\left(a_i^+\delta_i^+ +\sum_{j=1}^n b_{ij}^+L_j^f+\sum_{j=1}^n c_{ij}^+L_j^g+\sum_{j=1}^n d_{ij}^+K_{ij}^+L_j^h\right)<1.$$

令

$$M=\max_{i\in J}\left\{\frac{a_i^-}{a_i^+\delta_i^+ +\sum_{j=1}^n b_{ij}^+L_j^f+\sum_{j=1}^n c_{ij}^+L_j^g+\sum_{j=1}^n d_{ij}^+K_{ij}^+L_j^h}\right\},$$

则由条件(H_4)可知，$M>1$.

显然

$$\|y(t)\|\leqslant M\hat{e}_{\ominus_\nu\lambda}(t,0)\|\psi\|_{\mathbb{B}},\forall t\in(-\infty,0]_{\mathbb{T}}, \tag{7.5.7}$$

其中，$\ominus_\nu\lambda\in\mathcal{R}_\nu^+$. 可以断定

$$\|y(t)\|\leqslant M\hat{e}_{\ominus_\nu\lambda}(t,0)\|\psi\|_{\mathbb{B}},\forall t\in(0,+\infty)_{\mathbb{T}}. \tag{7.5.8}$$

为了证明式(7.5.8)，先证明对任意的 $P>1$，以下不等式成立

$$\|y(t)\|<PM\hat{e}_{\ominus_\nu\lambda}(t,0)\|\psi\|_{\mathbb{B}},\forall t\in(0,+\infty)_{\mathbb{T}}, \tag{7.5.9}$$

式(7.5.9)意味着对 $i\in J$,有

$$|y_i(t)| < PM\hat{e}_{\ominus_\nu\lambda}(t,0)\|\psi\|_{\mathbb{B}},\forall t\in(0,+\infty)_{\mathbb{T}}$$

以及

$$|y_i^{\nabla}(t)| < PM\hat{e}_{\ominus_\nu\lambda}(t,0)\|\psi\|_{\mathbb{B}},\forall t\in(0,+\infty)_{\mathbb{T}}.$$

假设式(7.5.9)不成立,则必存在某个 $t_1\in(0,+\infty)_{\mathbb{T}}$ 和 $i_1,i_2\in J$,使得

$$\begin{cases}\|y(t_1)\|_{\mathbb{B}}=\max\{|y_{i_1}(t_1)|,|y_{i_2}^{\nabla}(t_1)|\}\geqslant PM\hat{e}_{\ominus_\nu\lambda}(t_1,0)\|\psi\|_{\mathbb{B}},\\ \|y(t_1)\|_{\mathbb{B}}\leqslant PM\hat{e}_{\ominus_\nu\lambda}(t_1,0)\|\psi\|_{\mathbb{B}},t\in(0,t_1]_{\mathbb{T}}.\end{cases}$$

因此,必存在常数 $c\geqslant1$,使得

$$\begin{cases}\|y(t_1)\|_{\mathbb{B}}=\max\{|y_{i_1}(t_1)|,|y_{i_2}^{\nabla}(t_1)|\}\geqslant cPM\hat{e}_{\ominus_\nu\lambda}(t_1,0)\|\psi\|_{\mathbb{B}},\\ \|y(t)\|_{\mathbb{B}}\leqslant cPM\hat{e}_{\ominus_\nu\lambda}(t,0)\|\psi\|_{\mathbb{B}},t\in(0,t_1]_{\mathbb{T}}.\end{cases}\tag{7.5.10}$$

注意,由系统(7.5.6),可得

$$\begin{aligned}|y_{i_1}(t_1)| &= \Bigg|y_{i_1}(0)\hat{e}_{-a_{i_1}}(t,0)+\int_0^t\hat{e}_{-a_{i_1}}(t,\rho(s))\bigg(a_{i_1}(s)\int_{s-\delta_{i_1}(s)}^{s}y_{i_1}^{\nabla}(u)\,\nabla u+\sum_{j=1}^{n}b_{i_1j}(s)\times\\&\quad[f_j(x_j(s-\tau_{i_1j}(s)))-f_j(x_j^*(s-\tau_{i_1j}(s)))]+\sum_{j=1}^{n}c_{i_1j}(s)[g_j(x_j^{\nabla}(s-\eta_{i_1j}(s)))-\\&\quad g_j((x_j^*)^{\nabla}(s-\eta_{i_1j}(s)))]+\sum_{j=1}^{n}d_{i_1j}(s)\int_0^{\infty}K_{i_1j}(u)[h_j(x_j(s-u))-\\&\quad h_j(x_j^*(s-u))]\,\nabla u\bigg)\,\nabla s\Bigg|\\&\leqslant\hat{e}_{-a_{i_1}}(t_1,0)\|\psi\|_{\mathbb{B}}+cPM\hat{e}_{\ominus_\nu\lambda}(t_1,0)\|\psi\|_{\mathbb{B}}\int_0^{t_1}\hat{e}_{-a_{i_1}}(t_1,\rho(s))\hat{e}_{\lambda}(t_1,\rho(s))\times\\&\quad\bigg(a_{i_1}^{+}\int_{s-\delta_{i_1}(s)}^{s}\hat{e}_{\lambda}(\rho(u),u)\,\nabla u+\sum_{j=1}^{n}b_{i_1j}^{+}L_j^{f}\hat{e}_{\lambda}(\rho(s),s-\tau_{i_1j}(s))+\\&\quad\sum_{j=1}^{n}c_{i_1j}^{+}L_j^{g}\hat{e}_{\lambda}(\rho(s),s-\eta_{i_1j}(s))+\sum_{j=1}^{n}d_{i_1j}^{+}L_j^{h}\int_0^{\infty}|K_{i_1j}(u)|\hat{e}_{\lambda}(\rho(u),u)\,\nabla u\bigg)\,\nabla s\\&\leqslant\hat{e}_{-a_{i_1}}(t_1,0)\|\psi\|_{\mathbb{B}}+cPM\hat{e}_{\ominus_\nu\lambda}(t_1,0)\|\psi\|_{\mathbb{B}}\int_0^{t_1}\hat{e}_{-a_{i_1}\oplus_\nu\lambda}(t_1,\rho(s))\times\\&\quad\bigg(a_{i_1}^{+}\delta_{i_1}^{+}\hat{e}_{\lambda}(\rho(s),s-\delta_{i_1}(s))+\sum_{j=1}^{n}b_{i_1j}^{+}L_j^{f}\hat{e}_{\lambda}(\rho(s),s-\tau_{i_1j}(s))+\\&\quad\sum_{j=1}^{n}c_{i_1j}^{+}L_j^{g}\hat{e}_{\lambda}(\rho(s),s-\eta_{i_1j}(s))+\sum_{j=1}^{n}d_{i_1j}^{+}K_{i_1j}^{+}L_j^{h}\hat{e}_{\lambda}(\rho(s),s)\bigg)\,\nabla s\\&\leqslant\hat{e}_{-a_{i_1}}(t_1,0)\|\psi\|_{\mathbb{B}}+cPM\hat{e}_{\ominus_\nu\lambda}(t_1,0)\|\psi\|_{\mathbb{B}}\int_0^{t_1}\hat{e}_{-a_{i_1}\oplus_\nu\lambda}(t_1,\rho(s))\times\\&\quad\bigg(a_{i_1}^{+}\delta_{i_1}^{+}\exp[\lambda(\delta_{i_1}^{+}+\sup_{s\in\mathbb{T}}\nu(s))]+\sum_{j=1}^{n}b_{i_1j}^{+}L_j^{f}\exp[\lambda(\tau_{i_1j}^{+}+\sup_{s\in\mathbb{T}}\nu(s))]+\\&\quad\sum_{j=1}^{n}c_{i_1j}^{+}L_j^{g}\exp[\lambda(\eta_{i_1j}^{+}+\sup_{s\in\mathbb{T}}\nu(s))]+\sum_{j=1}^{n}d_{i_1j}^{+}K_{i_1j}^{+}L_j^{h}\exp)(\lambda\sup_{s\in\mathbb{T}}\nu(s))\bigg)\,\nabla s\\&=cPM\hat{e}_{\ominus_\nu\lambda}(t_1,0)\|\psi\|_{\mathbb{B}}\bigg\{\frac{1}{pM}\hat{e}_{-a_{i_1}\oplus_\nu\lambda}(t_1,0)+\exp\Big(\lambda\sup_{s\in\mathbb{T}}\nu(s)\Big)\times\end{aligned}$$

$$\left(a_{i_1}^+\delta_{i_1}^+\exp(\lambda\delta_{i_1}^+) + \sum_{j=1}^n b_{i_1j}^+L_j^f\exp(\lambda\tau_{i_1j}^+) + \sum_{j=1}^n c_{i_1j}^+L_j^g\exp(\lambda\eta_{i_1j}^+) + \right.$$

$$\left.\sum_{j=1}^n d_{i_1j}^+K_{i_1j}^+L_j^h\right)\int_0^{t_1}\hat{e}_{-a_{i_1}\oplus_\nu\lambda}(t_1,\rho(s))\,\nabla s\}$$

$$\leqslant cPM\hat{e}_{\ominus_\nu\lambda}(t_1,0)\,\|\psi\|_{\mathbb{B}}\left\{\frac{1}{pM}\hat{e}_{-a_{i_1}\oplus_\nu\lambda}(t_1,0) + \exp\left(\lambda\sup_{s\in\mathbb{T}}\nu(s)\right)\times\right.$$

$$\left(a_{i_1}^+\delta_{i_1}^+\exp(\lambda\delta_{i_1}^+) + \sum_{j=1}^n b_{i_1j}^+L_j^f\exp(\lambda\tau_{i_1j}^+) + \sum_{j=1}^n c_{i_1j}^+L_j^g\exp(\lambda\eta_{i_1j}^+) + \right.$$

$$\left.\left.\sum_{j=1}^n d_{i_1j}^+K_{i_1j}^+L_j^h\right)\frac{1-\hat{e}_{-a_{i_1}\oplus_\nu\lambda}(t_1,0)}{a_{i_1}^- - \lambda}\right\}$$

$$\leqslant cPM\hat{e}_{\ominus_\nu\lambda}(t_1,0)\,\|\psi\|_{\mathbb{B}}\left\{\left[\frac{1}{M} - \frac{\exp\left(\lambda\sup_{s\in\mathbb{T}}\nu(s)\right)}{a_{i_1}^- - \lambda}\left(a_{i_1}^+\delta_{i_1}^+\exp(\lambda\delta_{i_1}^+) + \right.\right.\right.$$

$$\left.\left.\sum_{j=1}^n b_{i_1j}^+L_j^f\exp(\lambda\tau_{i_1j}^+) + \sum_{j=1}^n c_{i_1j}^+L_j^g\exp(\lambda\eta_{i_1j}^+) + \sum_{j=1}^n d_{i_1j}^+K_{i_1j}^+L_j^h\right)\right]\times$$

$$\hat{e}_{-a_{i_1}\oplus_\nu\lambda}(t_1,0) + \frac{\exp\left(\lambda\sup_{s\in\mathbb{T}}\nu(s)\right)}{a_{i_1}^- - \lambda}\left(a_{i_1}^+\delta_{i_1}^+\exp(\lambda\delta_{i_1}^+) + \sum_{j=1}^n b_{i_1j}^+L_j^f\exp(\lambda\tau_{i_1j}^+) + \right.$$

$$\left.\left.\sum_{j=1}^n c_{i_1j}^+L_j^g\exp(\lambda\eta_{i_1j}^+) + \sum_{j=1}^n d_{i_1j}^+K_{i_1j}^+L_j^h\right)\right\}$$

$$\leqslant cPM\hat{e}_{\ominus_\nu\lambda}(t_1,0)\,\|\psi\|_{\mathbb{B}}$$

且

$$|y_{i_2}^\nabla(t_1)| \leqslant a_{i_2}^+\hat{e}_{-a_{i_2}}(t_1,0)\,\|\psi\|_{\mathbb{B}} + cPM\hat{e}_{\ominus_\nu\lambda}(t_1,0)\,\|\psi\|_{\mathbb{B}}\left(a_{i_2}^+\int_{t_1-\delta_{i_2}(t_1)}^{t_1}\hat{e}_\lambda(t_1,u)\,\nabla u + \right.$$

$$\sum_{j=1}^n b_{i_2j}^+L_j^f\hat{e}_\lambda(t_1,t_1-\tau_{i_2j}(t_1)) + \sum_{j=1}^n c_{i_2j}^+L_j^g\hat{e}_\lambda(t_1,t_1-\eta_{i_2j}(t_1)) +$$

$$\left.\sum_{j=1}^n d_{i_2j}^+L_j^h\int_0^\infty|K_{i_2j}(u)|\hat{e}_\lambda(\rho(u),u)\,\nabla u\right) + a_{i_2}^+cPM\hat{e}_{\ominus_\nu\lambda}(t_1,0)\,\|\psi\|_{\mathbb{B}}\times$$

$$\int_0^{t_1}\hat{e}_{-a_{i_2}}(t_1,\rho(s))\hat{e}_\lambda(t_1,\rho(s))\left\{a_{i_2}^+\int_{s-\delta_{i_2}(s)}^s\hat{e}_\lambda(\rho(u),u)\,\nabla u + \right.$$

$$\sum_{j=1}^n b_{i_2j}^+L_j^f\hat{e}_\lambda(\rho(s),s-\tau_{i_2j}(s)) + \sum_{j=1}^n c_{i_2j}^+L_j^g\hat{e}_\lambda(\rho(s),s-\eta_{i_2j}(s)) +$$

$$\left.\sum_{j=1}^n d_{i_2j}^+L_j^h\int_0^\infty|K_{i_2j}(u)|\hat{e}_\lambda(\rho(u),u)\,\nabla u\right\}\nabla s$$

$$\leqslant a_{i_2}^+\hat{e}_{-a_{i_2}}(t_1,0)\,\|\psi\|_{\mathbb{B}} + cPM\hat{e}_{\ominus_\nu\lambda}(t_1,0)\,\|\psi\|_{\mathbb{B}}\left(a_{i_2}^+\delta_{i_2}^+\exp(\lambda\delta_{i_2}^+) + \right.$$

$$\left.\sum_{j=1}^n b_{i_2j}^+L_j^f\exp(\lambda\tau_{i_2j}^+) + \sum_{j=1}^n c_{i_2j}^+L_j^g\exp(\lambda\eta_{i_2j}^+) + \sum_{j=1}^n d_{i_2j}^+K_{i_2j}^+L_j^h\right)\times$$

$$\left(1+a_{i_2}^{+}\exp\left(\lambda\sup_{s\in\mathbb{T}}\nu(s)\right)\int_0^{t_1}\hat{e}_{-a_{i_2}\oplus\lambda}(t_1,\rho(s))\nabla s\right)$$

$$\leqslant cPM\hat{e}_{\ominus_\nu\lambda}(t_1,0)\|\psi\|_{\mathbb{B}}\left\{\frac{a_{i_2}^{+}}{M}\hat{e}_{-(a_{i_2}^{-}-\lambda)}(t_1,0)+\left(a_{i_2}^{+}\delta_{i_2}^{+}\exp(\lambda\delta_{i_2}^{+})+\right.\right.$$

$$\left.\sum_{j=1}^{n}b_{i_2j}^{+}L_j^{f}\exp(\lambda\tau_{i_2j}^{+})+\sum_{j=1}^{n}c_{i_2j}^{+}L_j^{g}\exp(\lambda\eta_{i_2j}^{+})+\sum_{j=1}^{n}d_{i_2j}^{+}K_{i_2j}^{+}L_j^{h}\right)\times$$

$$\left.\left(1+a_{i_2}^{+}\exp\left(\lambda\sup_{s\in\mathbb{T}}\nu(s)\right)\frac{1}{-(a_{i_2}^{-}-\lambda)}(\hat{e}_{-(a_{i_2}^{-}-\lambda)}(t_1,0)-1)\right)\right\}$$

$$\leqslant cPM\hat{e}_{\ominus_\nu\lambda}(t_1,0)\|\psi\|_{\mathbb{B}}\left\{\left[\frac{1}{M}-\frac{\exp\left(\lambda\sup_{s\in\mathbb{T}}\nu(s)\right)}{a_{i_2}^{-}-\lambda}\left(a_{i_2}^{+}\delta_{i_2}^{+}\exp(\lambda\delta_{i_2}^{+})+\right.\right.\right.$$

$$\left.\left.\sum_{j=1}^{n}b_{i_2j}^{+}L_j^{f}\exp(\lambda\tau_{i_2j}^{+})+\sum_{j=1}^{n}c_{i_2j}^{+}L_j^{g}\exp(\lambda\eta_{i_2j}^{+})+\sum_{j=1}^{n}d_{i_2j}^{+}K_{i_2j}^{+}L_j^{h}\right)\right]\times$$

$$a_{i_2}^{+}\hat{e}_{-(a_{i_2}^{-}-\lambda)}(t_1,0)+\left(1+\frac{a_{i_2}^{+}\exp\left(\lambda\sup_{s\in\mathbb{T}}\mu(s)\right)}{a_{i_2}^{-}-\lambda}\right)\left(a_{i_2}^{+}\delta_{i_2}^{+}\exp(\lambda\delta_{i_2}^{+})+\right.$$

$$\left.\left.\sum_{j=1}^{n}b_{i_2j}^{+}L_j^{f}\exp(\lambda\tau_{i_2j}^{+})+\sum_{j=1}^{n}c_{i_2j}^{+}L_j^{g}\exp(\lambda\eta_{i_2j}^{+})+\sum_{j=1}^{n}d_{i_2j}^{+}K_{i_2j}^{+}L_j^{h}\right)\right\}$$

$$<cPM\hat{e}_{\ominus_\nu\lambda}(t_1,0)\|\psi\|_{\mathbb{B}}.$$

由以上两个不等式可知

$$\|y(t_1)\|_{\mathbb{B}}<cPM\hat{e}_{\ominus_\nu\lambda}(t_1,0)\|\psi\|_{\mathbb{B}},$$

这与式(7.5.10)的第一个式子矛盾. 因此,式(7.5.9)成立. 令 $p\to1$,则有式(7.5.8)成立. 因此,可得

$$\|y(t)\|<M\hat{e}_{\ominus\lambda}(t,0)\|\psi\|_{\mathbb{B}},\forall t\in(0,+\infty)_{\mathbb{T}},$$

所以系统(7.1.1)的伪概周期解是全局指数稳定的. 证毕.

7.6 数值例子

本节给出一个数值例子说明本章所得结果的可行性.

例 7.3 考虑以下具连接项时滞的中立型细胞神经网络:

$$x_i^{\nabla}(t)=-a_i(t)x_i(t-\delta_i(t))+\sum_{j=1}^{2}b_{ij}(t)f_j(x_j(t-\tau_{ij}(t)))+$$
$$\sum_{j=1}^{2}c_{ij}(t)g_j(x_j^{\nabla}(t-\eta_{ij}(t)))+$$
$$\sum_{j=1}^{2}d_{ij}(t)\int_0^{\infty}K_{ij}(u)h_j(x_j(t-u))\nabla u+I_i(t),\tag{7.6.1}$$

其中,$i=1,2,t\in\mathbb{T}$且系数如下:

$$f_1(x)=\frac{1}{40}|\sin x|,f_2(x)=\frac{1}{40}\tanh x,g_1(x)=\frac{1}{20}|\sin x|,$$
$$g_2(x)=\frac{1}{20}|x|,h_1(x)=\frac{1}{10}|\cos x|,h_2(x)=\frac{1}{10}\tanh x,$$

$$a_1(t)=0.13+0.01|\cos t|, a_2(t)=0.15-0.01|\sin t|, I_1(t)=0.15\sin t,$$
$$I_2(t)=0.16\cos t, b_{11}(t)=0.04|\cos t|, b_{12}(t)=0.03|\sin(\sqrt{2}t)|,$$
$$b_{21}(t)=0.02|\sin t|, b_{22}(t)=0.05|\cos(\sqrt{3}t)|, c_{11}(t)=0.025|\cos(\sqrt{2}t)|,$$
$$c_{12}(t)=0.015|\sin 2t|, c_{21}(t)=0.03|\sin t|, c_{22}(t)=0.01|\sin(\sqrt{3}t)|,$$
$$d_{11}(t)=0.1|\cos t|, d_{12}(t)=0.2|\cos t|, d_{21}(t)=0.15|\cos(\sqrt{3}t)|,$$
$$d_{22}(t)=0.25|\sin t|, \delta_1(t)=0.2|\sin(\pi t)|, \delta_2(t)=0.3|\cos(2\pi t)|,$$
$$\tau_{11}(t)=0.1\left|\cos \pi t+\frac{3\pi}{2}\right|,\ \tau_{12}(t)=0.4|\sin 3\pi t|,\ \tau_{21}(t)=0.3\left|\cos \pi t+\frac{\pi}{2}\right|,$$
$$\tau_{22}(t)=0.4|\sin 2\pi t|, \eta_{11}(t)=0.2|\sin \pi t|, \eta_{12}(t)=0.5\left|\cos \pi t+\frac{\pi}{2}\right|,$$
$$\eta_{21}(t)=0.4|\sin 3\pi t|, \eta_{22}(t)=0.3|\sin 2\pi t|, K_{ij}(u)=\frac{\sin u}{e^{5u}}, i,j=1,2.$$

通过计算,可得

$$M_1^f=M_2^f=L_1^f=L_2^f=\frac{1}{40}, M_1^g=M_2^g=L_1^g=L_2^g=\frac{1}{20},$$
$$M_1^h=M_2^h=L_1^h=L_2^h=\frac{1}{10}, I_1^+=0.15, I_2^+=0.16,$$
$$a_1^-=0.13, a_1^+=0.14, a_2^-=0.14, a_2^+=0.15,$$
$$b_{11}^+=0.04, b_{12}^+=0.03, b_{21}^+=0.02, b_{22}^+=0.05,$$
$$c_{11}^+=0.025, c_{12}^+=0.015, c_{21}^+=0.03, c_{22}^+=0.01,$$
$$d_{11}^+=0.1, d_{12}^+=0.2, d_{21}^+=0.15, d_{22}^+=0.25,$$
$$\tau_{11}^+=0.1,\ \tau_{12}^+=0.4,\ \tau_{21}^+=0.3,\ \tau_{22}^+=0.4,$$
$$\eta_{11}^+=0.2, \eta_{12}^+=0.5, \eta_{21}^+=0.4, \eta_{22}^+=0.3,$$
$$\delta_1^+=0.2, \delta_2^+=0.3, K_{ij}^+=\frac{1}{5}.$$

因此,取 $\kappa=2$,有

$$\begin{aligned}E_1&=\left(a_1^+\delta_1^++\sum_{j=1}^{2}b_{1j}^+M_j^f+\sum_{j=1}^{2}c_{1j}^+M_j^g+\sum_{j=1}^{2}d_{1j}^+K_{1j}^+M_j^h\right)\kappa\\&=0.035\ 75\times 2=0.071\ 5,\end{aligned}$$
$$\begin{aligned}E_2&=\left(a_2^+\delta_2^++\sum_{j=1}^{2}b_{2j}^+M_j^f+\sum_{j=1}^{2}c_{2j}^+M_j^g+\sum_{j=1}^{2}d_{2j}^+K_{2j}^+M_j^h\right)\kappa\\&=0.056\ 75\times 2=0.113\ 5,\end{aligned}$$
$$F_1=a_1^+\delta_1^++\sum_{j=1}^{2}b_{1j}^+L_j^f+\sum_{j=1}^{2}c_{1j}^+L_j^g+\sum_{j=1}^{2}d_{1j}^+K_{1j}^+L_j^h=0.035\ 75,$$
$$F_2=a_2^+\delta_2^++\sum_{j=1}^{2}b_{2j}^+L_j^f+\sum_{j=1}^{2}c_{2j}^+L_j^g+\sum_{j=1}^{2}d_{2j}^+K_{2j}^+L_j^h=0.056\ 75,$$

且

$$\max\left\{\frac{E_1+I_1^+}{a_1^-},\frac{E_2+I_2^+}{a_2^-},\left(1+\frac{a_1^+}{a_1^-}\right)(E_1+I_1^+),\left(1+\frac{a_2^+}{a_2^-}\right)(E_2+I_2^+)\right\}$$

$$= \{1.703\ 8, 1.953\ 6, 0.460\ 04, 0.566\ 5\} = 1.953\ 6 \leqslant \kappa = 2,$$

$$\max\left\{\frac{F_1}{a_1^-}, \frac{F_2}{a_2^-}, \left(1 + \frac{a_1^+}{a_1^-}\right)F_1, \left(1 + \frac{a_2^+}{a_2^-}\right)F_2\right\}$$

$$= \{0.55, 0.810\ 7, 0.148\ 5, 0.235\ 1\} = 0.810\ 7 < 1.$$

因此,条件(H_4)成立. 所以定理5的所有条件满足. 由定理7.5知,系统(7.6.1)有全局指数稳定的伪概周期解. 特别地,无论$\mathbb{T}=\mathbb{R}$还是$\mathbb{T}=\mathbb{Z}$,定理7.5的所有条件满足. 这就是说,连续时间的细胞神经网络与其类似的离散时间细胞神经网络对伪概周期具有相同的动力学行为(图7.1至图7.4).

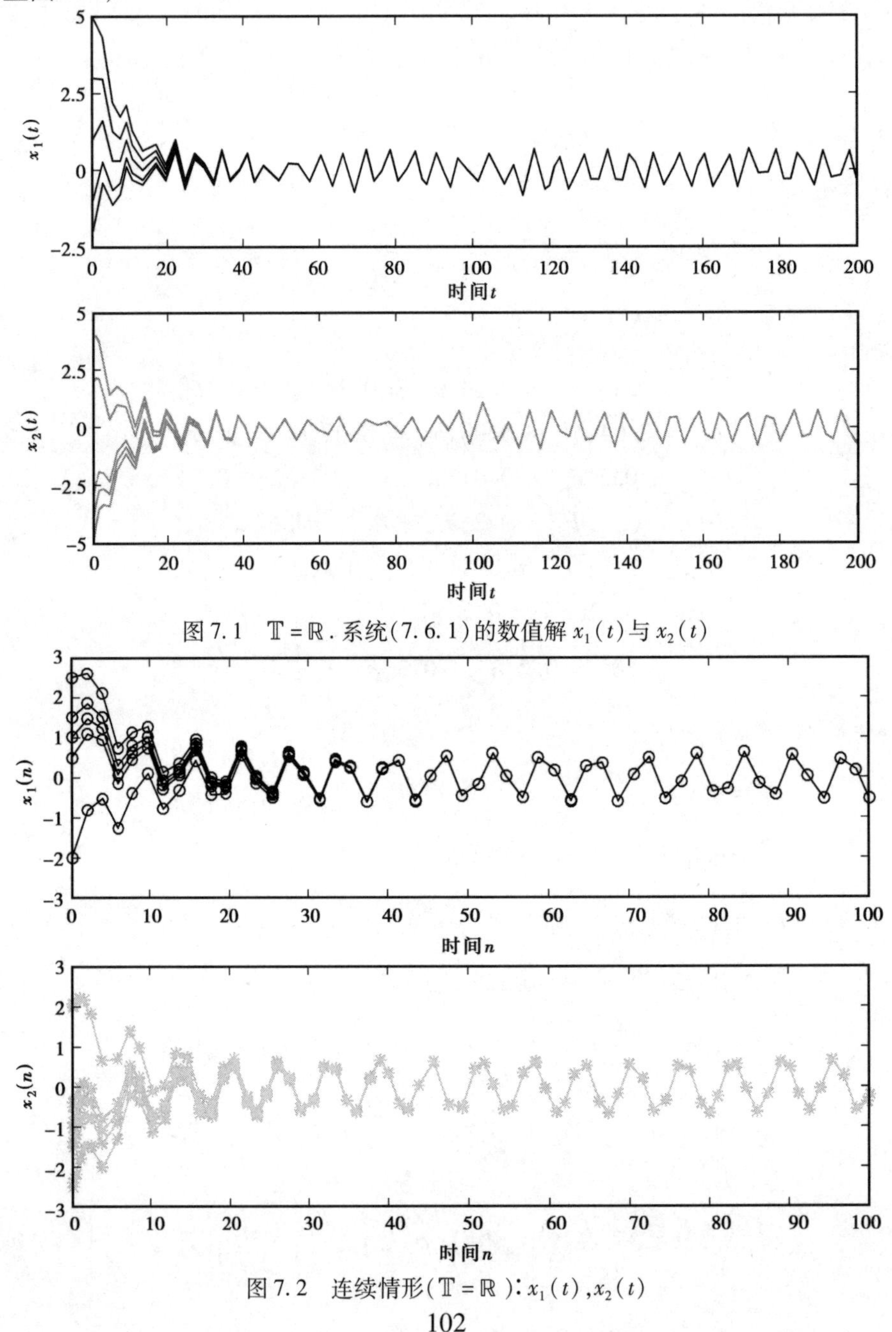

图7.1　$\mathbb{T}=\mathbb{R}$. 系统(7.6.1)的数值解$x_1(t)$与$x_2(t)$

图7.2　连续情形($\mathbb{T}=\mathbb{R}$):$x_1(t)$, $x_2(t)$

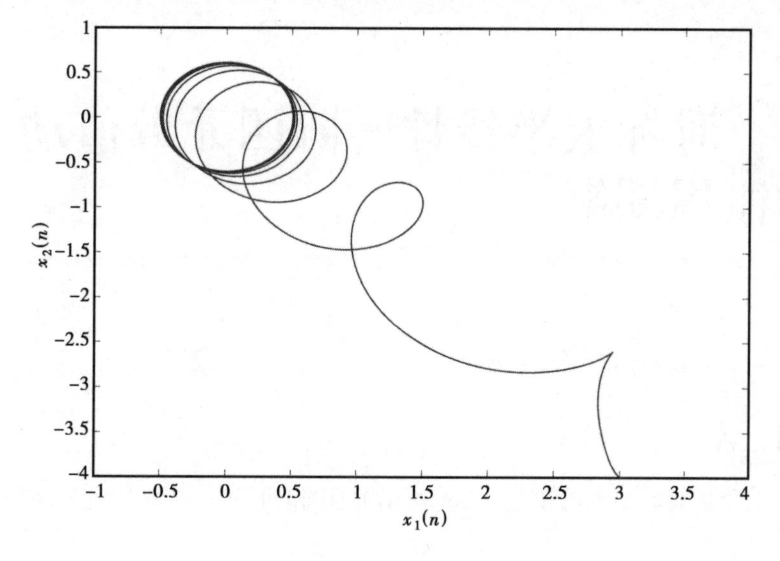

图 7.3　$\mathbb{T}=\mathbb{Z}$. 系统(7.6.1)的数值解 $x_1(n)$ 与 $x_2(n)$

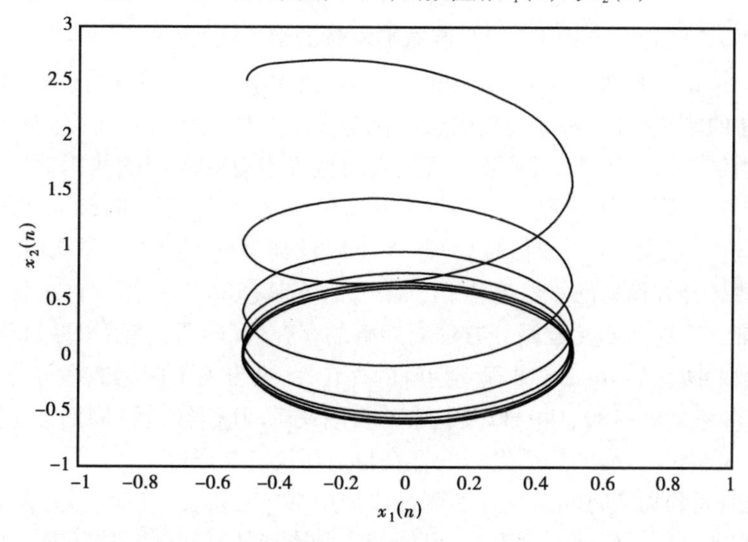

图 7.4　离散情形($\mathbb{T}=\mathbb{Z}$)：$x_1(n)$，$x_2(n)$

7.7　小　结

本章在第 5 章的概周期时标和时标上的概周期函数的基础上，给出了时标上的伪概周期函数的定义，并研究了它们的一些基本性质，将连续和离散情形有效地统一起来. 作为一个应用，我们提出了一类时标上具有连接项时滞的中立型细胞神经网络，并利用时标上线性动力系统的指数二分理论，Banach 不动点理论和时标上的积分理论，证明了这类细胞神经网络的伪概周期解的存在性. 在相同的假设下，还证明了该伪概周期解的全局指数稳定性. 即使当时标 $\mathbb{T}=\mathbb{R}$ 或时标 $\mathbb{T}=\mathbb{Z}$ 时，本章所得的结果都是新的，本章使用的方法可用来进一步研究其他动力系统.

第 8 章　时标上半线性一阶四元数值动力方程的概周期解

8.1　引　言

四元数是由爱尔兰数学家哈密顿(Hamilton)在 1843 年引入的数学概念. 四元数的斜场表示为

$$\mathbb{Q}:=\{q = q_0 + \mathrm{i}q_1 + \mathrm{j}q_2 + \mathrm{k}q_3\},$$

其中,q_0,q_1,q_2,q_3 是实数且元素 i,j 与 k 遵循哈密顿的乘法法则:

$$\mathrm{ij} = -\mathrm{ji} = \mathrm{k},\mathrm{jk} = -\mathrm{kj} = \mathrm{i},\mathrm{ki} = -\mathrm{ik} = \mathrm{j},\mathrm{i}^2 = \mathrm{j}^2 = \mathrm{k}^2 = \mathrm{ijk} = -1.$$

由于四元数乘法的非交换性,对四元数的研究比对多元的研究要困难得多. 幸运的是,在过去的 20 年间,特别是在代数领域,四元数一直是现实世界中有效应用的热门话题. 另外,一类新的微分方程,即四元数微分方程,已成功应用到量子力学[176,177]、机械人操纵[178]、流体力学[179]、微分几何[180]、通信问题和信号处理[181-183]以及神经网络[184,185]等领域. 许多学者试图揭示关于四元数微分方程解的一些亮点信息. 例如,文献[186]中,作者首次使用了重合度理论方法研究一维一阶周期四元数微分方程周期解的存在性. 随后,文献[187,188]的作者研究了具有双边系数的四元数 Riccati 方程周期解的存在性. 更多关于四元数微分方程的周期解存在的问题,可以参考文献[189,190]以及其中的引用文献. 我们知道概周期性是周期性的一个推广,然而,四元数微分方程的概周期解的存在目前还没有被研究.

另外,连续时间和离散时间系统在实现和应用中都非常重要. 除此之外,在现实系统中,智能主体之间的交互可以在任何时间发生,可能是一些连续的时间间隔伴随着一些离散的时刻. 因此,在网络系统中同时考虑连续时间和离散时间情况是有必要和重要的研究. 幸运的是,由 Stefan Hilger[2]提出的时标理论可以统一连续和离散分析的研究,并且时标上的动力学方程的研究包含、链接和扩展了经典的微分和差分方程[5,6]的理论. Georgiev 和 Morais 在文献[191]中引入了时标上的 Hilger 四元数,进一步给出了时标上四元数指数函数的定义. 文献[192]给出了任意时标上四元数值线性动力方程的理论,为时标上的四元数值动力方程提供了理论基础. 然而,据我们所知,时标上四元数值系统的概周期解的存在性还没有被考虑. 因此,本章试图填补文献中的这些缺陷.

基于上述讨论,我们研究了时标上具有时变时滞的半线性一阶四元数值动力方程概周期解的存在性:

$$x^{\Delta}(t) = A(t)x(t) + \sum_{l=1}^{n} f_l(t,x(t-\tau_l(t))),t \in \mathbb{T}, \tag{8.1.1}$$

其中,$\mathbb{T}$是定义 5.1 意义下的概周期时标;$A \in C(\mathbb{T},\mathbb{R}^n \times \mathbb{R}^n)$是一个回归矩阵值概周期函数;

$f_l \in C(\mathbb{T}\times\mathbb{H}^n,\mathbb{H}^n)$,其中 $l\in\{1,2,\cdots,n\}:=I$,$\mathbb{H}$在下面的部分中介绍;$\tau_l(t)$为满足 $t-\tau_l(t)\in\mathbb{T}$对 $t\in\mathbb{T}$,$l\in I$ 成立的时变传输时滞.

本章的结构安排如下:在8.2节中,引入基本定义为后面的部分做准备.在8.3节中,研究了在具有时变时滞的半线性一阶四元数动态方程概周期解的存在性.在8.4节中,给出一个例子来证明其结果的可行性.

8.2　准备工作

在本节中,将首先回顾一些基本的定义,引理用于后面的部分.

将定义在时标$\mathbb{T}$上所有四元数值函数的集合表示为$\mathbb{H}\otimes\mathbb{T}$.设$f\in\mathbb{H}\otimes\mathbb{T}$可以表示为以下形式:$f(t)=f^0(t)+f^1(t)\mathrm{i}+f^2(t)\mathrm{j}+f^3(t)\mathrm{k}$,其中$f^0,f^1,f^2,f^3\in\mathbb{H}\otimes\mathbb{T}$,易知$f$是Delta可微的,当且仅当$f^0,f^1,f^2,f^3$是Delta可微的.此外,如果$f$是Delta可微的,那么

$$f^{\Delta}(t)=(f^0)^{\Delta}(t)+(f^1)^{\Delta}(t)\mathrm{i}+(f^2)^{\Delta}(t)\mathrm{j}+(f^3)^{\Delta}(t)\mathrm{k}.$$

在第5章的定义5.1和定义5.3所定义的概周期时标和概周期函数的意义下,给出以下定义:

定义8.1　$\mathbb{T}$是定义5.1意义下的概周期时标.我们称一个函数$f=f^0(t)+f^1(t)\mathrm{i}+f^2(t)\mathrm{j}+f^3(t)\mathrm{k}\in C(\mathbb{T},\mathbb{H}^n)$是概周期的,如果每一个$\nu\in M:=\{0,1,2,3\}$,$f^{\nu}\in C(\mathbb{T},\mathbb{R}^n)$是概周期的.

引理8.1[193,194]　若$A(t)$为$\mathbb{T}$上一致有界右稠连续的$n\times n$矩阵值函数,并且存在一个$\delta>0$,使得

$$|a_{ii}(t)|-\sum_{j\neq i}|a_{ij}(t)|-\frac{1}{2}\mu(t)\Big(\sum_{j=1}^{n}|a_{ij}(t)|\Big)^2-\delta^2\mu(t)\geqslant 2\delta,t\in\mathbb{T},i=1,2,\cdots,n,$$

则系统

$$x^{\Delta}(t)=A(t)x(t),t\in\mathbb{T}$$

在$\mathbb{T}$上容许指数二分.

为了避免四元数乘法的非交换性,下面将系统(8.1.1)分解为4个实值系统.为此,从现在起,假设

(H_1)令$x=x^0+x^1\mathrm{i}+x^2\mathrm{j}+x^3\mathrm{k}$,$x^{\nu}\in\mathbb{R}^n$,$f_l(t,x)$可以类似地表示为:

$$f_l(t,x)=f_l^0(t,x^0)+f_l^1(t,x^1)\mathrm{i}+f_l^2(t,x^2)\mathrm{j}+f_l^3(t,x^3)\mathrm{k},$$

其中,$f_l^{\nu}(t,\cdot):\mathbb{T}\times\mathbb{R}^n\to\mathbb{R}^n$,$l\in I$,$\nu\in M$.

那么四元数值动力方程(8.1.1)可以写成以下等价的实值系统:

$$(x^{\nu})^{\Delta}(t)=A(t)x^{\nu}(t)+\sum_{l=1}^{n}f_l^{\nu}(t,x^{\nu}(t-\tau_l(t))),\nu\in M.\qquad(8.2.1)$$

注8.1　假若$x=(x^0,x^1,x^2,x^3)^{\mathrm{T}}$是系统(8.2.1)的一个解,则$y=x^0+x^1\mathrm{i}+x^2\mathrm{j}+x^3\mathrm{k}$必是系统(8.1.1)的一个解.因此,求系统(8.1.1)的概周期解的问题就转换成求系统(8.2.1)的概周期解.

8.3　概周期解的存在性

在本节中,将陈述并证明系统(8.2.1)的概周期解存在性的充分条件.设$\mathbb{X}=AP(\mathbb{T},\mathbb{R}^{4n})$

具有范数 $\|f\|_{\mathbb{X}}=\max\limits_{1\leqslant\nu\leqslant 4n}\bar{f}_\nu$，其中 $\bar{f}_\nu=\sup\limits_{t\in\mathbb{T}}|f_\nu(t)|$. 则$\mathbb{X}$为 Banach 空间.

在本节中，先假设以下条件成立：

(H_2) 系统(7.4.2)关于常数 $k_i,\alpha_i,i=1,2$ 在$\mathbb{T}$上容许指数二分.

(H_3) 函数 $f_l^\nu\in AP(\mathbb{T}\times\mathbb{R}^n,\mathbb{R}^n)$，对任意的 $x^\nu,y^\nu\in\mathbb{R}^n$，存在正常数 L_l^ν，使得

$$|f_l^\nu(t,x^\nu)-f_l^\nu(t,y^\nu)|\leqslant L_l^\nu|x^\nu-y^\nu|,l\in I,\nu\in M.$$

鉴于引理 5.2，有以下定理：

定理 8.1 假设条件(H_1)与(H_3)成立. 将进一步假设以下条件成立：

(H_4) $A(t)=\mathrm{diag}(-a_{11}(t),-a_{22}(t),\cdots,-a_{nn}(t))$，$-a_{ii}(t)\in\mathcal{R}^+$，其中，$\mathcal{R}^+$表示正回归函数集，$i\in I$.

(H_5) 存在一个正常数 κ，使得

$$\max_{\nu\in M}\left\{\frac{1}{a_{ii}^-}\sum_{l=1}^n(L_l^\nu\kappa+a)\right\}\leqslant\kappa,\max_{\nu\in M}\left\{\frac{1}{a_{ii}^-}\sum_{l=1}^n L_l^\nu\right\}:=\delta<1,$$

其中，$a=\|f(\cdot,0)\|_{\mathbb{X}}$. 则系统(8.2.1)在 $\mathbb{E}^*=\{\varphi\in\mathbb{X}:\|\varphi\|_{\mathbb{X}}\leqslant\kappa\}$ 上存在唯一的概周期解.

证明：因为 $\min\limits_{1\leqslant i\leqslant n}\{\inf\limits_{t\in\mathbb{T}}a_{ii}(t)\}>0$，$-a_{ii}\in\mathcal{R}^+$，则由引理 5.2 可得以下线性系统

$$x_i^\Delta(t)=-a_{ii}(t)x_i(t)$$

在$\mathbb{T}$上容许指数二分. 因此，由引理 5.8，可得系统(8.2.1)至少有一个可表为以下形式的概周期解：

$$x^\varphi=((x^\varphi)_1^0,\cdots,(x^\varphi)_n^0,(x^\varphi)_1^1,\cdots,(x^\varphi)_n^1,(x^\varphi)_1^2,\cdots,(x^\varphi)_n^2,(x^\varphi)_1^3,\cdots,(x^\varphi)_n^3),$$

其中

$$(x^\varphi)_i^\nu(t)=\int_{-\infty}^t e_{-a_{ii}}(t,\sigma(s))\sum_{l=1}^n f_l^\nu(s,\varphi_l^\nu(s-\tau_l(s)))\Delta s,i\in I,\nu\in M.$$

现在，定义映射 $\Phi:\mathbb{E}^*\to\mathbb{E}^*$ 如下：

$$(\varphi_1^0,\cdots,\varphi_n^0,\varphi_1^1,\cdots,\varphi_n^1,\varphi_1^2,\cdots,\varphi_n^2,\varphi_1^3,\cdots,\varphi_n^3)\to$$
$$((x^\varphi)_1^0,\cdots,(x^\varphi)_n^0,(x^\varphi)_1^1,\cdots,(x^\varphi)_n^1,(x^\varphi)_1^2,\cdots,(x^\varphi)_n^2,(x^\varphi)_1^3,\cdots,(x^\varphi)_n^3).\quad(8.3.1)$$

首先，证明对任意给定的 $\varphi\in\mathbb{E}^*$，有 $\Phi\varphi\in\mathbb{E}^*$. 由式(8.3.1)，有

$$\begin{aligned}|(\Phi\varphi)_i^0(t)|&=\left|\int_{-\infty}^t e_{-a_{ii}}(t,\sigma(s))\sum_{l=1}^n f_l^0(s,\varphi_1^0(s-\tau_l(s)))\Delta s\right|\\&\leqslant\sup_{t\in\mathbb{T}}\left(\int_{-\infty}^t e_{-a_{ii}}(t,\sigma(s))\sum_{l=1}^n|f_l^0(s,\varphi_l^0(s-\tau_l(s)))|\Delta s\right)\\&\leqslant\sup_{t\in\mathbb{T}}\left(\int_{-\infty}^t e_{-a_{ii}}(t,\sigma(s))\Delta s\right)\sum_{l=1}^n(L_l^0\|\varphi\|_{\mathbb{X}}+a)\\&\leqslant\frac{1}{a_{ii}^-}\sum_{l=1}^n(L_l^0\|\varphi\|_{\mathbb{X}}+a)\\&\leqslant\frac{1}{a_{ii}^-}\sum_{l=1}^n(L_l^0\kappa+a),i\in I.\end{aligned}$$

类似地，可得

$$|(\Phi\varphi)_i^\nu(t)|\leqslant\frac{1}{a_{ii}^-}\sum_{l=1}^n(L_l^\nu\kappa+a),i\in I,\nu=1,2,3.$$

由条件(H_4),可得

$$\|\Phi\varphi\|_{\mathbb{X}}\leqslant\kappa,$$

由此可知,$\Phi\varphi\in\mathbb{E}^*$,映射$\Phi$是从$\mathbb{E}^*$到$\mathbb{E}^*$的一个自映射.

接下来,要证明Φ是一个压缩映射.事实上,对任意的$\varphi,\psi\in\mathbb{E}^*$,有

$$\begin{aligned}
&|(\Phi\varphi-\Phi\psi)_i^0(t)|\\
=&\left|\int_{-\infty}^{t}e_{-a_{ii}}(t,\sigma(s))\sum_{l=1}^{n}(f_l^0(s,\varphi_l^0(s-\tau_l(s)))-f_l^0(s,\psi_l^0(s-\tau_l(s))))\Delta s\right|\\
\leqslant&\sup_{t\in\mathbb{T}}\left(\int_{-\infty}^{t}e_{-a_{ii}}(t,\sigma(s))\sum_{l=1}^{n}|f_l^0(s,\varphi_l^0(s-\tau_l(s)))-f_l^0(s,\psi_l^0(s-\tau_l(s)))|\Delta s\right)\\
\leqslant&\sup_{t\in\mathbb{T}}\left(\int_{-\infty}^{t}e_{-a_{ii}}(t,\sigma(s))\Delta s\right)\sum_{l=1}^{n}L_l^0\|\varphi-\psi\|_{\mathbb{X}}\\
\leqslant&\frac{1}{a_{ii}^-}\sum_{l=1}^{n}L_l^0\|\varphi-\psi\|_{\mathbb{X}},i\in I.
\end{aligned}$$

类似地,可得

$$|(\Phi\varphi-\Phi\psi)_i^\nu(t)|\leqslant\frac{1}{a_{ii}^-}\sum_{l=1}^{n}L_l^\nu\|\varphi-\psi\|_{\mathbb{X}},i\in I,\nu=1,2,3.$$

由条件(H_4),可得

$$\|\Phi\varphi-\Phi\psi\|_{\mathbb{X}}\leqslant\delta\|\varphi-\psi\|_{\mathbb{X}}.$$

因此,得出Φ是一个压缩映射.则系统(8.2.1)在$\mathbb{E}^*=\{\varphi\in\mathbb{X}:\|\varphi\|_{\mathbb{X}}\leqslant\kappa\}$上存在唯一的概周期解.证毕.

定理8.2　假设条件(H_1)—(H_3)成立.进一步假设以下条件成立:

(H_6)
$$\rho=:\max_{\nu\in M}\left\{\sum_{l=1}^{n}L_l^\nu\left(\frac{k_1(1+\vartheta\alpha_1)}{\alpha_1}+\frac{k_2}{\alpha_2}\right)\right\}<1,$$

其中,$\vartheta=\sup_{t\in\mathbb{T}}\mu(t)$.则系统(8.2.1)在$\mathbb{E}=\{\varphi\in\mathbb{X}:\|\varphi\|_{\mathbb{X}}\leqslant r\}$中存在唯一的概周期解.

证明:由条件(H_6),可以取一个正常数r满足

$$\max_{\nu\in M}\left\{\sum_{l=1}^{n}(L_l^\nu r+a)\left(\frac{k_1(1+\vartheta\alpha_1)}{\alpha_1}+\frac{k_2}{\alpha_2}\right)\right\}\leqslant r,$$

其中,$a=\|f(\cdot,0)\|_{\mathbb{X}}$.令$\mathbb{E}=\{\varphi\in\mathbb{X}\|\varphi\|_{\mathbb{X}}\leqslant r\}$.对任意的$\varphi=(\varphi^0,\varphi^1,\varphi^2,\varphi^3)\in\mathbb{E}$,考虑以下线性概周期系统:

$$(x^\nu)^\Delta(t)=A(t)x^\nu(t)+\sum_{l=1}^{n}f_l^\nu(t,\varphi^\nu(t-\tau_l(t))),\nu\in M.\tag{8.3.2}$$

因为(H_2)成立,由引理5.8,可得系统(8.3.2)有一个概周期解$x^\varphi(t)=((x^\varphi)^0(t),(x^\varphi)^1(t),(x^\varphi)^2(t),(x^\varphi)^3(t))$,其中

$$\begin{aligned}
(x^\varphi)^\nu(t)=&\int_{-\infty}^{t}X(t)PX^{-1}(\sigma(s))\sum_{l=1}^{n}f_l^\nu(s,\varphi^\nu(t-\tau_l(s)))\Delta s-\\
&\int_{t}^{+\infty}X(t)(I-P)X^{-1}(\sigma(s))\sum_{l=1}^{n}f_l^\nu(s,\varphi^\nu(s-\tau_l(s)))\Delta s,\nu\in M.
\end{aligned}$$

定义算子$\Psi:\mathbb{E}\to\mathbb{E}$为

$$\varphi = (\varphi^0,\varphi^1,\varphi^2,\varphi^3) \to x^{\varphi} = ((x^{\varphi})^0,(x^{\varphi})^1,(x^{\varphi})^2,(x^{\varphi})^3). \tag{8.3.3}$$

首先,证明对任意的 $\varphi \in \mathbb{E}$,有 $\Psi\varphi \in \mathbb{E}$.

由引理 8.1 和式(8.3.3),有

$$\begin{aligned}
|(\Psi\varphi)^0(t)| &= \Big|\int_{-\infty}^{t} X(t)PX^{-1}(\sigma(s))\sum_{l=1}^{n} f_l^0(t,\varphi^0(t-\tau_l(t)))\Delta s - \\
&\quad \int_{t}^{+\infty} X(t)(I-P)X^{-1}(\sigma(s))\sum_{l=1}^{n} f_l^0(t,\varphi^0(t-\tau_l(t)))\Delta s\Big| \\
&\leqslant \sup_{t\in\mathbb{T}}\Big(\int_{-\infty}^{t}|X(t)PX^{-1}(\sigma(s))|\sum_{l=1}^{n}|f_l^0(t,\varphi^0(t-\tau_l(t)))|\Delta s + \\
&\quad \int_{t}^{+\infty}|X(t)(I-P)X^{-1}(\sigma(s))|\sum_{l=1}^{n}|f_l^0(t,\varphi^0(t-\tau_l(t)))|\Delta s\Big) \\
&\leqslant \sum_{l=1}^{n}(L_l^0\|\varphi\|_{\mathbb{X}}+a)\Big(\sup_{t\in\mathbb{T}}\Big|\int_{-\infty}^{t}k_1 e_{\ominus\alpha_1}(t,\sigma(s))\Delta s\Big| + \\
&\quad \sup_{t\in\mathbb{T}}\Big|\int_{t}^{+\infty}k_2 e_{\ominus\alpha_2}(\sigma(s),t)\Delta s\Big|\Big) \\
&= \sum_{l=1}^{n}(L_l^0\|\varphi\|_{\mathbb{X}}+a)\Big(\frac{k_1(1+\vartheta\alpha_1)}{\alpha_1}\sup_{t\in\mathbb{T}}\Big|\int_{-\infty}^{t}\alpha_1 e_{\alpha_1}(s,t)\Delta s\Big| + \\
&\quad \sup_{t\in\mathbb{T}}\Big|-\frac{k_2}{\alpha_2}\int_{t}^{+\infty}\ominus\alpha_2 e_{\ominus\alpha_2}(s,t)\Delta s\Big|\Big) \\
&\leqslant \sum_{l=1}^{n}(L_l^0 r+a)\Big(\frac{k_1(1+\vartheta\alpha_1)}{\alpha_1}+\frac{k_2}{\alpha_2}\Big).
\end{aligned}$$

类似地,可得

$$|(\Psi\varphi)^{\nu}(t)| \leqslant \sum_{l=1}^{n}(L_l^{\nu} r+a)\Big(\frac{k_1(1+\vartheta\alpha_1)}{\alpha_1}+\frac{k_2}{\alpha_2}\Big), \nu = 1,2,3.$$

由条件(H_6),可得

$$\|\Psi\varphi\|_{\mathbb{X}} \leqslant r,$$

上式表明 $\Psi\varphi \in \mathbb{E}$. 所以,映射 Ψ 是从$\mathbb{E}$到$\mathbb{E}$的一个自映射.

接下来,要证明 Ψ 是压缩映射. 对任意的 $\varphi,\psi \in \mathbb{E}$,有

$$\begin{aligned}
&|(\Psi\varphi-\Psi\psi)^0(t)| \\
&= \Big|\int_{-\infty}^{t} X(t)PX^{-1}(\sigma(s))\sum_{l=1}^{n}(f_l^0(t,\varphi^0(t-\tau_l(t))) - f_l^0(t,\psi^0(t-\tau_l(t))))\Delta s - \\
&\quad \int_{t}^{+\infty} X(t)(I-P)X^{-1}(\sigma(s))\sum_{l=1}^{n}(f_l^0(t,\varphi^0(t-\tau_l(t))) - \\
&\quad f_l^0(t,\psi^0(t-\tau_l(t))))\Delta s\Big| \\
&\leqslant \sup_{t\in\mathbb{T}}\Big(\int_{-\infty}^{t}|X(t)PX^{-1}(\sigma(s))|\sum_{l=1}^{n}|(f_l^0(t,\varphi^0(t-\tau_l(t))) - \\
&\quad f_l^0(t,\psi^0(t-\tau_l(t))))|\Delta s + \int_{t}^{+\infty}|X(t)(I-P)X^{-1}(\sigma(s))| \times
\end{aligned}$$

$$\sum_{l=1}^{n} |(f_l^0(t,\varphi^0(t-\tau_l(t)))-f_l^0(t,\psi^0(t-\tau_l(t))))|\Delta s)$$

$$\leqslant \sum_{l=1}^{n}(L_l^0\|\varphi-\psi\|_{\mathbb{X}})\Big(\sup_{t\in\mathbb{T}}\Big|\int_{-\infty}^{t}k_1 e_{\ominus\alpha_1}(t,\sigma(s))\Delta s\Big| +$$

$$\sup_{t\in\mathbb{T}}\Big|\int_{t}^{+\infty}k_2 e_{\ominus\alpha_2}(\sigma(s),t)\Delta s\Big|\Big)$$

$$=\sum_{l=1}^{n}(L_l^0\|\varphi-\psi\|_{\mathbb{X}})\Big(\frac{k_1(1+\vartheta\alpha_1)}{\alpha_1}\sup_{t\in[0,\omega]_{\mathbb{T}}}\Big|\int_{-\infty}^{t}\alpha_1 e_{\alpha_1}(s,t)\Delta s\Big| +$$

$$\sup_{t\in\mathbb{T}}\Big|-\frac{k_2}{\alpha_2}\int_{t}^{+\infty}\ominus\alpha_2 e_{\ominus\alpha_2}(s,t)\Delta s\Big|\Big)$$

$$\leqslant\sum_{l=1}^{n}L_l^0\Big(\frac{k_1(1+\vartheta\alpha_1)}{\alpha_1}+\frac{k_2}{\alpha_2}\Big)\|\varphi-\psi\|_{\mathbb{X}}.$$

类似地,可得

$$|(\Psi\varphi-\Psi\psi)^{\nu}(t)|\leqslant\sum_{l=1}^{n}L_l^{\nu}\Big(\frac{k_1(1+\vartheta\alpha_1)}{\alpha_1}+\frac{k_2}{\alpha_2}\Big)\|\varphi-\psi\|_{\mathbb{X}},\nu=1,2,3.$$

由条件(H_6),可得

$$\|\Psi\varphi-\Psi\psi\|_{\mathbb{X}}\leqslant\rho\|\varphi-\psi\|_{\mathbb{X}}.$$

故 Ψ 是一个压缩映射. 因此,系统(8. 2. 1)在$\mathbb{E}=\{\varphi\in\mathbb{X}:\|\varphi\|_{\mathbb{X}}\leqslant r\}$上有唯一的概周期解. 证毕.

鉴于引理 8. 1 和定理 8. 2,有以下推论:

推论 8. 1　令(H_1)、(H_3)以及(H_6)成立. 假设

(H_2')对 $i=1,2,\cdots,n$,存在一个常数 $\delta>0$,使得

$$|a_{ii}(t)|-\sum_{j\neq i}|a_{ij}(t)|-\frac{1}{2}\mu(t)\Big(\sum_{j=1}^{n}|a_{ij}(t)|\Big)^2-\delta^2\mu(t)\geqslant 2\delta,t\in\mathbb{T}.$$

则系统(8. 2. 1)在$\mathbb{E}=\{\varphi\in\mathbb{X}:\|\varphi\|_{\mathbb{X}}\leqslant r\}$上有唯一的概周期解.

8. 4　数值例子

本节给出一个数值例子说明本章所得结果的可行性.

例 8. 1　考虑以下时标上的四元数值动力方程:

$$x^{\Delta}(t)=A(t)x(t)+\sum_{l=1}^{2}f_l(t,x(t-\tau_l(t))),t\in\mathbb{T},\tag{8.4.1}$$

其中,$x=x^0+x^1\mathrm{i}+x^2\mathrm{j}+x^3\mathrm{k}$,

$$A(t)=\begin{bmatrix}-(3+|\sin 2t|) & 0\\ 0 & -(5-|\cos\sqrt{3}t|)\end{bmatrix},\begin{bmatrix}\tau_1(t)\\ \tau_2(t)\end{bmatrix}=\begin{bmatrix}2\left|\sin\left(\pi t+\frac{3\pi}{2}\right)\right|\\ 3\left|\cos\left(\pi t+\frac{\pi}{2}\right)\right|\end{bmatrix}$$

$$f_1(t,x(t-\tau_1(t)))=(\sin\sqrt{2}t+|\sin x^0(t-\tau_1(t))|)+\mathrm{i}\sin^2(x^1(t-\tau_1(t)))+$$
$$\mathrm{j}\tanh(x^2(t-\tau_1(t)))+\mathrm{k}|x^3(t-\tau_1(t))|,$$

$$f_2(t,x(t-\tau_2(t)))=\frac{3}{2}|x^0(t-\tau_2(t))|+\mathrm{i}\Big(\cos t+\frac{3}{2}\sin(x^1(t-\tau_2(t)))\Big)+$$

$$\mathrm{j}\,\frac{3}{2}\left|\tanh x^2(t-\tau_2(t))\right|+\mathrm{k}\,\frac{3}{2}\sin^2(x^3(t-\tau_2(t))).$$

通过简单的计算,有 $a_{11}^{-}=3, a_{22}^{-}=4, L_1^v=1, L_2^v=\frac{3}{2}, a=0$. 取 $\kappa=2$,有

$$\max_{v\in M}\left\{\frac{1}{a_{11}^{-}}\sum_{l=1}^{2}(L_l^v\kappa+a),\frac{1}{a_{22}^{-}}\sum_{l=1}^{2}(L_l^v\kappa+a)\right\}=\max\left\{\frac{5}{3},\frac{5}{4}\right\}=\frac{5}{3}<\kappa=2,$$

$$\max_{v\in M}\left\{\frac{1}{a_{11}^{-}}\sum_{l=1}^{2}L_l^v,\frac{1}{a_{22}^{-}}\sum_{l=1}^{2}L_l^v\right\}=\max\left\{\frac{5}{6},\frac{5}{8}\right\}=\frac{5}{6}=\delta<1,$$

因此,条件(H_4)成立. 所以,系统(8.4.1)存在唯一的概周期解(图 8.1 和图 8.2).

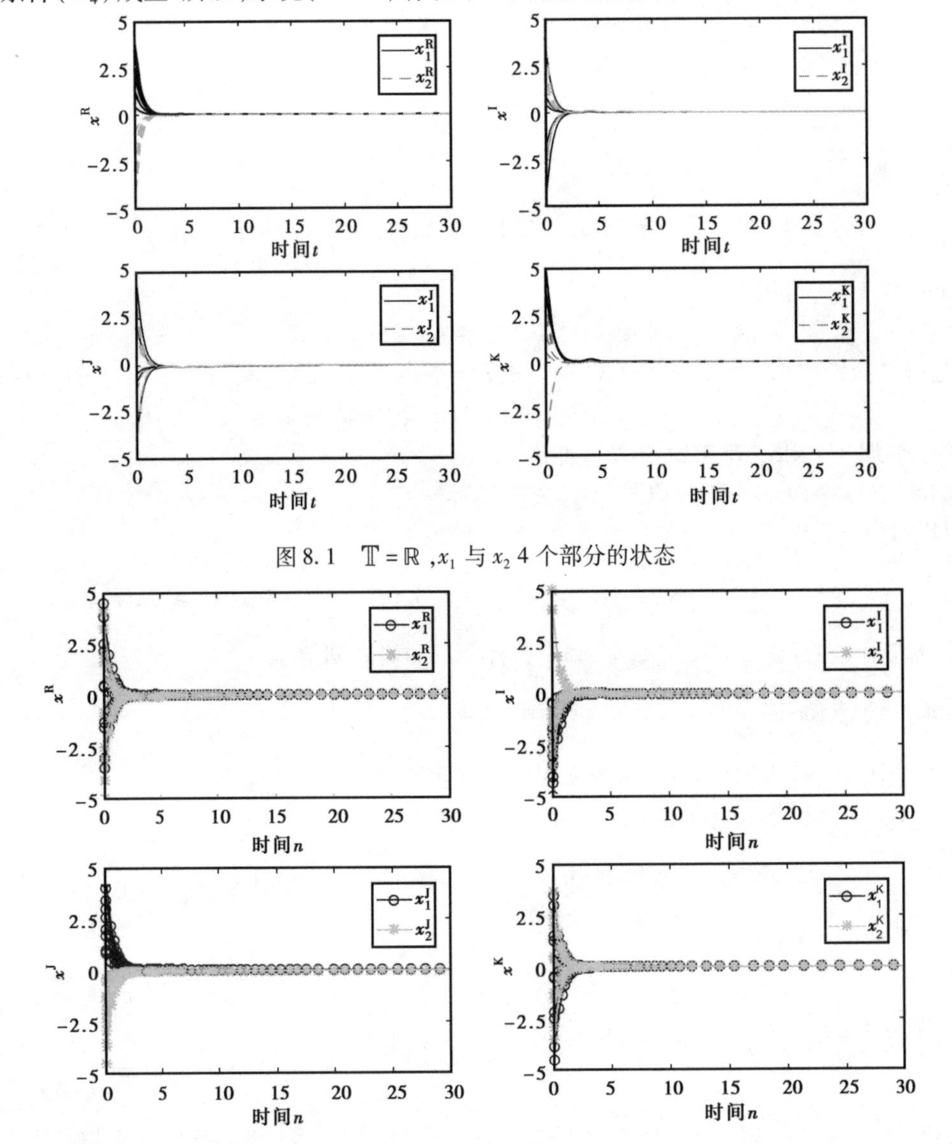

图 8.1　$\mathbb{T}=\mathbb{R}$,x_1 与 x_2 4 个部分的状态

图 8.2　$\mathbb{T}=\mathbb{Z}$,x_1 与 x_2 4 个部分的状态

例 8.2　考虑以下时标上的四元数值动力方程:

$$x^{\Delta}(t)=A(t)x(t)+\sum_{l=1}^{2}f_l(t,x(t-\tau_l(t))),t\in\mathbb{T},\qquad(8.4.2)$$

其中,$x=x^0+x^1\mathrm{i}+x^2\mathrm{j}+x^3\mathrm{k}$,

$$A(t)=\begin{bmatrix}-\frac{1}{10} & -\frac{1}{40}\\ \frac{1}{10} & -\frac{1}{5}\end{bmatrix},\begin{bmatrix}\tau_1(t)\\ \tau_2(t)\end{bmatrix}=\begin{bmatrix}0.3\,|\sin 3\pi t|\\ 0.2\,\left|\cos\left(\pi t+\frac{\pi}{2}\right)\right|\end{bmatrix},$$

$$f_1(t,x(t-\tau_1(t)))=\left(\cos\sqrt{2}t+\frac{1}{15}|x^0(t-\tau_1(t))|\right)+\mathrm{i}\frac{1}{15}\sin^2(x^1(t-\tau_1(t)))+$$

$$\mathrm{j}\frac{1}{15}\tanh(x^2(t-\tau_1(t)))+\mathrm{k}\frac{1}{15}|\sin x^3(t-\tau_1(t))|,$$

$$f_2(t,x(t-\tau_2(t)))=\frac{1}{30}|\sin x^0(t-\tau_2(t))|+\mathrm{i}\frac{1}{30}\tanh(x^1(t-\tau_2(t)))+$$

$$\mathrm{j}\left(\sin 2t+\frac{1}{30}|x^2(t-\tau_2(t))|\right)+\mathrm{k}\frac{1}{30}\sin^2(x^3(t-\tau_2(t))).$$

由计算可得 $L_1^v=\frac{1}{15},L_2^v=\frac{1}{30},a=0$. 取 $\delta=\frac{1}{40}$, 对 $0\leqslant\mu(t)\leqslant 1$, $-1\leqslant\sin\pi t\leqslant 1$,有

$$|a_{11}(t)|-|a_{12}(t)|-\frac{1}{2}\mu(t)\left(|a_{11}(t)|+|a_{12}(t)|\right)^2-\delta^2\mu(t)$$

$$=\frac{1}{10}-\frac{1}{40}-\frac{1}{128}\mu(t)-\frac{1}{1\,600}\mu(t)=\frac{3}{40}-\frac{27}{3\,200}\mu(t)\geqslant\frac{1}{20}=2\delta,$$

$$|a_{22}(t)|-|a_{21}(t)|-\frac{1}{2}\mu(t)\left(|a_{21}(t)|+|a_{22}(t)|\right)^2-\delta^2\mu(t)$$

$$=\frac{1}{5}-\frac{1}{10}-\frac{9}{200}\mu(t)-\frac{1}{1\,600}\mu(t)=\frac{1}{10}-\frac{73}{1\,600}\mu(t)\geqslant\frac{1}{20}=2\delta,$$

由此可知条件(H_2')成立. 此外,根据定义,对 $t\in\mathbb{T}$,易知 $I+\mu(t)A$ 是可逆的,因此,$A\in\mathcal{R}$. 系数矩阵 A 的特征值是 $\lambda_1=\lambda_2=-\frac{3}{20}$且应用引理 2.14. 得到 P- 矩阵由下式给出:

$$P_0=I=\begin{bmatrix}1&0\\0&1\end{bmatrix},P_1=(A-\lambda_1 I)P_0=A+\frac{3}{20}I=\begin{bmatrix}\frac{1}{20}&-\frac{1}{40}\\ \frac{1}{10}&-\frac{1}{20}\end{bmatrix}.$$

选取 r_1 和 r_2,使得

$$r_1^{\Delta}=-\frac{3}{20}r_1,r_1(t_0)=1,r_2^{\Delta}=r_1-\frac{3}{20}r_2,r_2(t_0)=0.$$

可知 $r_1(t)=e_{-\frac{3}{20}}(t,t_0)$,由常数变易公式可得

$$r_2(t)=e_{-\frac{3}{20}}(t,t_0)\int_{t_0}^{t}\frac{1}{1-\frac{3}{20}\mu(s)}\Delta s.$$

最后,应用引理 2.17,可得

$$e_A(t,t_0)=r_1(t)P_0+r_2P_1$$

$$=e_{-\frac{3}{20}}(t,t_0)\begin{bmatrix}1 & 0\\0 & 1\end{bmatrix}+e_{-\frac{3}{20}}(t,t_0)\int_{t_0}^{t}\frac{1}{1-\frac{3}{20}\mu(s)}\Delta s\begin{bmatrix}\frac{1}{20} & -\frac{1}{40}\\\frac{1}{10} & -\frac{1}{20}\end{bmatrix}.$$

取 $\vartheta=1,P=\begin{bmatrix}1 & 0\\0 & 1\end{bmatrix}$或 $P=\begin{bmatrix}0 & 1\\0 & 0\end{bmatrix}$,满足 $P^2=P$. 因此,有 $k_1=k_2=\sqrt{2},\alpha_1=\alpha_2=\frac{3}{10}$,以及

$$\rho=\max_{v\in M}\left\{\sum_{l=1}^{2}L_l^v\left(\frac{k_1(1+\vartheta\alpha_1)}{\alpha_1}+\frac{k_2}{\alpha_2}\right)\right\}=\frac{23\sqrt{2}}{60}<1,$$

由此可知条件(H_6)成立. 因此,系统(8.4.2)存在唯一的概周期解(图8.3和图8.4).

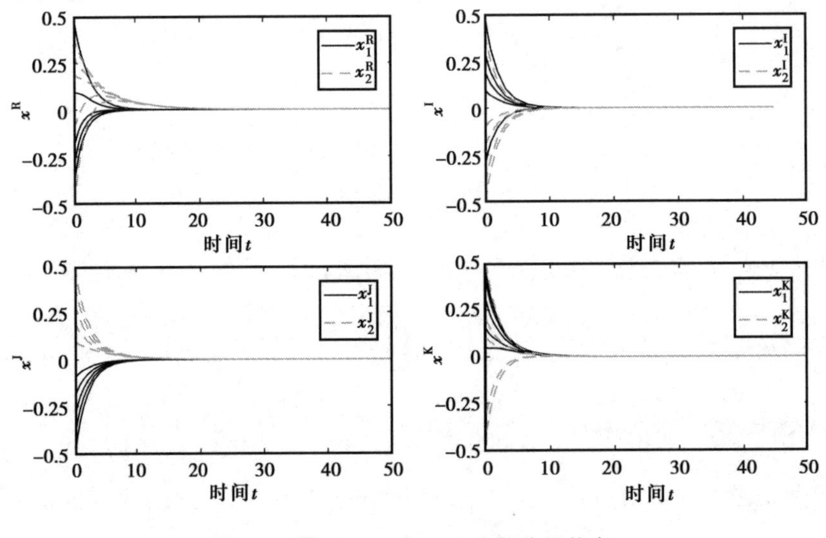

图8.3 $\mathbb{T}=\mathbb{R}$,x_1 与 x_2 4个部分的状态

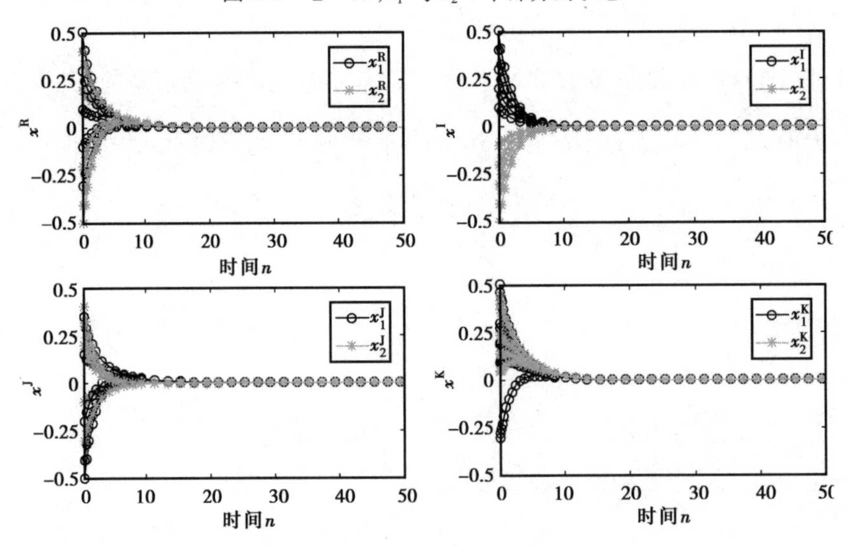

图8.4 $\mathbb{T}=\mathbb{Z}$,x_1 与 x_2 4个部分的状态

8.5 小 结

本章在第5章的概周期时标和时标上的概周期函数的基础上,考虑了时标上具有时变时

滞的半线性一阶四元数值动力方程概周期解的存在性. 为了避免四元数乘法的不可交换性,首先将四元数值系统转换成4个实值系统,通过考虑4个实值系统的动力学行为就能推知四元数值动力方程的动力学行为. 在本章的研究方法中,利用Banach的不动点定理和线性动力方程的指数二分法以及时标上的微积分理论,得到了系统的概周期的一些充分条件. 即使当时标$\mathbb{T}=\mathbb{R}$或时标$\mathbb{T}=\mathbb{Z}$时,本章的结果都是新的. 在本章使用的方法可用来进一步研究其他的四元数值动力系统.

第9章　量子时标上概自守函数及应用

9.1　引　言

由于量子微积分理论在量子理论中有着重要的应用(见文献[195]),因此受到了广泛的关注.例如,自Bochner和Chieochan在文献[196]中引入量子时标上函数的周期性概念以来,有不少学者致力于研究量子时标上动力方程的周期性行为[197-200].

但实际上,概周期现象比周期现象更为普遍和复杂.另外,Bochner于1955年在文献[53]中引入的概自守的概念是对概周期的推广,并在理解概周期方面发挥着重要作用.因此,研究量子时标上动力方程的概自守性更有兴趣且更具挑战性.

最近,在概周期性时标或在平移不变时标上的文献[44,43]分别介绍了加权伪概自守函数的概念和概自守函数的概念.在其他工作中,例如,文献[201-205]也研究了概周期时标上的概自守性.概周期时标是一种具有可加性的时标,而量子时标不具有可加性;它是一种具有可乘性的时标.因此,在概周期时标上的概自守函数的概念不适用于解决量子时标上的概自守问题,以及文献[31,43,44,55,201-205]中得到的所有结果都不能直接应用于量子时标的情形.

基于上述讨论,本章的主要目的是提出量子时标上的概自守函数的两种定义,研究它们的一些基本性质,并建立了量子时标上非自治线性动力就是这样的方程的概自守解的存在性.

本章结构安排如下:在9.2节中,介绍时标微积分的一些符号和定义.在9.3节中,提出量子时标上概自守函数的概念,并研究它们的一些基本性质.在9.4节中,引入了一个变换,并给出了量子时标上概自守函数的一个等价定义.此外,根据变换的思想,还给出了更一般的时标上概自守函数的概念,并且可以统一概周期时标上和量子时标上的概自守函数.在9.5节中,作为结果的一个应用,研究了量子时标上半线性动力方程的概自守解的存在性.在9.6节中得出结论.

9.2　准备工作

在本节中,先回顾一些基本定义,引理用于后面的部分.

若$f:\mathbb{T}\to\mathbb{X}$且$t\in\mathbb{T}^{\kappa}$,称$f$在$t\in\mathbb{T}$上为Delta可微的,若存在$c\in\mathbb{X}$,使得对任意$\varepsilon>0$,存在$t$的开邻域$U$,满足

$$|f(\sigma(t))-f(s)-c(\sigma(t)-s)|\leqslant\varepsilon|\sigma(t)-s|$$

对所有$s\in U$成立.在这种情况下,c称为在$t\in\mathbb{T}$中f的Delta导数,用$c=f^{\Delta}(t)$表示.若$\mathbb{T}=\mathbb{R}$时,为通常意义下的导数,即$f^{\Delta}=f'$;若$\mathbb{T}=\mathbb{Z}$时,为后向差分算子,即$f^{\Delta}(t)=\Delta f(t):=f(t+1)-f(t)$;若$\mathbb{T}=\overline{q^{\mathbb{Z}}}\ (q>1)$表示量子时标,有$q$-导数:

$$f^{\Delta}(t) := D_q f(t) = \begin{cases} \dfrac{f(qt) - f(t)}{(q-1)t}, & t \neq 0, \\ \lim\limits_{t\to 0} \dfrac{f(qt) - f(t)}{(q-1)t}, & t = 0. \end{cases}$$

注 9.1　注意,若 f 是连续可微的,则

$$D_q f(0) = \frac{\mathrm{d}f(0)}{\mathrm{d}t}.$$

关于时标微积分理论和量子微积分理论的更多细节,读者可参考文献[5,6,195,206].

9.3　量子时标上的概自守函数

在本节中,首次提出了量子时标上概自守函数的两种新的定义,并研究了它们的一些基本性质. 量子时标上概自守函数的第一种定义如下:

定义 9.1　设 $\mathbb{X}$ 是一空(实或复)Banach 空间且 $f:\overline{q^{\mathbb{Z}}} \to \mathbb{X}$ 是一个(强)连续函数. 我们称 f 是概自守的,若对任意的整数序列 $\{s_n'\} \subset \mathbb{Z}$,存在子序列 $\{s_n\} \subset \{s_n'\}$,使得

$$g(t) := \lim_{n\to\infty} f(tq^{s_n})$$

对任意 $t \in \overline{q^{\mathbb{Z}}}$ 为良定义,且

$$\lim_{n\to\infty} g(tq^{-s_n}) = f(t)$$

对任意 $t \in \overline{q^{\mathbb{Z}}}$ 成立.

注 9.2　由于 $\overline{q^{\mathbb{Z}}}$ 只有一个右稠密点 0,其他所有点都是孤立点,所以 $f:\overline{q^{\mathbb{Z}}} \to \mathbb{X}$ 是一个(强)连续函数当且仅当 $\lim\limits_{t\to 0^+} f(t) = f(0)$.

定理 9.1　若 $f, f_1, f_2:\overline{q^{\mathbb{Z}}} \to \mathbb{X}$ 是概自守函数,则以下结论成立:

(i) $f_1 + f_2$ 是概自守的.

(ii) 对任意的标量 c, cf 是概自守的.

(iii) 对任意固定的 $a \in \mathbb{Z}$, $f_a(t) \equiv f(tq^a)$ 是概自守的.

(iv) $\sup_{t\in\mathbb{R}} \|f(t)\| < \infty$;即 f 是一个有界函数.

(v) f 的值域 $R_f = \{f(t) \mid t \in \overline{q^{\mathbb{Z}}}\}$ 在 $\mathbb{X}$ 中是相对紧的.

证明　(i),(ii)和(iii)的证明是显而易见的.

(iv)的证明:如果(iv)不成立,则 $\sup_{t\in\mathbb{R}} \|f(t)\| = \infty$. 因此,存在序列 $\{s_n'\} \subset \mathbb{Z}$,使得

$$\lim_{n\to\infty} \|f(q^{s_n'})\| = \infty.$$

因为 f 是概自守的,存在一个子序列 $\{s_n\} \subset \{s_n'\}$,使得

$$\lim_{n\to\infty} f(q^{s_n}) = \xi$$

存在;即 $\lim\limits_{n\to\infty} \|f(q^{s_n})\| = \|\xi\| < \infty$,与假设矛盾. (iv)的证明已完成.

(v)的证明:对 R_f 里的任意序列 $\{f(q^{s_n'})\}$,其中 $\{s_n'\} \subset \mathbb{Z}$,因为 f 是概自守的,则存在一个子序列 $\{s_n\} \subset \{s_n'\}$,使得

$$\lim_{n\to\infty} f(q^{s_n}) = g(1).$$

因此,R_f 在 $\mathbb{X}$ 中是相对紧的. 证毕.

注 9.3　显而易见

$$\sup_{t\in\overline{q^{\mathbb{Z}}}}\|g(t)\|\leqslant\sup_{t\in\overline{q^{\mathbb{Z}}}}\|f(t)\|,$$

且 $R_g\subseteq\overline{R}_f$,其中 f 是定义 9.1 中的函数.

定理 9.2　若 $f:\overline{q^{\mathbb{Z}}}\to\mathbb{X}$ 是概自守的,定义一个函数 $f^*:\overline{q^{\mathbb{Z}}}\setminus\{0\}\to\mathbb{X}$ 为 $f^*(t)\equiv f(t^{-1})$,若 $f^*(0):=\lim\limits_{n\to-\infty}f^*(q^n)$ 存在. 则 $f^*:\overline{q^{\mathbb{Z}}}\to\mathbb{X}$ 是概自守的.

证明:对任意给定的序列 $\{s'_n\}\subset\mathbb{Z}$,存在子序列 $\{s_n\}\subset\{s'_n\}$,使得

$$\lim_{n\to\infty}f(tq^{s_n})=g(t)$$

对任意 $t\in\overline{q^{\mathbb{Z}}}$ 为良定义,且

$$\lim_{n\to\infty}g(tq^{-s_n})=f(t)$$

对任意 $t\in\overline{q^{\mathbb{Z}}}$ 成立.

定义一个函数 $g^*(t)\equiv g(t^{-1})$,$t\in\overline{q^{\mathbb{Z}}}$,且令 $\sigma_n=-s_n$,$n=1,2,\cdots$;可得

$$\lim_{n\to\infty}f^*(tq^{\sigma_n})=\lim_{n\to\infty}f(t^{-1}q^{-\sigma_n})=\lim_{n\to\infty}f(tq^{s_n})=g(t^{-1})=g^*(t),$$

$$\lim_{n\to\infty}g^*(tq^{-\sigma_n})=\lim_{n\to\infty}g(t^{-1}q^{\sigma_n})=\lim_{n\to\infty}g(t^{-1}q^{-s_n})=f(t^{-1})=f^*(t)$$

在 $\overline{q^{\mathbb{Z}}}$ 上逐点成立. 因为 $f^*(0)=\lim\limits_{n\to-\infty}f^*(q^n)$ 存在. f^* 为良定义且连续的. 因此,$f^*(t)$ 是概自守的. 证毕.

定理 9.3　设 $\mathbb{X}$ 与 $\mathbb{Y}$ 是两个 Banach 空间并且 $f:\overline{q^{\mathbb{Z}}}\to\mathbb{X}$ 是一个概自守函数. 若 $\phi:\mathbb{X}\to\mathbb{Y}$ 是一个连续函数,则复合函数 $\phi(f):\overline{q^{\mathbb{Z}}}\to\mathbb{Y}$ 是概自守的.

证明:由于 f 是概自守的,则对任意的序列 $\{s'_n\}\subset\mathbb{Z}$,可以找到一个子序列 $\{s_n\}\subset\{s'_n\}$,使得

$$\lim_{n\to\infty}f(tq^{s_n})=g(t)$$

对任意 $t\in\overline{q^{\mathbb{Z}}}$ 为良定义,且

$$\lim_{n\to\infty}g(tq^{-s_n})=f(t)$$

对任意 $t\in\overline{q^{\mathbb{Z}}}$ 成立.

由于 $\phi(f):\overline{q^{\mathbb{Z}}}\to\mathbb{Y}$ 是连续的,有

$$\lim_{n\to\infty}\phi(f(tq^{s_n}))=\phi(\lim_{n\to\infty}f(tq^{s_n}))=\phi(g(t))$$

对任意 $t\in\overline{q^{\mathbb{Z}}}$ 为良定义,且

$$\lim_{n\to\infty}\phi(g(tq^{-s_n}))=\phi(\lim_{n\to\infty}g(tq^{-s_n}))=\phi(f(t))$$

对任意 $t\in\overline{q^{\mathbb{Z}}}$ 成立. 即复合函数 $\phi(f):\overline{q^{\mathbb{Z}}}\to\mathbb{Y}$ 是概自守的. 证毕.

推论 9.1　若 A 是 $\mathbb{X}$ 中的一个有界线性算子,且 $f:\overline{q^{\mathbb{Z}}}\to\mathbb{X}$ 是一个概自守函数,则 $A(f)(t)$ 也是概自守的.

证明:证明是显然的.

定理 9.4　设 f 是概自守的. 若对某个整数 n_0,所有的 $n>n_0$,$f(q^n)=0$,则对所有的 $t\in\overline{q^{\mathbb{Z}}}$,有 $f(t)\equiv0$.

证明:只需证明 $t\leqslant q^{n_0}$,$f(t)=0$ 成立即可. 由于 f 是概自守的,对于自然数序列 $\mathbb{N}=\{n\}$,可以找到一个子序列 $\{n_k\}\subset\mathbb{N}$,使得

$$\lim_{n\to\infty} f(tq^{n_k}) = g(t)\text{,对任意的 } t \in \overline{q^{\mathbb{Z}}}\setminus\{0\}, \tag{9.3.1}$$

$$\lim_{n\to\infty} g(tq^{-n_k}) = f(t)\text{,对任意的 } t \in \overline{q^{\mathbb{Z}}}\setminus\{0\}, \tag{9.3.2}$$

显然,对任意的 $t\leqslant q^{n_0}$,关于 $tq^{n_{kj}} > q^{n_0}$,对所有的 $j=1,2,\cdots$,能找到 $\{n_{kj}\}\subset\{n_k\}$. 因此,对所有的 $j=1,2,\cdots$, $f(tq^{n_{kj}})=0$. 由式(9.3.1),对 $t\in\overline{q^{\mathbb{Z}}}\setminus\{0\}$, $g(t)=\lim\limits_{j\to\infty}f(tq^{n_{kj}})=0$. 因此,对 $t\in\overline{q^{\mathbb{Z}}}\setminus\{0\}$,根据式(9.3.2),得到 $f(t)=0$. 因为 f 在 $t=0$ 处连续, $0=\lim\limits_{n\to\infty}f(q^n)=f(0)$. 因此,对 $t\in\overline{q^{\mathbb{Z}}}\setminus\{0\}$, $f(t)=0$. 证毕.

定理 9.5　若 $\{f_n\}$ 是关于 $t\in\overline{q^{\mathbb{Z}}}$ 一致收敛的概自守函数列且满足 $\lim\limits_{n\to\infty}f_n(t)=f(t)$,则 f 是概自守的.

证明:对任意给定的序列 $\{s'_n\}\subset\mathbb{Z}$,采用选取对角线元线的方法可以选取 $\{s'_n\}$ 的一个子序列 $\{s_n\}$,使得

$$\lim_{k\to\infty} f_i(tq^{s_n}) = g_i(t) \tag{9.3.3}$$

对任意的 $i=1,2,\cdots$ 以及任意的 $t\in\overline{q^{\mathbb{Z}}}$ 成立.

我们断言函数列 $\{g_i(t)\}$ 为 Cauchy 序列. 事实上,对 $i,j\in\mathbb{N}$,有

$$g_i(t)-g_j(t) = g_i(t)-f_i(tq^{s_n})+f_i(tq^{s_n})-f_j(tq^{s_n})+f_j(tq^{s_n})-g_j(t),$$

因此

$$\|g_i(t)-g_j(t)\| \leqslant \|g_i(t)-f_i(tq^{s_n})\| + \|f_i(tq^{s_n})-f_j(tq^{s_n})\| + \|f_j(tq^{s_n})-g_j(t)\|.$$

由 $\{f_n\}$ 的一致收敛性,对任意 $\varepsilon>0$,存在一个正整数 $N(\varepsilon)$,使得当 $i,j>N$ 时,有

$$\|f_i(tq^{s_n})-f_j(tq^{s_n})\| < \varepsilon,$$

对任意 $t\in\overline{q^{\mathbb{Z}}}$ 和所有 $n=1,2,\cdots$ 成立.

由式(9.3.3)以及空间$\mathbb{X}$的完备性知序列 $\{g_i(t)\}$ 在$\overline{q^{\mathbb{Z}}}$上逐点收敛到一个函数,这个函数记为 $g(t)$.

现在,将证明

$$\lim_{n\to\infty} f(tq^{s_n}) = g(t),\lim_{n\to\infty} g(tq^{-s_n}) = f(t)$$

在$\overline{q^{\mathbb{Z}}}$上逐点成立.

事实上,对于每个 $i=1,2,\cdots$,有

$$\|f(tq^{s_n})-g(t)\| \leqslant \|f(tq^{s_n})-f_i(tq^{s_n})\| + \|f_i(tq^{s_n})-g_i(t)\| + \|g_i(t)-g(t)\|. \tag{9.3.4}$$

对任意的 $\varepsilon>0$,可以找到一些正常数 $N_0(t,\varepsilon)$,使得

$$\|f(tq^{s_n})-f_{N_0}(tq^{s_n})\| < \varepsilon$$

对任意 $t\in\overline{q^{\mathbb{Z}}}$, $n=1,2,\cdots$ 成立,且对任意 $t\in\overline{q^{\mathbb{Z}}}$, $\|g_{N_0}(t)-g(t)\|<\varepsilon$. 因此,由式(9.3.4),得到

$$\|f(tq^{s_n})-g(t)\| < 2\varepsilon + \|f_{N_0}(tq^{s_n})-g_{N_0}(t)\| \tag{9.3.5}$$

对任意 $t\in\overline{q^{\mathbb{Z}}}$, $n=1,2,\cdots$ 成立.

由式(9.3.3),对任意 $t\in\overline{q^{\mathbb{Z}}}$,存在一些正整数 $M=M(t,N_0)$,使得

$$\|f_{N_0}(tq^{s_n})-g_{N_0}(t)\| < \varepsilon$$

对任意 $n>M$. 由此以及式(9.3.5),得到

$$\|f(tq^{s_n})-g(t)\|<3\varepsilon$$

对于 $n\geqslant N_0(t,\varepsilon)$ 成立.

类似地,可以证明

$$\lim_{n\to\infty}g(tq^{-s_n})=f(t)$$

对任意 $t\in\overline{q^{\mathbb{Z}}}$ 成立. 证毕.

注 9.4　若用 $AA(\mathbb{X})$ 表示所有概自守函数 $f:\overline{q^{\mathbb{Z}}}\to\mathbb{X}$ 的集合,由定理 9.1 知,$AA(\mathbb{X})$ 是一个向量空间,并且根据定理 9.5,这个向量空间赋予范数

$$\|f\|_{AA(\mathbb{X})}=\sup_{t\in\overline{q^{\mathbb{Z}}}}\|f(t)\|$$

是一个 Banach 空间.

定义 9.2　我们称连续函数 $f:\overline{q^{\mathbb{Z}}}\times\mathbb{X}\to\mathbb{X}$ 对每个 $x\in\mathbb{X}$ 在 t 中是概自守的,若对任意整数序列 $\{s_n'\}$,存在子序列 $\{s_n\}\subset\{s_n'\}$,使得对每个 $x\in\mathbb{X}$,有

$$\lim_{n\to\infty}f(tq^{s_n},x)=g(t,x)$$

对任意 $t\in\overline{q^{\mathbb{Z}}}$ 为良定义,且

$$\lim_{n\to\infty}g(tq^{-s_n},x)=f(t,x)$$

对任意 $t\in\overline{q^{\mathbb{Z}}}$ 成立.

定理 9.6　若 $f_1,f_2:\overline{q^{\mathbb{Z}}}\times\mathbb{X}\to\mathbb{X}$ 对每个 $x\in\mathbb{X}$ 在 t 中为概自守函数,则以下函数对每个 $x\in\mathbb{X}$ 在 t 中也是概自守的:

(i) f_1+f_2;

(ii) cf_1, c 是任意的标量.

证明: 证明是显然的. 在这里省略证明步骤. 证毕.

定理 9.7　若 $f(t,x)$ 对每个 $x\in\mathbb{X}$ 在 t 中是概自守的,则对每个 $x\in\mathbb{X}$,有

$$\sup_{t\in\overline{q^{\mathbb{Z}}}}\|f(t,x)\|=M_x<\infty.$$

证明: 反证法. 相反地,对一些 $x_0\in\mathbb{X}$,有

$$\sup_{t\in\overline{q^{\mathbb{Z}}}}\|f(t,x_0)\|=\infty.$$

因此,存在一个整数序列 $\{s_n'\}$,使得

$$\lim_{n\to\infty}\|f(q^{s_n'},x_0)\|=\infty.$$

由于 $f(t,x_0)$ 在 t 中是概自守的,可以选取 $\{s_n'\}$ 的一个子序列 $\{s_n\}$,使得

$$\sup_{t\in\overline{q^{\mathbb{Z}}}}\|f(q^{s_n},x_0)\|=g(1,x_0),$$

矛盾. 证毕.

定理 9.8　若 f 对每个 $x\in\mathbb{X}$ 在 t 中是概自守的,则对每个 $x\in\mathbb{X}$,定义 9.2 中的函数 g 满足

$$\sup_{t\in\overline{q^{\mathbb{Z}}}}\|g(t,x)\|=N_x<\infty.$$

证明: 证明是显然的. 在这里省略证明步骤. 证毕.

定理 9.9　若 f 对每个 $x\in\mathbb{X}$ 在 t 中是概自守的,并且 f 关于 x 对 t 一致满足 Lipschitz 条件,

即存在正常数 $L>0$，使得对每一对 $x,y\in\mathbb{X}$，

$$\|f(t,x)-f(t,y)\|<L\|x-y\|$$

在 $t\in\overline{q^{\mathbb{Z}}}$ 上一致成立，则 g 关于 x 对 t 一致满足相同的 Lipschitz 条件.

证明：因为对每个整数序列 $\{s_n'\}$，存在一个子序列 $\{s_n\}$，使得对每个 $x\in\mathbb{X}$，有

$$\lim_{n\to\infty}f(tq^{s_n},x)=g(t,x)$$

对任意的 $t\in\overline{q^{\mathbb{Z}}}$ 存在，对任意的 $t\in\overline{q^{\mathbb{Z}}}$ 以及任意的 $\varepsilon>0$，对充分大的 n，有

$$\|g(t,x)-f(tq^{s_n},x)\|<\frac{\varepsilon}{2},$$

$$\|g(t,y)-f(tq^{s_n},y)\|<\frac{\varepsilon}{2}.$$

因此，对充分大的 n，有

$$\begin{aligned}\|g(t,x)-g(t,y)\|&=\|g(t,x)-f(tq^{s_n},x)+f(tq^{s_n},x)-f(tq^{s_n},y)+f(tq^{s_n},y)-g(t,y)\|\\&<\varepsilon+L\|x-y\|.\end{aligned}$$

令 $\varepsilon\to0^+$，得到

$$\|g(t,x)-g(t,y)\|<L\|x-y\|$$

对每对 $x,y\in\mathbb{X}$ 成立. 证毕.

定理 9.10　设 f 对每个 $x\in\mathbb{X}$ 在 t 中是概自守的，并且假设 f 关于 x 对 $t\in\overline{q^{\mathbb{Z}}}$ 一致满足一个 Lipschitz 条件. 设 $\varphi:\overline{q^{\mathbb{Z}}}\to\mathbb{X}$ 是概自守的. 则函数 $F:\overline{q^{\mathbb{Z}}}\to\mathbb{X}$ 定义为 $F(t)=f(t,\varphi(t))$ 是概自守的.

证明：很容易看到，对任意给定的序列 $\{s_n'\}$，存在一个子序列 $\{s_n\}\subset\{s_n'\}$，使得

$$\lim_{n\to\infty}f(tq^{s_n},x)=g(t,x)\tag{9.3.6}$$

对任意的 $t\in\overline{q^{\mathbb{Z}}}$ 以及对每个 $x\in\mathbb{X}$ 成立，

$$\lim_{n\to\infty}\varphi(tq^{s_n})=\phi(t)\tag{9.3.7}$$

对任意的 $t\in\overline{q^{\mathbb{Z}}}$ 成立，

$$\lim_{n\to\infty}g(tq^{-s_n},x)=f(t,x)$$

对任意的 $t\in\overline{q^{\mathbb{Z}}}$ 以及对每个 $x\in\mathbb{X}$ 成立，

$$\lim_{n\to\infty}\phi(tq^{-s_n})=\varphi(t)$$

对任意的 $t\in\overline{q^{\mathbb{Z}}}$ 成立.

考虑函数 $G:\overline{q^{\mathbb{Z}}}\to\mathbb{X}$ 定义为 $G(t)=g(t,\phi(t))$，$t\in\overline{q^{\mathbb{Z}}}$. 表明 $\lim\limits_{n\to\infty}F(tq^{s_n})=G(t)$ 对任意 $t\in\overline{q^{\mathbb{Z}}}$ 成立，以及 $\lim\limits_{n\to\infty}G(tq^{-s_n})=F(t)$ 对任意 $t\in\overline{q^{\mathbb{Z}}}$ 成立.

事实上，注意

$$\begin{aligned}\|F(tq^{s_n})-G(t)\|&=\|f(tq^{s_n},\varphi(tq^{s_n}))-f(tq^{s_n},\phi(t))+f(tq^{s_n},\phi(t))-g(t,\phi(t))\|\\&\leqslant L\|\varphi(tq^{s_n})-\phi(t)\|+\|f(tq^{s_n},\phi(t))-g(t,\phi(t))\|,\end{aligned}$$

由式(9.3.6)与式(9.3.7)，得到

$$\lim_{n\to\infty}F(tq^{s_n})=G(t)\text{，对任意的 }t\in\overline{q^{\mathbb{Z}}}.$$

类似地，可以证明 $\lim\limits_{n\to\infty}G(tq^{-s_n})=F(t)$ 对任意 $t\in\overline{q^{\mathbb{Z}}}$ 成立. 证毕.

在结束本节之前,我们给出量子时标上概自守函数的第二种定义如下:

定义 9.3　设$\mathbb{X}$是一个(实或复)Banach 空间且$f:\overline{q^{\mathbb{Z}}}\to\mathbb{X}$是一个(强)连续函数. 我们称$f$是概自守的,若对任意的整数序列$\{s_n'\}\subset\mathbb{Z}$,存在子序列$\{s_n\}\subset\{s_n'\}$,使得

$$g(t):=\lim_{n\to\infty}q^{s_n}f(tq^{s_n})$$

对任意$t\in\overline{q^{\mathbb{Z}}}$为良定义,且

$$\lim_{n\to\infty}q^{-s_n}g(tq^{-s_n})=f(t)$$

对任意$t\in\overline{q^{\mathbb{Z}}}$成立.

定义 9.4　我们称连续函数$f:\overline{q^{\mathbb{Z}}}\times\mathbb{X}\to\mathbb{X}$对每个$x\in\mathbb{X}$在$t$中是概自守的,若对任意整数序列$\{s_n'\}$,存在子序列$\{s_n\}\subset\{s_n'\}$,使得对每个$x\in\mathbb{X}$,有

$$\lim_{n\to\infty}q^{s_n}f(tq^{s_n},x)=g(t,x)$$

对任意$t\in\overline{q^{\mathbb{Z}}}$为良定义,且

$$\lim_{n\to\infty}q^{-s_n}g(tq^{-s_n},x)=f(t,x)$$

对任意$t\in\overline{q^{\mathbb{Z}}}$成立.

注 9.5　易知,本节在定义 9.1 和定义 9.2 意义下的概自守函数所得的结果都是成立的,并且在定义 9.3 和定义 9.4 意义下的概自守函数也成立.

9.4　量子时标上概自守函数的等价定义

在本节中,将给出量子时标$\overline{q^{\mathbb{Z}}}$上概自守函数的等价定义. 为此,引入了一个符号$-\infty_q$,并规定了$q^{-\infty_q}=0$,$t\pm(-\infty_q)=t$,且对所有的$t\in\mathbb{Z}$,$t>-\infty_q$. 令$f\in C(\overline{q^{\mathbb{Z}}},\mathbb{X})$;我们定义一个函数$\tilde{f}:\mathbb{Z}\cup\{-\infty_q\}\to\mathbb{X}$为

$$\tilde{f}(t)=\begin{cases}f(q^t), & t\in\mathbb{Z},\\ f(0), & t=-\infty_q\end{cases}\tag{9.4.1}$$

即

$$f(t)=\begin{cases}\tilde{f}(\log_q t), & t\in\overline{q^{\mathbb{Z}}},\\ \lim\limits_{t\to0^+}f(t), & t=0.\end{cases}\tag{9.4.2}$$

由于$f(t)$在$t=0$处是右连续的,因此,上面的定义是良定义的.

此外,对于$f\in C(\overline{q^{\mathbb{Z}}}\times\mathbb{X},\mathbb{X})$;我们定义一个函数$\tilde{f}:\mathbb{Z}\cup\{-\infty_q\}\times\mathbb{X}\to\mathbb{X}$为

$$\tilde{f}(t,x)=\begin{cases}f(q^t,x), & (t,x)\in\mathbb{Z}\times\mathbb{X},\\ f(0,x), & t=-\infty_q,x\in\mathbb{X};\end{cases}\tag{9.4.3}$$

即

$$f(t,x)=\begin{cases}\tilde{f}(\log_q t,x), & (t,x)\in\overline{q^{\mathbb{Z}}}\times\mathbb{X},\\ \lim\limits_{t\to0^+}f(t,x), & t=0,x\in\mathbb{X}.\end{cases}\tag{9.4.4}$$

由于$f(t,x)$在$(0,x)$上是右连续的,因此,上面的定义是良定义的.

定义9.5　我们称函数 $\tilde{f}:\mathbb{Z}\cup\{-\infty_q\}\to\mathbb{X}$是概自守的,若对任意整数序列$\{s'_n\}\subset\mathbb{Z}$,存在子序列$\{s_n\}\subset\{s'_n\}$,使得

$$\lim_{n\to\infty}f(t+s_n)=g(t)$$

对任意$t\in\mathbb{Z}\cup\{-\infty_q\}$为良定义,且

$$\lim_{n\to\infty}g(t-s_n)=f(t)$$

对任意$t\in\mathbb{Z}\cup\{-\infty_q\}$成立.

定义9.6　我们称函数$F:(\mathbb{Z}\cup\{-\infty_q\})\times\mathbb{X}\to\mathbb{X}$是概自守的,若对任意整数序列$\{s'_n\}\subset\mathbb{Z}$,存在子序列$\{s_n\}\subset\{s'_n\}$,使得

$$\lim_{n\to\infty}F(t+s_n,x)=G(t,x)$$

对任意$t\in\mathbb{Z}\cup\{-\infty_q\}$以及$x\in\mathbb{X}$成立,且

$$\lim_{n\to\infty}G(t-s_n,x)=F(t,x)$$

对任意$t\in\mathbb{Z}\cup\{-\infty_q\}$以及$x\in\mathbb{X}$成立.

注9.6　我们可以将$\mathbb{Z}\cup\{-\infty_q\}$看成一种广义整数集.显然,在定义9.5和定义9.6意义下的概自守函数(定义在$\mathbb{Z}\cup\{-\infty_q\}$或$\mathbb{Z}\cup\{-\infty_q\}\times\mathbb{X}$上)与在$\mathbb{Z}$或$\mathbb{Z}\times\mathbb{X}$上定义的一般的概自守函数具有相同的性质.

定义9.7　函数$f\in C(\overline{q^{\mathbb{Z}}},\mathbb{X})$称为概自守的,当且仅当定义为形如式(9.4.1)下的函数$\tilde{f}(t)$是概自守的.

定义9.8　函数$f\in C(\overline{q^{\mathbb{Z}}}\times\mathbb{X},\mathbb{X})$对每个$x\in\mathbb{X}$在$t\in\overline{q^{\mathbb{Z}}}$中称为概自守的,当且仅当对每个$x\in\mathbb{X}$在$t\in\overline{q^{\mathbb{Z}}}$,定义为形如式(9.4.3)下的函数$\tilde{f}(t,x)$是概自守的.

显然,定义9.7和定义9.8分别等价于定义9.1和定义9.2.另外,由注9.6,量子时标上概自守函数的所有性质都可以直接从$\mathbb{Z}$或$\mathbb{Z}\times\mathbb{X}$上定义的一般概自守函数的相应性质得到.

在结束本节之前,根据本节转换的思想,可以在更一般的时标上提出概自守的概念.

定义9.9　设$\mathbb{T}$是一个时标且$\widetilde{\mathbb{T}}$是定义2.11意义下的概周期时标.一个连续函数$f:\mathbb{T}\times\mathbb{X}\to\mathbb{X}$对于每个$x\in\mathbb{X}$在$t\in\mathbb{T}$上称为概自守的,若存在一对一的变换$\varsigma:\widetilde{\mathbb{T}}\to\mathbb{T}$使得$\varsigma(\widetilde{\mathbb{T}})=\mathbb{T}$,且对任意的整数序列$\{s'_n\}\subset\widetilde{\Pi}$,存在子序列$\{s_n\}\subset\{s'_n\}$,使得

$$\lim_{n\to\infty}f(\varsigma(t+s_n),x)=g(\varsigma(t),x)$$

对任意$t\in\widetilde{\mathbb{T}}$以及$x\in\mathbb{X}$成立,且

$$\lim_{n\to\infty}g(\varsigma(t-s_n),x)=f(\varsigma(t),x)$$

对任意$t\in\widetilde{\mathbb{T}}$以及$x\in\mathbb{X}$成立,其中$\widetilde{\Pi}=\{\tau\in\mathbb{R}:t\pm\tau\in\widetilde{\mathbb{T}},\forall t\in\widetilde{\mathbb{T}}\}$.

注9.7　显然,在定义9.9中,如果$\mathbb{T}$是定义2.11意义下的概周期时标,则通过取$\varsigma=I$,恒等映射,则定义9.9分别与文献[44]中的定义3.2和文献[43]中的定义3.20一致,这是概周期时标上的概自守函数的定义.如果$\mathbb{T}=\overline{q^{\mathbb{Z}}}$,取由式(9.4.3)定义下变换$\varsigma$,则定义9.9与定义9.2一致.因此,定义9.9统一了概周期时标和量子时标.

9.5 量子时标上半线性方程的概自守函数

在本节中,将研究量子时标上半线性动力方程的概自守解的存在性. 贯穿本节,我们用字母$\mathbb{E}$代表$\mathbb{R}$ 或$\mathbb{C}$.

考虑量子时标上的半线性动力学方程:

$$D_q x(t) = B(t)x(t) + g(t,x(t),x(tq^{-\sigma(t)})),t \in \overline{q^{\mathbb{Z}}}, \tag{9.5.1}$$

其中,$\sigma:\mathbb{T}\to[0,\infty)_{\mathbb{T}}$是一个标量时滞函数,且对所有的$t\in\mathbb{T}$满足$t-\sigma(t)\in\mathbb{T}$,$B(t)$是一个回归,右稠连续的$n\times n$矩阵值函数,且$g\in C_{rd}(\mathbb{T}\times\mathbb{E}^{2n},\mathbb{E}^n)$. 在变换(9.4.3)下,系统(9.5.1)转化为

$$\Delta\tilde{x}(n) = A(n)\tilde{x}(n) + f(n,\tilde{x}(n),\tilde{x}(n-\tau(n))),n\in\mathbb{Z}\cup\{-\infty_q\}, \tag{9.5.2}$$

反之亦然,其中$A(n)=(q-1)q^n\widetilde{B}(n)$, $f(n)=(q-1)q^n\tilde{g}(n,\tilde{x}(n),\tilde{x}(n-\tilde{\sigma}(n)))$, $\tau(n)=\tilde{\sigma}(n)$.

显然,$x(t)$是系统(9.5.1)的一个解,当且仅当$\tilde{x}(n)$是系统(9.5.2)的一个解.

定义 9.10[203] 设$A(t)$为$\mathbb{T}$上的$n\times n$右稠连续矩阵函数;称线性系统

$$x^{\Delta}(t) = A(t)x(t),t\in\mathbb{T} \tag{9.5.3}$$

在$\mathbb{T}$上容许指数二分,若存在正常数$K_1,K_2,\alpha_1,\alpha_2$和关于$X(t)$可交换的可逆投影$P$,其中,$X(t)$是系统(9.5.3)的基解矩阵,满足

$$|X(t)PX^{-1}(s)| \leqslant K_1 e_{\ominus\alpha_1}(t,s),s,t\in\mathbb{T},t\geqslant s,$$

$$|X(t)(I-P)X^{-1}(s)| \leqslant K_2 e_{\ominus\alpha_2}(s,t),s,t\in\mathbb{T},t\leqslant s.$$

定理 9.11[203] 设$\mathbb{T}$是概周期时标. 若线性齐次系统(9.5.3)关于正常数$K_1,K_2,\alpha_1,\alpha_2$和关于$X(t)$可交换的可逆投影$P$容许指数二分,其中,$X(t)$是系统(9.5.3)的基解矩阵,则非齐次系统

$$x^{\Delta}(t) = A(t)x(t) + f(t) \tag{9.5.4}$$

有一个解$x(t)$形如

$$x(t) = \int_{-\infty}^{t} X(t)PX^{-1}(\sigma(s))f(s)\Delta s - \int_{t}^{+\infty} X(t)(I-P)X^{-1}(\sigma(s))f(s)\Delta s.$$

进一步,有

$$\|x\| \leqslant \left(\frac{K_1}{\alpha_1}+\frac{K_2}{\alpha_2}\right)\|f\|.$$

考虑以下概周期时标$\mathbb{T}$上的半线性动力学方程:

$$x^{\Delta}(t) = A(t)x(t) + f(t,x(t),x(t-\tau(t))), \tag{9.5.5}$$

其中, $\tau:\mathbb{T}\to[0,\infty)_{\mathbb{T}}$是一个标量时滞函数,且对所有的$t\in\mathbb{T}$满足$t-\tau(t)\in\mathbb{T}$,$A(t)$是一个回归,右稠连续的$n\times n$矩阵值函数,且$f\in C_{rd}(\mathbb{T}\times\mathbb{E}^{2n},\mathbb{E}^n)$. 系统(9.5.5)相应的线性齐次系统为

$$x^{\Delta}(t) = A(t)x(t). \tag{9.5.6}$$

我们作出以下假设:

(A_1)函数$\tau(t)$,$A(t)$与$f(t,u,v)$关于t是概自守的.

(A_2)对于所有的$t\in\mathbb{T}$和在$\mathbb{T}$上定义的向量值函数u和v,存在常数$L_1,L_2>0$,使得

$$\|f(t,u_1,v_1)-f(t,u_2,v_2)\|\leqslant L_1\|u_1-u_2\|+L_2\|v_1-v_2\|.$$

(A_3)线性齐次系统(9.5.6)关于正常数$K_1,K_2,\alpha_1,\alpha_2$和关于$X(t)$可交换的可逆投影$P$容许指数二分,其中,$X(t)$是系统(9.5.6)的基解矩阵.

现在,定义映射Ψ为

$$(\Psi x)(t)=\int_{-\infty}^{t}X(t)PX^{-1}(\sigma(s))f(s,x(s),x(s-\tau(s)))\Delta s-\int_{t}^{+\infty}X(t)(I-P)X^{-1}(\sigma(s))f(s,x(s),x(s-\tau(s)))\Delta s.$$

下面的结果可类似于文献[201]中引理6的证明;因此这里不再赘述.

引理9.1　假设(A_1)—(A_3)成立.则映射Ψ将$\mathbb{AA}(\mathbb{E}^n)$映射到$\mathbb{AA}(\mathbb{E}^n)$.

定理9.12　假设(A_1)—(A_3)成立.进一步假设

$(A_4)$$\left(\dfrac{K_1}{\alpha_1}+\dfrac{K_2}{\alpha_2}\right)(L_1+L_2)<1.$

则系统(5)存在唯一的概自守解.

证明:对任意的$x,y\in\mathbb{AA}(\mathbb{E}^n)$,有

$$\begin{aligned}\|\Psi x-\Psi y\|&=\sup_{t\in\mathbb{T}}\Big|\int_{-\infty}^{t}X(t)PX^{-1}(\sigma(s))[f(s,x(s),x(s-\tau(s)))-\\&\quad f(s,y(s),y(s-\tau(s)))]\Delta s-\int_{t}^{+\infty}X(t)(I-P)X^{-1}(\sigma(s))\times\\&\quad[f(s,x(s),x(s-\tau(s)))-f(s,y(s),y(s-\tau(s)))]\Delta s\Big|\\&\leqslant\sup_{t\in\mathbb{T}}\Big|\int_{-\infty}^{t}K_1e_{\ominus\alpha_1}(t,\sigma(s))(L_1+L_2)\|x-y\|\Delta s-\\&\quad\int_{t}^{+\infty}K_2e_{\ominus\alpha_2}(\sigma(s),t)(L_1+L_2)\|x-y\|\Delta s\Big|\\&\leqslant\left(\frac{K_1}{\alpha_1}+\frac{K_2}{\alpha_2}\right)(L_1+L_2)\|x-y\|.\end{aligned}$$

由于,Ψ是一个压缩映射.因此,Ψ在$\mathbb{AA}(\mathbb{E}^n)$中有一个唯一的不动点,所以系统(9.5.5)存在唯一的概自守解.

在定理9.12中,若取$\mathbb{T}=\mathbb{Z}\cup\{-\infty_q\}$,则有以下定理成立.

定理9.13　假设(A_1)—(A_4)成立.则系统(9.5.2)存在唯一的概自守解,且系统(9.5.1)也存在唯一的概自守解.

考虑一个线性量子差分方程

$$D_qx(t)=A(t)x(t)+f(t),t\in\overline{q^{\mathbb{Z}}},\tag{9.5.7}$$

其中,A是$n\times n$的矩阵值函数,且f是一个n维向量值函数.在变换(9.4.1)下,系统(9.5.7)转化为

$$\Delta\tilde{x}(n)=(q-1)q^n\widetilde{A}(n)\tilde{x}(n)+(q-1)q^n\tilde{f}(n),n\in\mathbb{Z}\cup\{-\infty_q\},\tag{9.5.8}$$

反之亦然.

考虑以下非自治线性差分方程:

$$x(k+1)=A(k)x(k)+f(K),k\in\mathbb{Z}\cup\{-\infty_q\},\tag{9.5.9}$$

其中,$A(k)$是给定元素 $a_{ij}(k),1\leqslant i,j\leqslant n$ 的非奇异 $n\times n$ 矩阵,$f:\mathbb{Z}\to\mathbb{E}^n$ 是一个给定的 $n\times 1$ 向量函数,且 $x(k)$是一个具有分量 $x_i(k),1\leqslant i\leqslant n$ 的未知 $n\times 1$ 向量. 其相应的齐次方程由下式给出

$$x(k+1)=A(k)x(k),k\in\mathbb{Z}\cup\{-\infty_q\}.\tag{9.5.10}$$

类似文献[207]中的定义 2.11,我们给出以下定义.

定义 9.11 设 $U(k)$是差分系统(9.5.10)的主基解矩阵. 称系统(9.5.10)具有指数二分性,若存在关于 $U(k)$ 可交换的投影 P 以及正常数 η,v,α,β,使得,对所有的 $k,l\in\mathbb{Z}\cup\{-\infty_q\}$,有

$$\|U(k)PU^{-1}(l)\|\leqslant\eta e^{-\alpha(k-l)},k\geqslant l,$$
$$\|U(k)(I-P)U^{-1}(l)\|\leqslant ve^{-\beta(l-k)},l\geqslant k.$$

类似于文献[202]中的定理 3.1 的证明,可知以下结论.

定理 9.14 假设 $A(k)$是离散概自守的和一个非奇异的矩阵,且集$\{A^{-1}(k)\}_{k\in\mathbb{Z}\cup\{-\infty_q\}}$有界. 另外,假设函数$f:\mathbb{Z}\cup\{-\infty_q\}\to\mathbb{E}^n$ 是一个离散概自守函数且系统(9.5.10)关于正常数 η,v,α,β 容许指数二分. 则系统(9.5.9)在$\mathbb{Z}\cup\{-\infty_q\}$上有一个概自守解.

推论 9.2 假设 $B(n):=(q-1)q^n\tilde{A}(n)+I$ 是离散概自守的和一个非奇异的矩阵,且集$\{B^{-1}(n)\}_{n\in\mathbb{Z}\cup\{-\infty_q\}}$有界. 另外,假设函数 $g:=(q-1)q^n\tilde{f}(n):\mathbb{Z}\cup\{-\infty_q\}\to\mathbb{E}^n$ 是一个离散概自守函数且方程

$$\Delta y(n)=B(n)y(n)+g(n)$$

关于正常数 η,v,α,β 容许指数二分. 则系统(9.5.7)在$\overline{q^{\mathbb{Z}}}$上有一个概自守解.

9.6 小　结

在本章中,提出了量子时标上的概自守函数的两种新的定义,并研究了它们的一些基本性质. 此外,基于量子时标上定义的函数与广义整数集上定义的函数之间的转换,我们给出了量子时标上概自守函数的等价定义. 作为结果的一个应用,我们建立了量子时标上半线性动力方程的概自守解的存在性. 例如,通过本章的方法和结果,可以研究量子时标上神经网络的概自守性以及量子时标上的种群动力学模型等. 进一步通过使用本章 9.3 节中介绍的变换和广义整数集合,或类似于定义 9.1,可提出量子时标上的概周期函数、伪概周期函数、加权伪概自守函数、概周期集值函数以及 Stepanov 意义上的概周期函数,等等.

参考文献

[1] GAMARRA J G P, SOLÉ R V. Complex discrete dynamics from simple continuous population models[J]. Bulletin of Mathematical Biology, 2002, 64 (3): 611-620.

[2] HILGER S. Analysis on measure chains-a unified approach to continuous and discrete calculus [J]. Results in Mathematics, 1990, 18 (1-2): 18-56.

[3] THOMAS A M. Transforms on Time Scales[D]. The University of Georgia, 2003.

[4] GUSEINOV G S. Integration on time scales[J]. Journal of Mathematical Analysis and Applications, 2003, 285 (1): 107-127.

[5] BOHNER M, PETERSON A. Dynamic Equations on Time Scales. An Introduction with Applications[M]. Boston, MA: Birkhäuser, 2001.

[6] BOHNER M, PETERSON A C. Advances in Dynamic Equations on Time Scales[M]. Boston, MA: Birkhäuser, 2003.

[7] AULBACH B, HILGER S. Linear dynamic processes with inhomogeneous time scale[C]// In: Nonlinear Dynamics and Quantum Dynamical Systems, Mathematical research. vol. 59. Berlin: Akademie Verlag, 1990: 9-20.

[8] ERBE L, HILGER S. Sturmian theory on measure chains[J]. Differential Equations and Dynamical Systems, 1993, 1(3): 223-244.

[9] LAKSHMIKANTHAM V, SIVASUNDARAM S, KAYMAKCALAN B. Dynamic Systems on Measure Chains[M]. Boston, MA: Springer, 1996.

[10] AGARWAL R P, BOHNER M. Basic calculus on time scales and some of its applications [J]. Results in Mathematics, 1999, 35 (1-2): 3-22.

[11] MARKS R J, GRAVAGNE I A, DAVIS J M. A generalized Fourier transform and convolution on time scales[J]. Journal of Mathematical Analysis and Applications, 2008, 340 (2): 901-919.

[12] MARTINS N, TORRES D F M. Calculus of variations on time scales with nabla derivatives [J]. Nonlinear Analysis: Theory, Methods & Applications, 2009, 71 (12): e763-e773.

[13] BHASKAR T G. Comparison theorem for a nonlinear boundary value problem on time scales [J]. Journal of Computational and Applied Mathematics, 2002, 141 (1-2): 117-122.

[14] HONG S H. Differentiability of multivalued functions on time scales and applications to multivalued dynamic equations[J]. Nonlinear Analysis: Theory, Methods & Applications, 2009, 71 (9): 3622-3637.

[15] AKHMET M U, TURAN M. Differential equations on variable time scales[J]. Nonlinear A-

nalysis: Theory, Methods & Applications, 2009, 70 (3): 1175-1192.

[16] AMSTER P, NÁPOLI P D, PINASCO J P. Eigenvalue distribution of second-order dynamic equations on time scales considered as fractals[J]. Journal of Mathematical Analysis and Applications, 2008, 343 (1): 573-584.

[17] CABADA A, VIVERO D R. Expression of the Lebesgue Δ-integral on time scales as a usual Lebesgue integral; application to the calculus of Δ-antiderivatives [J]. Mathematical and Computer Modelling, 2006, 43 (1-2): 194-207.

[18] STEHLIK P, THOMPSON B. Maximum principles for second order dynamic equations on time scales[J]. Journal of Mathematical Analysis and Applications, 2007, 331 (2): 913-926.

[19] LI W. Some new dynamic inequalities on time scales[J]. Journal of Mathematical Analysis and Applications, 2006, 319 (2): 802-814.

[20] BOHNER M, GUSEINOV G S. Line integrals and Green's formula on time scales[J]. Journal of Mathematical Analysis and Applications, 2007, 326 (2): 1124-1141.

[21] LI Y, ZHANG T. Global exponential stability of fuzzy interval delayed neural networks with impulses on time scales [J]. International Journal of Neural Systems, 2009, 19 (6): 449-456.

[22] LI Y, CHEN X, ZHAO L. Stability and existence of periodic solutions to delayed Cohen-Grossberg BAM neural networks with impulses on time scales[J]. Neurocomputing, 2009, 72 (7-9): 1621-1630.

[23] SUN H, LI W. Existence theory for positive solutions to one-dimensional p-Laplacian boundary value problems on time scales[J]. Journal of Differential Equations, 2007, 240 (2): 217-248.

[24] ERBE L, JIAB PETERSON A. Oscillation and nonoscillation of solutions of second order linear dynamic equations with integrable coefficients on time scales[J]. Applied Mathematics and Computation, 2009, 215 (5): 1868-1885.

[25] KHAN R A, FAIZ F, RAFIQUE M. Existence and approximation of solutions of boundary value problems on time scales[J]. Advances in Dynamical Systems and Applications, 2009, 4 (2): 197-209.

[26] RAO A K, RAO S N. Existence of multiple positive solutions for even order Sturm-Liouville dynamic equations[J]. Applied Mathematical Sciences, 2010, 4 (1): 31-40.

[27] CASTILLO S, PINTO M. Asymptotic behavior of functional dynamic equations in time scale [J]. Dynamic Systems and Applications, 2010, 19 (1): 165-178.

[28] GRAEF J R, KONG L. First-order singular boundary value problems with p-Laplacian on time scales[J]. Journal of Difference Equations and Applications, 2011, 17 (5): 831-839.

[29] HONG S, PENG Y. Almost periodicity of set-valued functions and set dynamic equations on time scales[J]. Information Sciences, 2016, 330: 157-174.

[30] YAO Z. Existence and global exponential stability of an almost periodic solution for a host-macroparasite equation on time scales[J]. Advances in Difference Equations, 2015, 2015: 41.

[31] MOPHOU M, N'GUÉRÉKATA G M, MILCE A. Almost automorphic functions of order n and applications to dynamic equations on time scales[J]. Discrete Dynamics in Nature and Society, 2014, 2014:410210.

[32] ZHOU H, ZHOU Z, JIANG W. Almost periodic solutions for neutral type BAM neural networks with distributed leakage delays on time scales[J]. Neurocomputing, 2015, 157: 223-230.

[33] AKHMET M, FEN M O. Li-yorke chaos in hybrid systems on a time scale[J]. International Journal of Bifurcation and Chaos, 2015, 25 (14): 1540024.

[34] FINK A M. Almost Periodic Differential Equations[M]. Berlin,Heidelberg: Springer, 1974.

[35] 何崇佑. 概周期微分方程[M]. 北京：高等教育出版社, 1992.

[36] BOCHNER S. Beiträge zur theorie der fastperiodischen funktionen [J]. Mathematische Annalen, 1927, 96(1): 119-147.

[37] BOCHNER S. A new approach to almost periodicity[J]. Proceedings of the National Academy of Sciences of the United States of America, 1962, 48 (12): 2039-2043.

[38] BOCHNER S. Continuous mappings of almost automorphic and almost periodic functions[J]. Proceedings of the National Academy of Sciences of the United States of America, 1964, 52 (4): 907-910.

[39] BIAN Y, CHANG Y, NIETO J J. Weighted asymptotic behavior of solutions to semilinear integro-differential equations in banach spaces[J]. Electronic Journal of Differential Equations, 2014, 2014 (91): 1-16.

[40] CHANG Y, ZHAO Z, NIETO J J. Pseudo almost automorphic and weighted pseudo almost automorphic mild solutions to semi-linear differential equations inHilbert spaces[J]. Revista Matemáatica Complutense, 2011, 24 (2): 421-438.

[41] ZHANG C. Pseudo Almost Periodic Functions and Their Applications[D]. University of Western Ontario, 1992.

[42] ZHANG C. Almost Periodic Type Functions and Ergodicity[M]. Beijing/New York: Science Press, Kluwer Academic , 2003.

[43] LIZAMA C, MESQUITA J G. Almost automorphic solutions of dynamic equations on time scales[J]. Journal of Functional Analysis, 2013, 265 (10): 2267-2311.

[44] WANG C, LI Y. Weighted pseudo almost automorphic functions with applications to abstract dynamic equations on time scales[J]. Annales Polonici Mathematici, 2013, 108 (3): 225-240.

[45] LI Y, WANG C. Pseudo almost periodic functions and pseudo almost periodic solutions to dynamic equations on time scales[J]. Advances in Difference Equations, 2012, 2012: 77.

[46] LI Y, WANG C. Uniformly almost periodic functions and almost periodic solutions to dynamic equations on time scales[J]. Abstract and Applied Analysis, 2011,2011:341520.

[47] LI Y, WANG C. Almost periodic functions on time scales and applications[J]. Discrete Dynamics in Nature and Society, 2011, 2011:727068.

[48] 时宝,张德存,盖明久. 微分方程理论及其应用[M]. 北京：国防工业出版社, 2005.

[49] WANG P, LI Y, YE Y. Almost periodic solutions for neutral-type neural networks with the delays in the leakage term on time scales[J]. Mathematical Methods in the Applied Sciences, 2016, 39 (15): 4297-4310.

[50] BOHR H. Zur theorie der fastperiodischen Funktionen[J]. Acta Mathematica, 1925, 46 (1-2): 101-214.

[51] WANG C, AGARWAL R P. Weighted piecewise pseudo almost automorphic functions with applications to abstract impulsive ∇-dynamic equations on time scales[J]. Advances in Difference Equations, 2014, 2014: 153.

[52] N'GUÉRÉKATA G, MILCÉ A, MADO J C. Asymptotically almost automorphic functions of order n and applications to dynamic equations on time scales[J]. Nonlinear Studies, 2016, 23 (2): 305-322.

[53] BOCHNER S. Curvature and BETTI numbers in real and complex vector bundles[J]. Universit'a e Politecnico de Torino, Rendiconti del Seminario Matematico, 1955, 15: 225-253.

[54] GAO J, WANG Q, ZHANG L. Existence and stability of almost-periodic solutions for cellular neural networks with time-varying delays in leakage terms on time scales[J]. Applied Mathematics and Computation, 2014, 237: 639-649.

[55] LI Y, YANG L. Almost automorphic solution for neutral type high-order Hopfield neural networks with delays in leakage terms on time scales[J]. Applied Mathematics and Computation, 2014, 242: 679-693.

[56] LIZAMA C, MESQUITA J G, PONCE R. A connection between almost periodic functions defined on timescales and $\mathbb{R}$[J]. Applicable Analysis, 2014, 93 (12): 2547-2558.

[57] WANG C, AGARWAL R P. A further study of almost periodic time scales with some notes and applications[J]. Abstract and Applied Analysis, 2014, 2014: 1-11.

[58] KAUFMANN E R, RAFFOUL Y N. Periodic solutions for a neutral nonlinear dynamical equation on a time scale[J]. Journal of Mathematical Analysis and Applications, 2006, 319 (1): 315-325.

[59] ADIVAR M, KOYUNCUOǦLU H C, RAFFOUL Y N. Existence of periodic solutions in shifts $\delta_{\pm}$ for neutral nonlinear dynamic systems[J]. Applied Mathematics and Computation, 2014, 242: 328-339.

[60] ARDJOUNI A, DJOUDI A. Existence of periodic solutions for nonlinear neutral dynamic equations with variable delay on a time scale[J]. Communications in Nonlinear Science and Numerical Simulation, 2012, 17 (7): 3061-3069.

[61] BI L, BOHNER M, FAN M. Periodic solutions of functional dynamic equations with infinite delay[J]. Nonlinear Analysis: Theory Methods & Applications, 2008, 68 (5): 1226-1245.

[62] BOHNER M, FAN M, ZHANG J. Existence of periodic solutions in predator-prey and competition dynamic systems[J]. Nonlinear Analysis: Real World Applications, 2006, 7 (5): 1193-1204.

[63] DING H, N'GUÉRÉKATA G M, NIETO J J. Weighted pseudo almost periodic solutions for a

class of discrete hematopoiesis model[J]. Revista Matemática Complutense, 2013, 26 (2): 427-443.

[64] FAZLY M, HESAARAKI M. Periodic solutions for predator-prey systems with Beddington-Deangelis functional response on time scales[J]. Nonlinear Analysis: Real World Applications, 2008, 9 (3): 1224-1235.

[65] GUAN W, LI D, MA S. Nonlinear first-order periodic boundary-value problems of impulsive dynamic equations on time scales[J]. Electronic Journal of Differential Equations, 2012, 2012(198): 1496-1504.

[66] LI Y, SUN L. Infinite many positive solutions for nonlinear first-order BVPs with integral boundary conditions on time scales[J]. Topological Methods in Nonlinear Analysis, 2013, 41 (2): 305-321.

[67] LI Y, YANG L, WU W. Anti-periodic solution for impulsive BAM neural networks with time-varying leakage delays on time scales[J]. Neurocomputing, 2015, 149: 536-545.

[68] LIANG T, YANG Y, LIU Y, et al. Existence and global exponential stability of almost periodic solutions to Cohen-Grossberg neural networks with distributed delays on time scales[J]. Neurocomputing, 2014, 123: 207-215.

[69] LIAO Y, XU L. Almost periodic solution for a delayed Lotka-Volterra system on time scales [J]. Advances in Difference Equations, 2014, 2014 (1): 1-19.

[70] SU Y, FENG Z. Homoclinic orbits and periodic solutions for a class of Hamiltonian systems on time scales[J]. Journal of Mathematical Analysis and Applications, 2014, 411 (1): 37-62.

[71] WANG C. Almost periodic solutions of impulsive BAM neural networks with variable delays on time scales[J]. Communications in Nonlinear Science and Numerical Simulation, 2014, 19 (8): 2828-2842.

[72] WANG S. Existence of periodic solutions for higher order dynamic equations on time scales [J]. Taiwanese Journal of Mathematics, 2012, 16 (6): 2259-2273.

[73] WANG Y, LI L. Almost periodic solutions for second order dynamic equations on time scales [J]. Discrete Dynamics in Nature and Society, 2013, 2013 (647): 206-226.

[74] WANG L, YU M. Favard's theorem of piecewise continuous almost periodic functions and its application[J]. Journal of Mathematical Analysis and Applications, 2014, 413 (1): 35-46.

[75] WU W. Existence and uniqueness of globally attractive positive almost periodic solution in a predator-prey dynamic system with Beddington-Deangelis functional response[J]. Abstract and Applied Analysis, 2014, 2014: 1-9.

[76] YAO Z. Uniqueness and global exponential stability of almost periodic solution for Hematopoiesis model on time scales[J]. Journal of Nonlinear Science and Applications, 2015, 8 (2): 142-152.

[77] ZAFER A. The stability of linear periodic Hamiltonian systems on time scales[J]. Applied Mathematics Letters, 2013, 26 (3): 330-336.

[78] ZHANG J, FAN M, BOHNER M. Periodic solutions of nonlinear dynamic systems with feed-

back control[J]. International Journal of Difference Equations, 2011, 6 (1): 59-79.

[79] ZHANG H, LI Y. Existence of positive periodic solutions for functional differential equations with impulse effects on time scales[J]. Communications in Nonlinear Science and Numerical Simulation, 2009, 14 (1): 19-26.

[80] ZHANG Q, YANG L, LIU J. Existence and stability of anti-periodic solutions for impulsive fuzzy Cohen-Grossberge neural networks on time scales[J]. Mathematica Slovaca, 2014, 64 (1): 119-138.

[81] FAN Q, SHAO J. Positive almost periodic solutions for shunting inhibitory cellular neural networks with time-varying and continuously distributed delays[J]. Communications in Nonlinear Science and Numerical Simulation, 2010, 15 (6): 1655-1663.

[82] LI L, FANG Z, YANG Y. A shunting inhibitory cellular neural network with continuously distributed delays of neutral type[J]. Nonlinear Analysis: Real World Applications, 2012, 13 (3): 1186-1196.

[83] LI Y, LIU C, ZHU L. Global exponential stability of periodic solution for shunting inhibitory CNNs with delays[J]. Physics Letters A, 2005, 337 (1-2): 46-54.

[84] LI Y, WANG C. Almost periodic solutions of shunting inhibitory cellular neural networks on time scales[J]. Communications in Nonlinear Science and Numerical Simulation, 2012, 17 (8): 3258-3266.

[85] OU C. Almost periodic solutions for shunting inhibitory cellular neural networks[J]. Nonlinear Analysis: Real World Applications, 2009, 10 (5): 2652-2658.

[86] ZHAO W, ZHANG H. On almost periodic solution of shunting inhibitory cellular neural networks with variable coefficients and time-varying delays[J]. Nonlinear Analysis: Real World Applications, 2008, 9 (5): 2326-2336.

[87] XIA Y, CAO J, HUANG Z. Existence and exponential stability of almost periodic solution for shunting inhibitory cellular neural networks with impulses[J]. Chaos, Solitons & Fractals, 2007, 34 (5): 1599-1607.

[88] YANG X. Existence and global exponential stability of periodic solution for Cohen-Grossberg shunting inhibitory cellular neural networks with delays and impulses[J]. Neurocomputing, 2009, 72 (10-12): 2219-2226.

[89] NICHOLSON A J. An outline of the dynamics of animal populations[J]. Australian Journal of Zoology, 1954, 2 (1): 9-65.

[90] GURNEY W S C, BLYTHE S P, NISBET R M. Nicholson's blowflies revisited[J]. Nature, 1980, 287 : 17-21.

[91] CHEN Y. Periodic solutions of delayed periodic Nicholson's blowflies models[J]. Canadian Applied Mathematics Quarterly, 2003, 11 (1): 23-28.

[92] LI J, DU C. Existence of positive periodic solutions for a generalized Nicholson's blowflies model[J]. Journal of Computational and Applied Mathematics, 2008, 221 (1): 226-233.

[93] LIU B. Global exponential stability of positive periodic solutions for a delayed Nicholson's blowflies model[J]. Journal of Mathematical Analysis and Applications, 2014, 412 (1):

212-221.

[94] SAKER S, AGARWAL S. Oscillation and global attractivity in a periodic Nicholson's blowflies model[J]. Mathematical and Computer Modelling, 2002, 35 (7-8): 719-731.

[95] ZHOU Q. The positive periodic solution for Nicholson-type delay system with linear harvesting terms[J]. Applied Mathematical Modelling, 2013, 37 (8): 5581-5590.

[96] LI J, DU C. Existence of positive periodic solutions for a generalized Nicholson's blowflies model[J]. Journal of Computational and Applied Mathematics, 2008, 221 (1): 226-233.

[97] YI T, ZOU X. Global attractivity of the diffusive Nicholson blowflies equation with neumann boundary condition: A non-monotone case[J]. Journal of Differential Equations, 2017, 245 (11): 3376-3388.

[98] LIU B, GONG S. Permanence for Nicholson-type delay systems with nonlinear density-dependent mortality terms[J]. Nonlinear Analysis: Real World Applications, 2011, 12 (4): 1931-1937.

[99] LIU B. Global stability of a class of Nicholson's blowflies model with patch structure and multiple time-varying delays[J]. Nonlinear Analysis: Real World Applications, 2010, 11 (4): 2557-2562.

[100] SHAO J. Global exponential stability of non-autonomous Nicholson-type delay systems[J]. Nonlinear Analysis: Real World Applications, 2012, 13 (2): 790-793.

[101] BEREZANSKY L, IDELS L, TROIB L. Global dynamics of Nicholson-type delay systems with applications [J]. Nonlinear Analysis: Real World Applications, 2011, 12 (1): 436-445.

[102] WANG W, WANG L, CHEN W. Existence and exponential stability of positive almost periodic solution for Nicholson-type delay systems[J]. Nonlinear Analysis: Real World Applications, 2011, 12 (4): 1938-1949.

[103] FARIA T. Global asymptotic behaviour for a Nicholson model with patch structure and multiple delays[J]. Nonlinear Analysis: Theory, Methods & Applications, 2011, 74 (18): 7033-7046.

[104] ALZABUT J O. Almost periodic solutions for an impulsive delay Nicholson's blowflies model [J]. Journal of Computational and Applied Mathematics, 2010, 234 (1): 233-239.

[105] CHEN W, LIU B. Positive almost periodic solution for a class of Nicholson's blowflies model with multiple time-varying delays[J]. Journal of Computational and Applied Mathematics, 2011, 235 (8): 2090-2097.

[106] LONG F. Positive almost periodic solution for a class of Nicholson's blowflies model with a linear harvesting term[J]. Nonlinear Analysis: Real World Applications, 2012, 13 (2): 686-693.

[107] WANG L. Almost periodic solution for Nicholson's blowflies model with patch structure and linear harvesting terms[J]. Applied Mathematical Modelling, 2013, 37 (4): 2153-2165.

[108] LIU X, MENG J. The positive almost periodic solution for Nicholson-type delay systems with linear harvesting terms[J]. Applied Mathematical Modelling, 2012, 36 (7): 3289-3298.

[109] XU Y. Existence and global exponential stability of positive almost periodic solutions for a delayed Nicholson's blowflies model[J]. Journal of the Korean Mathematical Society, 2014, 51 (3): 473-493.

[110] LIU Q, DING H. Existence of positive almost-periodic solutions for a Nicholson's blowflies model[J]. Electronic Journal of Differential Equations, 2013, 2013 (56): 1-9.

[111] YAO Z. Existence and exponential convergence of almost periodic positive solution for Nicholson's blowflies discrete model with linear harvesting term[J]. Mathematical Methods in the Applied Sciences, 2014, 37 (16): 2354-2362.

[112] ALZABUT J O. Existence and exponential convergence of almost periodic solutions for a discrete Nicholson's blowflies model with nonlinear harvesting term[J]. Mathematical Sciences Letters, 2013, 2 (3): 201-207.

[113] LI Y, YANG L. Existence and stability of almost periodic solutions for Nicholson's blowflies models with patch structure and linear harvesting terms on time scales[J]. Asian-European Journal of Mathematics, 2012, 5 (3): 1250038.

[114] FINK A M, SEIFERT G. Liapunov functions and almost periodic solutions for almost periodic systems[J]. Journal of Differential Equations, 1969, 5 (2): 307-313.

[115] CHEBAN D, MAMMANA C. Invariant manifolds, global attractors and almost periodic solutions of nonautonomous difference equations[J]. Nonlinear Analysis: Theory, Methods & Applications, 2004, 56 (4): 465-484.

[116] HALE J K, VERDUYN LUNEL S M. Introduction to Functional Differential Equations[M]. New York: Springer-Verlag, 1993.

[117] COHEN M A, GROSSBERG S. Absolute stability of global pattern formation and parallel memory storage by competitive neural networks[J]. IEEE Transactions on Systems, Man, and Cybernetics, 1983, SMC-13 (5): 815-826.

[118] ENGEL P M, MOLZ R F. A new proposal for implementation of competitive neural networks in analog hardware[C]// In: Proceedings of the 5th Brazilian Symposium on Neural Networks. Belo Horizonte, Brazil, 1998: 186-191.

[119] SOWMYA B, RANI B S. Colour image segmentation using fuzzy clustering techniques and competitive neural network[J]. Applied Soft Computing, 2011, 11 (3): 3170-3178.

[120] AMARI S. Competitive and Cooperative Aspects in Dynamics of Neural Excitation and Self-Organization[M]// In: Competition and Cooperation in Neural Nets. Lecture Notes in Biomathematics, vol. 45. Berlin, Heidelberg: Springer, 1982:1-28.

[121] MEYER-BAESE A, PILYUGIN S S, CHEN Y. Global exponential stability of competitive neural networks with different time scales[J]. IEEE Transactions on Neural Networks, 2003, 14 (3): 716-719.

[122] NIE X, CAO J. Existence and global stability of equilibrium point for delayed competitive neural networks with discontinuous activation functions[J]. International Journal of Systems Science, 2012, 43 (3): 459-474.

[123] GU H, JIANG H, TENG Z. Existence and global exponential stability of equilibrium of com-

petitive neural networks with different time scales and multiple delays[J]. Journal of the Franklin Institute, 2010, 347 (5): 719-731.

[124] DUAN L, HUANG L. Global dynamics of equilibrium point for delayed competitive neural networks with different time scales and discontinuous activations [J]. Neurocomputing, 2014, 123: 318-327.

[125] LU H, HE Z. Global exponential stability of delayed competitive neural networks with different time scales[J]. Neural Networks, 2005, 18 (3): 243-250.

[126] WANG Y, HUANG L. Global stability analysis of competitive neural networks with mixed time-varying delays and discontinuous neuron activations[J]. Neurocomputing, 2015, 152: 85-96.

[127] NIE X, CAO J. Multistability of competitive neural networks with time-varying and distributed delays[J]. Nonlinear Analysis: Real World Applications, 2009, 10 (2): 928-942.

[128] NIE X, HUANG Z. Multistability and multiperiodicity of high-order competitive neural networks with a general class of activation functions[J]. Neurocomputing, 2012, 82: 1-13.

[129] LIU Y, YANG Y, LIANG T, et al. Existence and global exponential stability of anti-periodic solutions for competitive neural networks with delays in the leakage terms on time scales [J]. Neurocomputing, 2014, 133 (8): 471-482.

[130] GAN Q, HU R, LIANG Y. Adaptive synchronization for stochastic competitive neural networks with mixed time-varying delays[J]. Communications in Nonlinear Science and Numerical Simulation, 2012, 17 (9): 3708-3718.

[131] LI Y, YANG X, SHI L. Finite-time synchronization for competitive neural networks with mixed delays and non-identical perturbations[J]. Neurocomputing, 2016, 185: 242-253.

[132] PARK J H, PARK C H, KWON O M, et al. A new stability criterion for bidirectional associative memory neural networks of neutral-type[J]. Applied Mathematics and Computation, 2008, 199 (2): 716-722.

[133] RAKKIYAPPAN R, BALASUBRAMANIAM P. New global exponential stability results for neutral type neural networks with distributed time delays[J]. Neurocomputing, 2008, 71(4-6): 1039-1045.

[134] SAMIDURAI R, ANTHONI S M, BALACHANDRAN K. Global exponential stability of neutral-type impulsive neural networks with discrete and distributed delays[J]. Nonlinear Analysis: Hybrid Systems, 2010, 4 (1): 103-112.

[135] LI Y, ZHAO L, CHEN X. Existence of periodic solutions for neutral type cellular neural networks with delays[J]. Applied Mathematical Modelling, 2012, 36 (3): 1173-1183.

[136] ZHANG H, SHAO J. Existence and exponential stability of almost periodic solutions for CNNs with time-varying leakage delays[J]. Neurocomputing, 2013, 121: 226-233.

[137] ZHANG H, SHAO J. Almost periodic solutions for cellular neural networks with time-varying delays in leakage terms[J]. Applied Mathematics and Computation, 2013, 219 (24): 11471-11482.

[138] BANU L J, BALASUBRAMANIAM P, RATNAVELU K. Robust stability analysis for dis-

crete-time uncertain neural networks with leakage time-varying delay[J]. Neurocomputing, 2015, 151: 808-816.

[139] CHUA L O, YANG L. Cellular neural networks: theory[J]. IEEE Transactions on Circuits and Systems, 1988, 35(10): 1257-1272.

[140] CHUA L O, YANG L. Cellular neural networks: applications[J]. IEEE Transactions on Circuits and Systems, 1988, 35 (10): 1273-1290.

[141] GILLI M, BIEY M, CHECCO P. Equilibrium analysis of cellular neural networks[C]// In: IEEE Transactions on Circuits and Systems Ⅰ: Regular Papers, 2004, 51 (5): 903-912.

[142] ZHANG J, GUI Z. Periodic solutions of nonautonomous cellular neural networks with impulses and delays [J]. Nonlinear Analysis: Real World Applications, 2009, 10 (3): 1891-1903.

[143] XU Y. New results on almost periodic solutions for CNNs with time-varying leakage delays [J]. Neural Computing and Applications, 2014, 25 (6): 1293-1302.

[144] ZHANG H. Existence and stability of almost periodic solutions for CNNs with continuously distributed leakage delays [J]. Neural Computing and Applications, 2014, 24 (5): 1135-1146.

[145] LIU B, HUANG L. Existence and exponential stability of almost periodic solutions for cellular neural networks with time-varying delays[J]. Acta Mathematica Scientia, 2005, 341 (1-4): 135-144.

[146] LIU B. Pseudo almost periodic solutions for CNNs with continuously distributed leakage delays[J]. Neural Processing Letters, 2015, 42 (1): 233-256.

[147] LI Y, ZHU L, LIU P. Existence and stability of periodic solutions of delayed cellular neural networks[J]. Nonlinear Analysis: Real World Applications, 2006, 7 (2): 225-234.

[148] GUO Z, WANG J, ZHENG Y. Attractivity analysis of memristor-based cellular neural networks with time-varying delays[J]. IEEE Transactions on Neural Networks and Learning Systems, 2014, 25 (4): 704-717.

[149] PENG L, WANG W. Anti-periodic solutions for shunting inhibitory cellular neural networks with time-varying delays in leakage terms[J]. Neurocomputing, 2013, 111 (6): 27-33.

[150] JIANG A. Exponential convergence for shunting inhibitory cellular neural networks with oscillating coefficients in leakage terms[J]. Neurocomputing, 2015, 165: 159-162.

[151] LONG Z. New results on anti-periodic solutions for SICNNs with oscillating coefficients in leakage terms[J]. Neurocomputing, 2015, 171: 503-509.

[152] PARK J H, KWON O M, LEE S M. State estimation for neural networks of neutral-type with interval time-varying delays[J]. Applied Mathematics and Computation, 2008, 203 (1): 217-223.

[153] LI L, FANG Z, YANG Y. A shunting inhibitory cellular neural network with continuously distributed delays of neutral type[J]. Nonlinear Analysis: Real World Applications, 2012, 13 (3): 1186-1196.

[154] ORMAN Z. New sufficient conditions for global stability of neutral-type neural networks with

time delays[J]. Neurocomputing, 2012, 97 (1): 141-148.

[155] WEERA W, NIAMSUP P. Novel delay-dependent exponential stability criteria for neutral-type neural networks with non-differentiable time-varying discrete and neutral delays[J]. Neurocomputing, 2016, 173: 886-898.

[156] LI X, CAO J. Delay-dependent stability of neural networks of neutral type with time delay in the leakage term[J]. Nonlinearity, 2010, 23 (7): 1709.

[157] BALASUBRAMANIAM P, NAGAMANI G, RAKKIYAPPAN R. Passivity analysis for neural networks of neutral type with Markovian jumping parameters and time delay in the leakage term[J]. Communications in Nonlinear Science and Numerical Simulation, 2011, 16 (11): 4422-4437.

[158] AOUITI C. Neutral impulsive shunting inhibitory cellular neural networks with time-varying coefficients and leakage delays[J]. Cognitive Neurodynamics, 2016, 10 (6): 573-591.

[159] DU B, LIU Y, BATARFI H A, et al. Almost periodic solution for a neutral-type neural networks with distributed leakage delays on time scales[J]. Neurocomputing, 2016, 173 (Part 3): 921-929.

[160] SAMIDURAI R, RAJAVEL S, ZHU Q, et al. Robust passivity analysis for neutral-type neural networks with mixed and leakage delays[J]. Neurocomputing, 2015, 175: 635-643.

[161] SAMIDURAI R, RAJAVEL S, SRIRAMAN R, et al. Novel results on stability analysis of neutral-type neural networks with additive time-varying delay components and leakage delay [J]. International Journal of Control Automation and Systems, 2017, 15 (10): 1-13.

[162] ZHANG C. Pseudo almost periodic solutions of some differential equations[J]. Journal of Mathematical Analysis and Applications, 1994, 181 (1): 62-76.

[163] ZHANG C. Pseudo almost periodic solutions of some differential equations, Ⅱ[J]. Journal of Mathematical Analysis and Applications, 1995, 192: 543-561.

[164] DIAGANA T. Pseudo almost periodic solutions to some differential equations[J]. Nonlinear Analysis: Theory, Methods & Applications, 2005, 60 (7): 1277-1286.

[165] DIAGANA T, MAHOP C, N'GUÉRÉKATA G. Pseudo almost periodic solution to some semilinear differential equations[J]. Mathematical and Computer Modelling, 2006, 43 (1-2): 89-96.

[166] ABBAS S. Pseudo almost periodic sequence solutions of discrete time cellular neural networks[J]. Nonlinear Analysis: Modelling and Control, 2009, 14 (3): 283-301.

[167] PINTO M. Pseudo-almost periodic solutions of neutral integral and differential equations with applications[J]. Nonlinear Analysis: Theory, Methods & Applications, 2010, 72 (12): 4377-4383.

[168] MENG J. Global exponential stability of positive pseudo-almost-periodic solutions for a model of hematopoiesis[J]. Abstract and Applied Analysis, 2013, 2013:463076.

[169] WANG W, LIU B. Global exponential stability of pseudo almost periodic solutions for SICNNs with time-varying leakage delays[J]. Abstract and Applied Analysis, 2014, 2014 (31): 1-17.

[170] HOU Z, ZHU H, FENG C. Existence and global uniform asymptotic stability of almost periodic solutions for cellular neural networks with discrete and distributed delays[J]. Journal of Applied Mathematics, 2014, 2014 (22): 1-10.

[171] LIU B, TUNC C. Pseudo almost periodic solutions for CNNs with leakage delays and complex deviating arguments[J]. Neural Computing and Applications, 2015, 26(2): 429-435.

[172] XU C, ZHANG Q, WU Y. Existence and stability of pseudo almost periodic solutions for shunting inhibitory cellular neural networks with neutral type delays and time-varying leakage delays[J]. Network: Computation in Neural Systems, 2014, 25 (4): 168-192.

[173] LI Y, WANG C. Pseudo almost periodic functions and pseudo almost periodic solutions to dynamic equations on time scales[J]. Advances in Difference Equations, 2012, 2012 (1): 77.

[174] LI Y, MENG X, XIONG L. Pseudo almost periodic solutions for neutral type high-order Hopfield neural networks with mixed time-varying delays and leakage delays on time scales [J]. International Journal of Machine Learning and Cybernetics, 2017, 8 (6): 1915-1927.

[175] SUDBERY A. Quaternionic analysis[J]. Mathematical Proceedings of the Cambridge Philosophical Society, 1979, 85 (2): 199-225.

[176] ADLER S L. Quaternionic quantum field theory[J]. Communications in Mathematical Physics, 1986, 104 (4): 611-656.

[177] LEO S D, DUCATI G. Delay time in quaternionic quantum mechanics[J]. Journal of Mathematical Physics, 2012, 53 (2): 022102.

[178] UDWADIA F E, SCHUTTE A D. An alternative derivation of the quaternion equations of motion for rigid-body rotational dynamics[J]. Journal of Applied Mechanics, 2010, 77 (4): 044505.

[179] GIBBON J D, HOLM D D, KERR R M, et al. Quaternions and particle dynamics in the euler fluid equations[J]. Nonlinearity, 2006, 19 (8): 1969-1983.

[180] HANSON A J, MA H H. Quaternion frame approach to streamline visualization[J]. IEEE Transactions on Visualization and Computer Graphics, 1995, 1 (2): 164-174.

[181] ELL T A, SANGWINE S J. Hypercomplex fourier transforms of color images[J]. IEEE Transactions on Image Processing, 2007, 16 (1): 22-35.

[182] MIRON S, BIHAN N L, MARS J I. Quaternion-music for vector-sensor array processing [J]. IEEE Transactions on Signal Processing, 2006, 54 (4): 1218-1229.

[183] TOOK C C, STRBAC G, AIHARA K, et al. Quaternion-valued short-term joint forecasting of three-dimensional wind and atmospheric parameters[J]. Renewable Energy, 2011, 36 (6): 1754-1760.

[184] LIU Y, ZHANG D, LU J, et al. Global μ-stability criteria for quaternion-valued neural networks with unbounded time-varying delays[J]. Information Sciences, 2016, 360: 273-288.

[185] LIU Y, ZHANG D, LU J. Global exponential stability for quaternion-valued recurrent neural networks with time-varying delays[J]. Nonlinear Dynamics, 2017, 87(1): 553-565.

[186] CAMPOS J, MAWHIN J. Periodic solutions of quaternionic-valued ordinary differential

equations[J]. Annali di Matematica Pura ed Applicata, 2006, 185 (Supplement 5): S109-S127.

[187] WILCZYŃSKI P. Quaternionic-valued ordinary differential equations the riccati equation [J]. Journal of Differential Equations, 2009, 247 (7): 2163-2187.

[188] WILCZYŃSKI P. Quaternionic-valued ordinary differential equations ii. coinciding sectors [J]. Journal of Differential Equations, 2012, 252 (8): 4503-4528.

[189] GASULL A, LLIBRE J, ZHANG X. One-dimensional quaternion homogeneous polynomial differential equations[J]. Journal of Mathematical Physics, 2009, 50 (8): 611-532.

[190] CAI Z, KOU K I. Laplace transform: a new approach in solving linear quaternion differential equations[J]. Mathematical Methods in the Applied Sciences, 2017, DOI: 10.1002/mma.4415.

[191] GEORGIEV S, MORAIS J. An introduction to the Hilger quaternion numbers[C]//Proceeding of the 11th International Conference of Numerical Analysis and Applied Mathematics 2013. AIP Conf. Proc., 2013, 1558: 550-553.

[192] CHENG D, KOU K, XIA Y. Linear quaternion-valued dynamic equations on time scales [J]. arXiv:1607.00105, 2016.

[193] ZHANG J, FAN M, ZHU H. Necessary and sufficient criteria for the existence of exponential dichotomy on time scales[J]. Computers and Mathematics with Applications, 2010, 60 (8): 2387-2398.

[194] ZHANG J, FAN M, ZHU H. Existence and roughness of exponential dichotomies of linear dynamic equations on time scales[J]. Computers and Mathematics with Applications, 2010, 59 (8): 2658-2675.

[195] KAC V, CHEUNG P. Quantum Calculus[M]. New York: Springer, 2002.

[196] BOHNER M, CHIEOCHAN R. Floquet theory for q-difference equations[J]. Sarajevo Journal of Mathematics, 2012, 8 (21): 355-366.

[197] ADIVAR M, KOYUNCUOĞLU H C. Floquet theory based on new periodicity concept for hybrid systems involving q-difference equations[J]. Applied Mathematics and Computation, 2016, 273: 1208-1233.

[198] BOHNER M, CHIEOCHAN R. Positive periodic solutions for higher-order functional q-difference equations[J]. Journal of Applied Functional Analysis, 2013, 8 (1): 14-22.

[199] ISLAM M N, NEUGEBAUER J T. Existence of periodic solutions for a quantum Volterra equation[J]. Advances in Dynamical Systems and Applications, 2016, 11 (1): 67-80.

[200] BOHNER M, MESQUITA J G. Periodic averaging principle in quantum calculus[J]. Journal of Mathematical Analysis and Applications, 2016, 435 (2): 1146-1159.

[201] LIZAMA C, MESQUITA J G, PONCE R, et al. Almost automorphic solutions of Volterra equations on time scales[J]. Differential Integral Equations, 2017, 30 (9-10): 667-694.

[202] MILCÉ A. Asymptotically almost automorphic solutions for some integro-dynamic equations with nonlocal initial conditions on time scales[J]. Dynamics of Continuous, Discrete and

Impulsive Systems Series A: Mathematical Analysis, 2016, 23 (1): 27-46.

[203] ADIVAR M, KOYUNCUOĞLU H C, RAFFOUL Y N. Almost automorphic solutions of delayed neutral dynamic systems on hybrid domains[J]. Applicable Analysis and Discrete Mathematics, 2015, 10 (1): 128-151.

[204] N'GUÉRÉKATA G M, MOPHOU G, MILCÉ A. Almost automorphic mild solutions for some semilinear abstract dynamic equations on time scales[J]. Nonlinear Studies, 2015, 22 (3): 381-395.

[205] MILCÉ A, MADO J C. Almost automorphic solutions of some semilinear dynamic equations on time scales[J]. International Journal of Evolution Equations, 2014, 9 (2): 217-229.

[206] GOODRICH C, PETERSON A C. Discrete Fractional Calculus[M]. New York, USA: Springer-Verlag, 2016.

[207] LIZAMA C, MESQUITA J G. Almost automorphic solutions of non-autonomous difference equations[J]. Journal of Mathematical Analysis and Applications, 2013, 407 (2): 339-349.